과학자들이 들려주는 과학 이야기
매뉴얼북 ❷
MANUAL BOOK

과학자들이 들려주는 과학 이야기
매뉴얼북 ❷
MANUAL BOOK

초판 1쇄 발행일 | 2007년 9월 27일
초판 4쇄 발행일 | 2010년 6월 21일

지은이 | 이강춘 외
펴낸이 | 강병철
펴낸곳 | (주)자음과모음

편집외주 | 김은희 · 이태정 · 이현구 · 장진영
디자인 | 이희승

출판등록 | 2001년 5월 8일 제20-222호
주소 | 121-753 서울시 마포구 동교동 165-1 미래프라자빌딩 7층
전화 | 편집부(02)324-2347, 총무부(02)325-6047
팩스 | 편집부(02)324-2348, 총무부(02)2648-1311
e-mail | jamoplan@gmail.com
Home page | www.jamo21.net

ISBN 978-89-544-1768-6 (04400)
　　　978-89-544-1766-2 (set)

값 15,000원

* 잘못된 책은 교환해 드립니다.

과학자들이 들려주는 과학 이야기

매뉴얼북 ❷
MANUAL BOOK

이강춘 외 지음

㈜자음과모음

매뉴얼북 ❷   차   례

✢ 이 책의 활용 방법					06

51 에라토스테네스가 들려주는 지구 이야기		29
52 보일이 들려주는 기체 이야기			37
53 암스트롱이 들려주는 달 이야기			43
54 칼 세이건이 들려주는 태양계 이야기		49
55 멘델레예프가 들려주는 주기율표 이야기		56
56 찬드라세카르가 들려주는 별 이야기		62
57 라플라스가 들려주는 천체물리학 이야기		68
58 허셜이 들려주는 은하 이야기			76
59 허블이 들려주는 우주팽창 이야기			83
60 아레니우스가 들려주는 반응속도 이야기		90
61 스탈링이 들려주는 호르몬 이야기			96
62 린네가 들려주는 분류 이야기			103
63 라그랑주가 들려주는 운동 법칙 이야기		109
64 마이컬슨이 들려주는 프리즘 이야기		116
65 메톤이 들려주는 달력 이야기			123
66 로슈가 들려주는 조석 이야기			130
67 피셔가 들려주는 통계 이야기			137
68 가가린이 들려주는 무중력 이야기			142
69 길버트가 들려주는 자석 이야기			149
70 오일러가 들려주는 파이 이야기			154
71 볼타가 들려주는 화학전지 이야기			159
72 모건이 들려주는 초파리 이야기			166
73 클라우지우스가 들려 주는 엔트로피 이야기	172
74 파블로프가 들려주는 소화 이야기			179
75 패러데이가 들려주는 전자석과 전동기 이야기	184

76 막스 플랑크가 들려주는 양자론 이야기	190
77 파스퇴르가 들려주는 저온살균 이야기	195
78 오일러가 들려주는 수의 역사 이야기	200
79 슈뢰딩거가 들려주는 양자물리학 이야기	206
80 빈이 들려주는 기후 이야기	211
81 라부아지에가 들려주는 물질변화의 규칙 이야기	218
82 켈빈이 들려주는 온도 이야기	228
83 퀴네가 들려주는 효소 이야기	236
84 제너가 들려주는 면역 이야기	244
85 스테빈이 들려주는 분수와 소수 이야기	253
86 에이크만이 들려주는 영양소 이야기	266
87 홉킨스가 들려주는 비타민 이야기	273
88 게이뤼삭이 들려주는 물 이야기	279
89 가모브가 들려주는 우주론 이야기	293
90 슈바르츠실트가 들려주는 블랙홀 이야기	301
91 핼리가 들려주는 이웃천체 이야기	310
92 리히터가 들려주는 지진 이야기	322
93 하비가 들려주는 혈액순환 이야기	332
94 반트호프가 들려주는 삼투압 이야기	341
95 가모브가 들려주는 원소의 기원 이야기	349
96 길버트가 들려주는 지구자기 이야기	356
97 라이엘이 들려주는 지질조사 이야기	366
98 멀더가 들려주는 단백질 이야기	377
99 탈레스가 들려주는 평면도형 이야기	384
100 러셀이 들려주는 패러독스 이야기	396
부록 교과연계표	**404**

〈이 책의 활용 방법〉

과학의 발전 없이는 미래도 없다.

과학을 하면 논리적인 사고가 발달하고 창의력 향상에도 도움이 된다.

우리의 교육에서 가장 큰 문제점이 통합적인 사고 능력을 기르는 것이라고 할 수 있다. 이과라고 하여 수학과 과학만 잘하면 된다는 생각은 버려야 한다.

과학만 잘해서는 사회에서 성공하는 경우가 드문 우리의 현실에서 우수한 인재가 되려면 과학적 사고를 바탕으로 한 통합적인 사고 능력을 가질 수 있어야 한다.

이러한 문제점을 해결하려면 과학 이론과 배경 지식을 바탕으로 하고 정의적 영역도 함께 연계하여 포괄적인 통합 교육으로서의 과학 학습을 할 수 있어야 한다.

이에 〈과학자들이 들려주는 과학 이야기〉는 과학과 수학의 이론을 과학자의 생활과 함께 풀어간다는 점에서 폭넓은 접근을 할 수 있고, 7차 교육과정에서 강조되는 형식지를 암묵지로 바꿀 수 있는 기회를 마련해 준다.

여기서는 100명의 과학자를 통하여 자연스럽게 과학의 세계에 접근하고 이론적인 바탕을 터득할 수 있는 활용법을 학년별, 지도자별, 과목별로 소개하고 있다.

1. 학년별·과목별 활용법

평소에 이론적인 바탕이나 근거도 모르고 암기식 학습에만 매달 있었다면 과학과 수학 학습에서 완전 정복의 초석을 마련하기 어렵다.

이에 〈과학자들이 들려주는 과학 이야기〉를 활용할 수 있는 매뉴얼북을 통하여 효과적으로 학습할 수 있도록 하였다.

수학과 과학의 원리와 개념들을 유명한 과학자가 이야기 형식으로 강의하는 형태로 서술되어 있는 〈과학자들이 들려주는 과학이야기〉는 100권의 책을 통하여 과학과 수학이론의 이해를 위한 배경 지식이 되고 과학적 사고력과 창의성 발달을 위한 학습에 많은 도움이 될 것이다.

1) 초등학생의 활용법

과학 교과의 활용법

초등학교 과학과 교육과정에서는 아래와 같은 총괄 목표와 4개의 하위 목표를 제시하고 있다.

〈총괄 목표〉

자연현상과 사물에 대하여 흥미와 호기심을 가지고, 과학의 지식 체계를 이해하며, 탐구 방법을 습득하여 올바른 자연관을 가진다.

〈하위 목표〉

① 자연의 탐구를 통하여 과학의 기본 개념을 이해하고, 실생활에 이를 적용한다.

② 자연을 과학적으로 탐구하는 능력을 기르고, 실생활에 이를 활용한다.
③ 자연현상과 과학 학습에 흥미와 호기심을 가지고, 실생활의 문제를 과학적으로 해결하려는 태도를 기른다.
④ 과학이 기술의 발달과 사회의 발전에 미치는 영향을 바르게 인식한다.

위에서와 같이 과학의 지식 체계 이해와 탐구 방법을 습득하는 데 있으므로 다음과 같은 방법으로 활용하면 좋을 것이다.
① 이 책을 강의 형식으로 이루어져 어려운 이론을 초등학생의 수준에 맞춰 쉽고 재미있게 설명하여 충분히 이해, 습득할 수 있도록 구성되었다.
② 매뉴얼북의 과학적·수학적 개념이나 용어를 읽어 보고 탐독하면 더욱 쉽게 이론적인 내용을 이해하는 데 도움이 될 것이다.
특히 과학자들의 노력하는 모습을 통하여 현재 과학영재의 교육 방향에서 신장하고자 하는 능력과 태도, 활동 내용 등을 이해하는 데 중요한 역할을 할 것이라고 본다.
③ 책을 읽을 때 다음 중 한 가지라도 목표를 설정하고 읽으면 더욱 좋은 효과를 발휘할 수 있을 것이다.
- 책의 내용을 과학적인 상식으로 접근하면서 읽는다.
- 친구들과 내용을 가지고 토의·토론할 수 있는 내용을 찾으면서 읽는다.

- 본인이 라디오나 TV 뉴스 진행자라는 생각으로 어떻게 책의 내용을 전달할 것인지 생각하면서 읽는다.
- 읽고 난 후 독서 감상문을 쓴다.

독서감상문을 쓰는 방법

　독서 감상문의 기본 양식은 제목, 처음(머리말), 가운데(감상평), 끝(정리)의 기본 형식을 갖는다. 기본 양식을 바탕으로 독서 감상문 쓰는 방법을 알아보면 다음과 같다.

① 제목
　읽은 책의 제목을 그대로 쓰거나 책에서 받은 느낌을 짧고 재미있게 정하여 쓴다. 그리고 소제목(부제)을 붙이기도 한다.

② 처음(머리말)
머리말을 쓰는 방법은 대개 3가지 정도로 나눌 수 있다.
첫째, 책을 읽게 된 동기. 어떤 이유로 책을 접하게 되었는지를 쓴다.
둘째, 책을 읽으며 가장 감동받은 부분을 쓴다. 특히 강한 인상을 받은 곳 중 하나를 골라 쓴다.
셋째, 책의 지은이나 주인공을 소개한다. 일반적으로 알려진 사실이나 이에 대한 자신의 생각을 쓴다.

③ 가운데(감상평)
이곳에서 자신이 생각하고 느낀 것을 집중적으로 글을 쓴다. 글을 쓰는 방법은 다음과 같다.
첫째, 자신의 경험과 책의 내용을 비교하며 쓰는 것이다. 평소 나의 생활과 책 속 인물의 행동을 비교하며 반성, 분노, 의아함 등의 느낌을 적는다.

둘째, 주인공 혹은 등장인물의 행동에 대한 자신의 생각을 쓴다. 책 속 인물의 이런 행동은 본받을 만하다, 해선 안 된다, 이렇게 했으면 어땠을까, 등으로 쓴다.

셋째, 감동받은 장면과 그 이유를 쓴다. 장면을 그대로 옮기거나 줄여 쓴 후, 무엇 때문에 혹은 누군가의 행동 때문에 감동을 받았다는 방식으로 쓴다.

이 세 가지 방법으로 글을 쓰기 전, 책의 전체적인 줄거리를 요약해 쓰는 것도 좋다.

④ **끝(정리)**

이 부분을 끝으로 독서 감상문은 마무리가 되는데 책을 읽은 후 얻은 교훈이나 자신의 결심을 쓰면 된다.

그런데 독서 감상문을 쓸 때 다음과 같은 점에 주의하여야 한다.

① **주제에서 벗어나면 안 된다**

주제에서 벗어나면 글은 목표를 잃는다. 독서 감상문의 주제라면 '책을 읽은 후의 느낌'이라고 할 수 있다. 책에 대한 자신의 생각과 책 내용과의 비교를 제외하고 책에 나오지 않은, 책과 상관없는 내용은 주제에서 벗어난 것이라 할 수 있다.

② **글이 책의 내용이나 비평에 편중되지 않도록 한다**

독서 감상문은 어디까지나 감상문이다. 책의 내용이나 비평에 치중하면 같은 독후감 계열인 기록문이나 평론문이 되어 버린다.

즉, 주제에서 벗어나게 쓰지 않도록 해야 한다는 것이다.

수학 교과의 활용법

100권의 과학자 이야기 중에서 수학과 관련된 부분도 통합적인 측면에서 접근한 다음, 총괄 목표와 하위 목표를 나누면 읽는 목적이 뚜렷해져 더욱 이해하기 쉬워질 것이다.

〈총괄 목표〉

수학의 기본적인 지식과 기능을 습득하고, 수학적으로 사고하는 능력을 길러, 실생활의 여러 가지 문제를 합리적으로 해결할 수 있는 능력과 태도를 기른다.

〈하위 목표〉

① 여러 가지 생활 현상을 수학적으로 고찰하는 경험을 통하여 수학의 기초적인 개념, 원리, 법칙과 이들 사이의 관계를 이해할 수 있다.
② 수학적 지식과 기능을 활용하여 생활 주변에서 일어나는 여러 가지 문제를 수학적으로 관찰, 분석, 조직, 사고하여 해결할 수 있다.
③ 수학에 대한 흥미와 관심을 지속적으로 가지고, 수학적 지식과 기능을 활용하여 여러 가지 문제를 합리적으로 해결하는 태도를 기른다.

수학 관련 분야도 과학과 마찬가지 방법으로 활용하면 좋은 성과를 얻을 수 있다.

2) 중·고등학생의 활용법

과학 교과의 활용법

중·고등학교에서도 초등학교와 같이 과학과 교육 목표는 아래와 같은 총괄 목표와 4개의 하위 목표를 제시하고 있다.

〈총괄 목표〉

자연 현상과 사물에 대하여 흥미와 호기심을 가지고, 과학의 지식 체계를 이해하며, 탐구 방법을 습득하여 올바른 자연관을 가진다.

〈하위 목표〉

① 자연의 탐구를 통하여 과학의 기본 개념을 이해하고, 실생활에 이를 적용한다.
② 자연을 과학적으로 탐구하는 능력을 기르고, 실생활에 이를 활용한다.
③ 자연 현상과 과학 학습에 흥미와 호기심을 가지고, 실생활의 문제를 과학적으로 해결하려는 태도를 기른다.
④ 과학이 기술의 발달과 사회의 발전에 미치는 영향을 바르게 인식한다.

위에서와 같이 중·고등학교에서도 과학의 지식 체계 이해와 탐구 방법을 습득하는 데 있지만 내용이 깊어져 있으므로 교과서와 관련된 도서들을 파악하여 선택적인 독서 활동을 하도록 한다.

이 책은 강의 형식으로 이루어져 어려운 이론을 쉽고 재미있게 습득할 수 있도록 구성되어 있다. 매뉴얼북의 교육 과정 분석 내용을 가지고 책을 선택한 후 100권의 과학 이야기를 탐독하면 과학 학습의 배경 지식에 많은 도움이 될 것이다.

특히 초등학생들과 마찬가지로 과학자들의 노력하는 모습을 통하여 과학하는 방법과 사고하는 과정을 알게 되고, 통합적인 사고 능력을 신장시켜 고등학교 입시와 대학 수능을 준비하는 데 도움이 될 것이다.

중·고등학교의 과학 논술에서 과학 원리와 실생활을 연결하여 묻는 경우가 많으므로 책을 읽을 때 다음 중 한 가지를 선택하여 목표를 설정하고 읽으면 더욱 좋은 효과를 발휘할 수 있을 것이다.

① 책의 핵심 개념과 내용으로 논술 문제를 내고, 문제 해결에 접근하면서 읽는다.
② 친구들과 책의 핵심 개념을 가지고 독서 토론을 할 수 있는 내용을 생각하며 읽는다.
③ 친구들에게 책의 내용을 어떻게 전달할 것인지 발표 내용을 준비하고 요약하면서 읽고, 될 수 있으면 발표할 기회를 갖도록 한다.

수학 교과의 활용법

초등학교와 같이 100권의 과학자 이야기 중에서 수학과 관련된 부분도 다음과 같은 수학과의 총괄 목표와 하위 목표를 가지고 있다는 것을 알고 접근할 필요가 있다.

〈총괄 목표〉

　수학의 기본적인 지식을 습득하고, 수학적으로 사고하는 능력을 길러, 실생활의 여러 가지 문제를 합리적으로 해결할 수 있는 능력과 태도를 기른다.

〈하위 목표〉

　① 여러 가지 생활 현상을 수학적으로 고찰하는 경험을 통하여 수학의 기초적인 개념, 원리, 법칙과 이들 사이의 관계를 이해할 수 있다.
　② 수학적 지식과 기능을 활용하여 생활 주변에서 일어나는 여러 가지 문제를 수학적으로 관찰, 분석, 조직, 사고하여 해결할 수 있다.
　③ 수학에 대한 흥미와 관심을 지속적으로 가지고, 수학적 지식을 활용하여 여러 가지 문제를 합리적으로 해결하는 태도를 기른다.

　수학과 과학 관련 분야 모두 문제 해결 능력을 기르기 위해서는 독서와 논술 교육이 매우 중요한 위치를 차지한다. 따라서 100권의 책 중에서 교과 관련 도서를 선정하여 독서와 논술을 병행하여 독서를 하는데 중점을 두면 좋은 활용이 될 것이다.

2. 지도자별 활용 방안

1) 교사와 독서 지도사(학원 강사)의 활용 방안

매뉴얼북의 각 권별 구성 내용을 살펴보면 다음과 같다.
① 책에서 배우는 과학 개념
② 교육과정과의 연계
③ 책 소개
④ 이 책의 장점(내용과 교육과정과의 연계성)
⑤ 각 차시별 소개되는 과학적 개념
⑥ 이 책이 도움을 주는 교육과정 관련 교과서 단원과 관련 개념 및 용어 정리

우선 매뉴얼북을 통하여 《과학자들이 들려주는 과학 이야기》 책 100권의 전체적인 내용을 살펴보고 교육과정 내용 체계표를 바탕으로 각 학년과 교과에 맞는 도서를 선택하여 읽도록 하거나 학생의 수만큼 책을 선택하여 1차, 2차로 나누어 윤독을 실행하고 독서 논술 지도를 하도록 한다.

〈초3 ~ 중등 과학까지의 교과서 내용 체계표〉

분야		학년	3	4	5
지식탐구		에너지	· 자석놀이 · 소리내기 · 그림자놀이 · 온도 재기	· 수평 잡기 · 용수철 늘이기 · 열의 이동 · 전구에 불 켜기	· 물체의 속력 · 거울과 렌즈 · 전기회로 꾸미기 · 에너지
		물 질	· 주위의 물질 알아보기 · 여러 가지 고체의 성질 알아보기 · 물에 가루 물질 녹이기 · 고체 혼합물 분리하기	· 여러 가지 액체의 성질 알아보기 · 혼합물 분리하기 · 열에 의한 물체의 온도와 부피 변화 · 모습을 바꾸는 물	· 용액 만들기 · 결정 만들기 · 용액의 성질 알아보기 · 용액의 변화
		생 명	· 초파리의 한살이 · 어항에 생물 기르기 · 여러 가지 잎 조사하기 · 식물의 줄기 관찰하기	· 강낭콩 기르기 · 식물의 뿌리 · 여러 가지 동물의 생김새 · 동물의 생활 관찰하기	· 꽃과 열매 · 식물의 잎이 하는 일 · 작은 생물 관찰하기 · 환경과 생물
		지 구	· 여러 가지 돌과 흙 · 운반되는 흙 · 둥근 지구, 둥근 달 · 맑은 날, 흐린 날	· 별자리 찾기 · 강과 바다 · 지층을 찾아서 · 화석을 찾아서	· 날씨 변화 · 물의 여행 · 화산과 암석 · 태양의 가족
탐구	탐구 과정	관찰, 분류, 측정, 예상, 추리 등	○○○	○○○	○○○
		문제 인식, 가설 설정, 변인 통제, 자료 변환, 자료 해석, 결론 도출, 일반화 등		○	
	탐구 활동	토의, 실험, 조사, 견학, 과제 연구 등	○○○	○○○	○○○

분야 \ 학년			6	7
지식 탐구		에너지	· 물속에서의 무게와 압력 · 편리한 도구 · 전자석	· 빛 · 힘 · 파동
		물 질	· 기체의 성질 · 여러 가지 기체 · 촛불	· 물체의 세 가지 상태 · 분자의 운동 · 상태 변화와 에너지
		생 명	· 우리몸의 생김새 · 주변의 생물 · 쾌적한 환경	· 생물의 구성 · 소화와 순환 · 호흡과 배설
		지 구	· 계절의 변화 · 일기 예보 · 흔들리는 땅	· 지구의 구조 · 지각의 물질 · 해수의 성분과 운동
탐구	탐구 과정	관찰, 분류, 측정, 예상, 추리 등	○○○	
		문제 인식, 가설 설정, 변인 통제, 자료 변환, 자료 해석, 결론 도출, 일반화 등	○○○	
	탐구 활동	토의, 실험, 조사, 견학, 과제 연구 등	○○○	

분야 \ 학년			8	9	10	
지식		에너지	· 여러 가지 운동 · 전기	· 일과 에너지 · 전류의 작용	· 에너지	· 탐구 · 환경
		물 질	· 물질의 특성 · 혼합물의 분리	· 물질의 구성 · 물질 변화에서의 규칙성	· 물질	
		생 명	· 식물의 구조와 기능 · 자극과 반응	· 생식과 발생 · 유전과 진화	· 생명	
		지 구	· 지구와 별 · 지구의 역사와 지각 변동	· 물의 순환과 날씨 변화 · 태양계의 운동	· 지구	
탐구	탐구 과정	관찰, 분류, 측정, 예상, 추리 등	○○○			
		문제 인식, 가설 설정, 변인 통제, 자료 변환, 자료 해석, 결론 도출, 일반화 등	○○○			
	탐구 활동	토의, 실험, 조사, 견학, 과제 연구 등	○○○			

위의 내용 체계를 분석하여 보면

① 초등학교 3학년부터 고등학교 1학년까지는 '국민공통기본 교육과정'으로, 내용 구성을 저학년(3~5학년), 중학년(6~7학년), 고학년(8~10학년)의 3단계로 구분하여, 학교 급간, 학년 간 학습 내용이 중복되거나 수준 격차가 없도록 하고, 연계성이 유지되도록 조정하였다.

② 내용은 지식 영역을 에너지, 물질, 생명, 지구 영역으로 구분하고, 탐구를 탐구 과정과 탐구 활동으로 구성하였다.

③ 학년별 학습 내용은 저학년 16개 주제, 중학년 12개 주제, 고학년 8개 주제(10학년은 6개)로 하여, 현상 중심의 탐구 활동으로부터 기본 개념 중심의 탐구 학습을 하도록 하였다.

④ 내용 진술은 개념과 탐구 과정을 포함하는 학생 중심의 문장으로 진술하였다.

⑤ 학생 발단 단계에 적합하도록 저학년에서 고학년으로 갈수록 '다수의 작은 주제 학습'에서 '소수의 큰 영역 학습'으로, '현상 중심의 기초 탐구 과정 학습'에서 '개념 중심의 통합 탐구 과정 학습'이 이루어지도록 배열하였다.

⑥ '심화·보충형 수준별 교육과정'으로 구성하여, 학생의 능력에 따라 자기 주도적 개별화 학습이 가능하도록 각 영역마다 기본 과정과 심화 보충 학습 내용을 제시하였다.

⑦ 고등학교 2~3학년은 '선택 중심 교육과정'으로 구성하여, 일반 선택 과목으로 '생활과 과학'을, 심화 선택 과목으로 '물리Ⅰ' '화학

Ⅰ' '생물Ⅰ' '지구과학Ⅰ' '물리Ⅱ' '화학Ⅱ' '생물Ⅱ' '지구과학
Ⅱ'를 선택 이수할 수 있도록 하되, Ⅰ과 Ⅱ는 위계성이 있도록 하
고, Ⅱ는 반드시 해당 과목의 Ⅰ을 이수할 수 있도록 하였다.

위의 내용 체계를 바탕으로 교과 관련하여 책을 선택하고 아래의 방
법 중 한 가지를 선택하여 읽어 나가도록 한다.
① 책의 핵심 개념과 내용으로 논술 문제를 내고 문제 해결에 접근하
   면서 읽도록 안내한다.
② 반의 학생들을 팀별로 나누어 같은 책을 읽고 책의 핵심 개념을 가
   지고 토의 토론할 수 있는 내용을 정하여 생각하며 읽도록 한다.
③ 학생들이 책의 내용을 어떻게 전달할 것인지 발표 내용을 준비하
   고 요약하면서 읽고 될 수 있으면 발표할 기회를 갖도록 한다.
④ 독서 교수 학습안을 마련하여 지도하면 과학과 수학 학습에 많은
도움이 될 것이다.

《과학자들이 들려주는 과학 이야기》 읽기의 교수·학습 과정안

100권의 책을 한꺼번에 다 읽히고 지도할 수는 없다. 특히 과학 논술
과 연계하여 지도하는 것도 좋지만 그룹으로 나누어 글을 읽고 난 후에
토의·토론식으로 학습하도록 지도하는 것이 좋다. 토의·토론 학습은
학생들의 적극적 사고, 능동적 참여를 가능하게 함으로써 독서 후 학습

효과를 높일 수 있다.

　대개 글을 읽고 난 후 내용 질문과 교과와 연계된 질문으로 학습 효과를 가져올 수 도 있지만《과학자들이 들려주는 과학 이야기》를 각 책에 따라 읽고 난 후의 지도 활동을 위한 교수·학습 과정안을 예시하면 다음과 같다.

'과학자들이 들려주는 과학 이야기' 읽기의 교수·학습 과정안 예시

학습모형	토의토론식	학습 목표	책을 읽고 주제를 정하여 토의 토론을 할 수 있다.			
제목	독서 후 토의 토론					

단계	학습과정	교수 - 학습 활동		시간	유의점 및 준비물
		교사	학생		
도입 독서전	동기 유발 및 학습 준비 확인	·《과학자들이 들려주는 과학 이야기》의 한 권씩을 선택하여 팀별로 같은 책을 읽고 토의토론을 해보도록 한다. ·매뉴얼북의 개요를 읽어보도록 한다.	·책을 읽으며 주제에 맞게 요약하고 주제의 토의 토론에 맞도록 내용을 정리 요약하고 준비한다. ·매뉴얼북의 용어 해설을 읽고 익힌 후 독서한다.	5분	·사전에 매뉴얼북을 읽고 토의 토론 주제를 정하고 독서를 시작한다.
전개 독서중·독서후	토의 주제 확인 하기	·작품을 읽고 느낀 점과 관련된 내용을 간단히 표현해 보게 한다. ·토의 주제를 확인시킨다.	·작품 내용, 줄거리를 말하거나 다양한 방법으로 발표한다. ·가장 인상적이었던 내용을 느낌과 함께 표현한다. ·사회자의 주관 하에 주제에 맞는 토의와 토론을 하도록 한다.	30분	·내용파악이 끝나면 팀별로 정한 주제를 가지고 토의하도록 한다. 과학자와 책내용과 주제와의 연계가 되도록 한다. ·과학자의 접근 방법과 다른 방법은 없는지 생각해보도록 한다.
	과학자 이야기로 역할극 하기 및 과학자와의 문답	·과학자의 이론에 대한 비판과 접근 방법에 대하여 역할극을 해보도록 한다. ·읽은 책의 과학자에게 묻고 싶은 문제들을 현실적인 문제와 연결 지어 제기해 보도록 한다.	·함께 의논하여 공동으로 작품을 쓰고 자신있게 표현한다. ·과학자와 학생들과의 대화시간 등 다양하게 배경을 설정하여 질의, 응답하며 문제를 해결해가는 모습을 표현한다.		
정리	정리 및 평가	·팀별로 토의 토론과 역할극 학습 과정에서 창의적인 생각을 갖도록 한다. ·과학에 친근감을 갖도록 한다. ·팀별 발표 시 평가하고, 보완해 준다.	·팀별 발표시 모든 학생이 발표에 참여 할 수 있도록 한다. ·이해력과 비판력을 갖고 팀별 발표를 평가한다. ·자기의 느낌과 반성 및 앞으로의 생각을 말한다.	15분	·창의적이고 종합적으로 자기주장을 표현하도록 한다.

학생들은 위의 교수-학습안과 같이 토의·토론을 할 수도 있고 논술식 독서 감상문을 쓰고 발표할 수도 있다. 여기서는 독서 토론을 통한 논술쓰기에 대하여 알아보자.

독서토론을 통한 논술쓰기 지도 예시

			비 고
쓰기 전	준비하기	· 책 소개와 토론 주제 정하기	
	생각 꺼내기	· 주제 파악하기 · 관련 자료 검색과 요약 발표 및 독서 토론하기	
	생각 묶기	· 독서 논술의 개요 작성하기	
쓰는 중	초고 쓰기	· 1차 독서 논술하기	
	다듬기	· 1차 논술한 것 윤독하기 · 2차 독서 논술하기	
쓴 후	평가하기	· 독서 논술 평가하기	
	작품화하기	· 독서 논술 발표하기	

독서 토론을 통한 쓰기 지도는 쓰기의 과정과 결과를 모두 강조하였는데 글쓰기 능력은 교사와 학습자 간, 학생들 간의 상호 작용적인 대화 과정과 문제 해결 과정의 각 단계별로 필요한 글쓰기를 학습하여 향상될 수 있으며 독서 토론을 통한 쓰기 지도는 위의 예시에서 보듯이 3단계의 과정이 필요하다.

학생들은 독서 토론을 위한 쓰기 내용 구성과 생각 묶기 및 초고 쓰기 과정을 통해서 교사와 협의를 하기도 하며, 자신이 쓴 작품을 다른 학생들과 공유를 통해 피드백을 받아 자신의 작품을 반성적 시각에서 바라볼 수 있는 기회를 갖게도 된다.

마지막으로 과학·수학 영재 교육에 연계되도록 활용한다.

① 7,8차 교육과정 연계와 9단계의 수준별 교육과정과 학교 수행 평

가와 영재 선발 대비가 되도록 한다.

② 교육과정과 생활 과학 프로그램 연계를 통한 토론식 수업과 논술에 대비한 과학 영재 선발 교육과 연계가 되도록 한다.

③ 기초과학, 논리적 사고력 향상을 위한 연계 교육을 통하여 과학 수학 영재 선발과 입시에 능동적으로 대비하도록 한다.

④ 교과와 관련된 탐구 원리 적용에서 용어의 이해까지 교과서 관련 내용의 이해와 정리가 될 수 있도록 한다.

2) 학부모의 활용 방안

우선 자녀가 이 책에 호기심과 관심을 가지도록 할 수 있다.

매뉴얼북의 각 권별 구성 내용을 살펴보며 교육과정 내용 체계에 맞는 책을 골라서 읽도록 안내한다.

〈매뉴얼북의 구성 내용〉

① 책에서 배우는 과학 개념
② 교육과정과의 연계
③ 책 소개
④ 이 책의 장점(내용과 교육과정과의 연계성)
⑤ 각 차시별 소개되는 과학적 개념
⑥ 교육과정 관련 교과서 단원과 관련 내용 정리

우선 매뉴얼북을 통하여 《과학자들이 들려주는 과학 이야기》 책 100권의 전체적인 내용을 살펴보고 아래의 교육과정 내용 체계표와의 연계성을 참고하여 각 학년과 교과에 맞는 도서를 선택하여 읽도록 한다.

책이 선택되면 아래의 방법 중 한 가지를 선택하거나 스스로 읽는 목표와 목적을 설정하여 읽도록 한다.
① 가족들과 함께 읽고 난 후 이야기할 주제를 정하고 다시 읽으면 좋을 것이다.
② 책의 핵심 개념과 내용으로 독서 논술 문제를 내고 문제 해결에 접근하면서 읽는다.
③ 친구들과 책의 핵심 개념을 가지고 토론할 수 있는 내용을 생각하며 읽는다.
④ 친구들에게 책의 내용을 어떻게 전달할 것인지 요약하면서 읽고, 될 수 있으면 발표할 기회를 갖도록 한다.
⑤ 라디오나 TV 뉴스 진행자가 되어 책의 내용을 어떻게 전달할 것인지 생각하고 요약하면서 읽게 한다.

앞에서 언급하였듯이 과학을 알면 논리력을 갖추어 금융 전문가나 변리사 등도 가능하며 통합적인 사고 능력을 기르는 데 초석이 되어 논술에 대한 충분한 대비가 될 수 있다. 논술에서도 100권의 과학자 이야기처럼 알기 쉬운 과학 이야기를 예로 들어 주제에 맞추어 접근하면 훌륭한 독서 논술이 될 것이다.

51 에라토스테네스가 들려주는 지구 이야기
52 보일이 들려주는 기체 이야기
53 암스트롱이 들려주는 달 이야기
54 칼 세이건이 들려주는 태양계 이야기
55 멘델레예프가 들려주는 주기율표 이야기
56 찬드라세카르가 들려주는 별 이야기
57 라플라스가 들려주는 천체물리학 이야기
58 허셜이 들려주는 은하 이야기
59 허블이 들려주는 우주팽창 이야기
60 아레니우스가 들려주는 반응속도 이야기
61 스탈링이 들려주는 호르몬 이야기
62 린네가 들려주는 분류 이야기
63 라그랑주가 들려주는 운동 법칙 이야기
64 마이컬슨이 들려주는 프리즘 이야기
65 메톤이 들려주는 달력 이야기
66 로슈가 들려주는 조석 이야기
67 피셔가 들려주는 통계 이야기
68 가가린이 들려주는 무중력 이야기
69 길버트가 들려주는 자석 이야기
70 오일러가 들려주는 파이 이야기
71 볼타가 들려주는 화학전지 이야기
72 모건이 들려주는 초파리 이야기
73 클라우지우스가 들려 주는 엔트로피 이야기
74 파블로프가 들려주는 소화 이야기
75 패러데이가 들려주는 전자석과 전동기 이야기
76 막스 플랑크가 들려주는 양자론 이야기
77 파스퇴르가 들려주는 저온살균 이야기
78 오일러가 들려주는 수의 역사 이야기
79 슈뢰딩거가 들려주는 양자물리학 이야기
80 빈이 들려주는 기후 이야기
81 라부아지에가 들려주는 물질변화의 규칙 이야기
82 켈빈이 들려주는 온도 이야기
83 퀴네가 들려주는 효소 이야기
84 제너가 들려주는 면역 이야기
85 스테빈이 들려주는 분수와 소수 이야기
86 에이크만이 들려주는 영양소 이야기
87 홉킨스가 들려주는 비타민 이야기
88 게이뤼삭이 들려주는 물 이야기
89 가모브가 들려주는 우주론 이야기
90 슈바르츠실트가 들려주는 블랙홀 이야기
91 핼리가 들려주는 이웃천체 이야기
92 리히터가 들려주는 지진 이야기
93 하비가 들려주는 혈액순환 이야기
94 반트호프가 들려주는 삼투압 이야기
95 가모브가 들려주는 원소의 기원 이야기
96 길버트가 들려주는 지구자기 이야기
97 라이엘이 들려주는 지질조사 이야기
98 멀더가 들려주는 단백질 이야기
99 탈레스가 들려주는 평면도형 이야기
100 러셀이 들려주는 패러독스 이야기

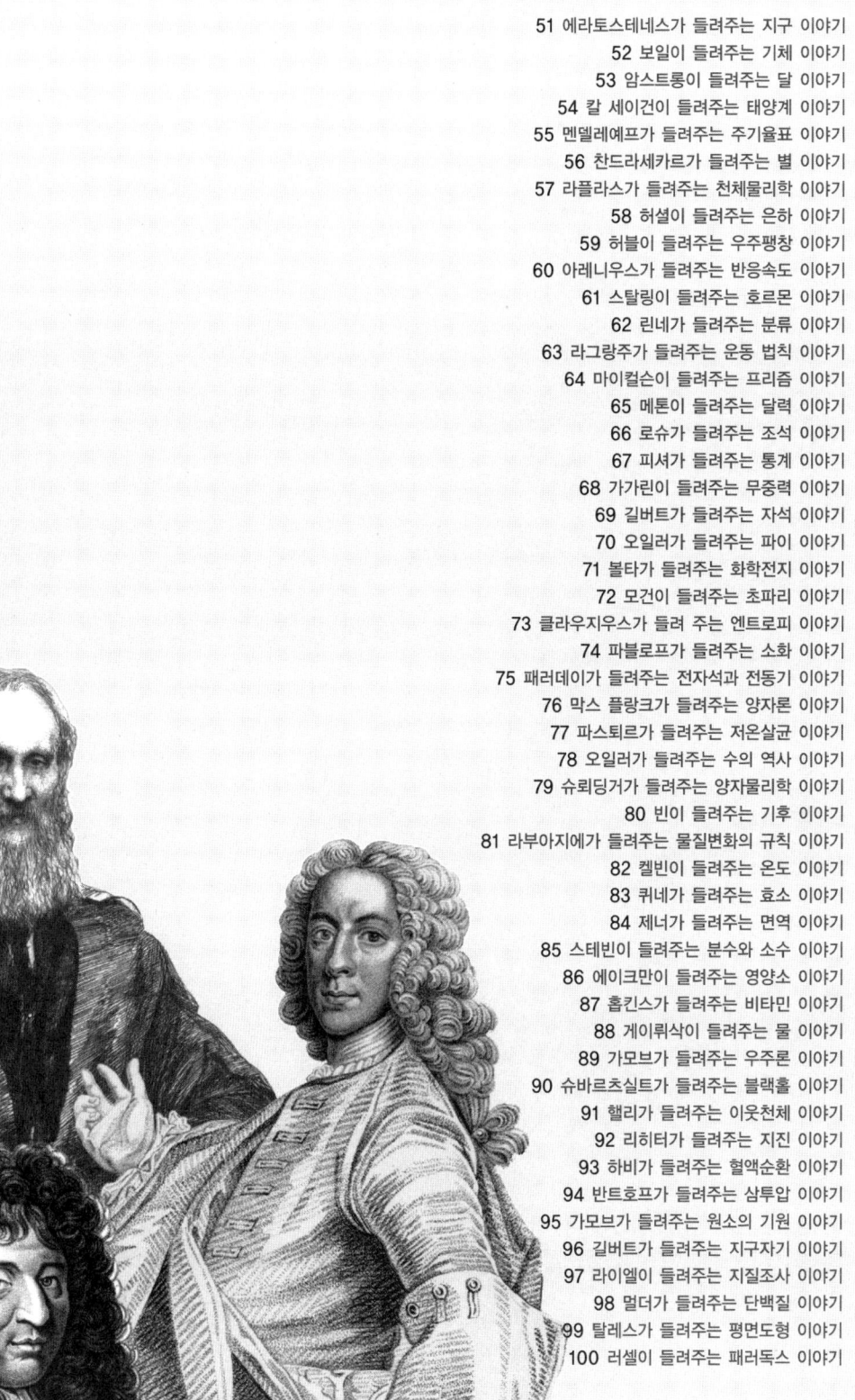

과학자들이 들려주는 과학 이야기 51

에라토스테네스가 들려주는 지구 이야기

책에서 배우는 과학 개념

지구와 관련되는 개념 및 용어들

교육과정과의 연계

구분	과목명	학년	단원	연계되는 개념 및 원리
초등학교	과학	3학년 2학기	3. 지구와 달	지구와 달의 모양
		4학년 2학기	4. 화석을 찾아서	화석의 생성과정과 이용
		5학년 2학기	1. 환경과 생물 7. 태양의 가족	환경과 생물의 관계 태양과 별들의 움직임(지구)
		6학년 2학기	2. 지진	지진원인
중학교	과학	1학년	1. 지구의 구조	구조와 대기권
		2학년	6. 지구 역사와 지각 변동	지구의 역사와 지층

구분	과목명	학년	단원	연계되는 개념 및 원리
중학교	과학	3학년	7. 태양계의 운동	지구의 자전, 공전, 계절의 변화
고등학교	과학	1학년	5. 지구	지형의 형성과 변화
	지구과학 I	2학년	2. 살아 있는 지구	대지형의 형성 판구조론
	지구과학 II	3학년	1. 지구의 물질과 지각 변동	내적 영력

책 소개

《에라토스테네스가 들려주는 지구 이야기》는 우주의 생성과 지구의 탄생, 생명체의 기원, 지구의 구체적인 형태 그리고 우주에서 들어오는 빛에 대하여 설명하였습니다. 지구의 내부와 지진이 일어나는 근원을 알아보고 생태계를 설명하면서 지구와 인간이 아름답게 공존하는 삶을 이야기했습니다.

이 책의 장점

1. 지구의 탄생을 기초에서부터 이해하기 쉽게 설명하였으며, 지구의 자전과 공전이론을 학술적, 단계적으로 표현하여 학생들에게 흥미를 유발시키고, 현실적으로 느끼며 공부하도록 하였습니다.
2. 중학생들에게는 과학적 사고력을 길러 주고 중간·기말고사를 준비하는데 도움이 되며, 고등학생들에게 지구과학의 충실한 수능 도우미가 됩니다.

3. 우리 주변의 소재를 이용한 탐구실험 활동을 믿음직한 에라토스테네스 선생님과 실제로 해보는 듯하며, 든든한 과학적 지식을 내 것으로 만들 수 있는 기회를 제공해 줍니다.

각 차시별 소개되는 과학적 개념

1. 첫 번째 수업 _ 지구와 생명체의 탄생

- 지금으로부터 150억 년~200억 년 전 빅뱅(Big Bang : 폭발)에 의하여 우주가 탄생하였고, 최초 원시 생명체인 코아세르베이트도 탄생하였습니다. 38억 년 전에는 지질시대(지층과 화석이 갑자기 바뀐 시기)가 시작되어 최초의 암석이 만들어졌습니다. 은생이언(또는 은생영년)은 38억 년 전부터 5억 7천만 년까지의 시대로 화석의 발견이 뚜렷하지 않은 시기이며 선캄브리아대라고도 합니다. 현생이언(또는 현생영년 : 화석이 뚜렷이 남아있는 시대; 고생대, 중생대, 신생대)은 선캄브리아대 이후부터 현재까지 계속된 시기입니다.
약 300~200만 년 전의 원인(호모하빌리스)과 100만~20만 년 전에 살았던 직립원인(호모에렉투스)은 불과 도구를 사용할 줄 알았습니다. 그리고 신인(크로마뇽인)은 3만5천 년에서 1만 년 전까지 살았으며 15~7만 년 전까지 살았던 구인(네안데르탈인)과 함께 호모사피엔스에 속하며 현대인에 가장 근접한 인류입니다.

2. 두 번째 수업 _ 지구의 나이

- 방사선을 이용하여 지질학적 연대를 측정하는 것을 절대 연대 측

정법이라고 합니다. 지구의 나이는 45억 살 전후입니다.

3. 세 번째 수업 _ 365일과 달력 그리고 윤달과 윤년
- 이집트인이 태양력을 만들어 '1년은 365일'이 탄생하였습니다.

4. 네 번째 수업 _ 지구의 모양과 둘레
- 시에네와 알렉산드리아의 그림자 길이가 다르므로 지구는 둥글다는 이론이 성립됩니다.

  시에네와 알렉산드리아 사이의 거리 : 900km, 시에네와 알렉산드리아의 위도 차이 : $7°$

  $7° : 360° = 900km$: 지구둘레 공식에서 지구둘레는 46,286km

  실제(4만 200km)

  동위각 : 하나의 직선이 평행선을 지나면 두 개의 각이 생기는데, 이것을 동위각이라 합니다.

5. 다섯 번째 수업 _ 지구의 구체적인 형태
- 지구는 적도 부근이 약간 부풀어 있는 타원체라고 합니다.

6. 여섯 번째 수업 _ 지구로 내려오는 자외선
- 태양은 눈으로 볼 수 있는 가시광선, 붉은색 바깥의 적외선, 보라색 너머의 자외선, 그리고 그 너머의 X선 등으로 이루어져 있습니다.

  자외선 A, B, C중 자외선 C는 오존층에서 흡수 또는 반사되어 지표까지 내려오지 못하고, 자외선 A와 B는 지상으로 내려옵니다.

  자외선 차단제가 들어 있는 화장품에 적힌 SPF의 숫자는 피부가 빨갛게 되기까지의 시간, PA는 자외선 차단 정도를 표시해 주는 등급입니다.

자외선 차단율(%)=(SPF-1)×100/SPF

7. 일곱 번째 수업 _ 지진과 지구 내부

- 지진파는 표면파와 중심파로 구분되며, 표면파는 L파(초속 3km), 중심파는 P파(초속 8km, 고체, 액체, 기체를 모두 통과, 상하 진동, 진폭이 작아서 피해가 적음)와 S파(초속 4km, 고체만 통과, 좌우로 진동, 진폭이 커서 피해가 큼)가 있습니다.
- 지진파는 빠르기의 순서대로 P, S, L파로 검출됩니다.
- 초기 미동 시간(PS시) : P파가 도착한 후에 S파가 도착하기까지 걸린 시간

8. 여덟 번째 수업 _ 판구조론과 지진

- 대륙이 이동하였다는 증거는 아열대지역인 남아프리카, 남아메리카, 인도, 오스트레일리아에서 생존하기 어려운 동식물 화석이 폭넓게 발견되고, 빙하 퇴적층이 드넓게 퍼져 있다는 것입니다.
- 판구조론에 따르면 지표는 100km 가량인 6개의 대형 판(태평양 판, 아메리카 판, 유라시아 판, 아프리카 판, 인도-오스트레일리아 판, 남극 판)과 몇 개의 소형 판(필리핀 판, 코코스 판)으로 이어져 있습니다.

9. 아홉 번째 수업 _ 지구와 환경오염

- 중금속과 핵 물질에 의해 토양과 대기, 수질이 오염됩니다. 이러한 오염의 대표적인 예로 수은이 전신마비, 보행 불능, 청력 감퇴를 가져오고 카드뮴이 요통과 다리 및 관절 통증, 보행 불능과 골절을 일으키며 핵 물질이 각종 기형을 유발하는 것을 들 수 있습니다.

10. 마지막 수업 _ 지구와 생태계

• 지구 생태계는 크게 생물계(생산자, 소비자, 분해자 : 미생물)와 비생물계로 나눌 수 있으며, 비생물계는 다시 물리적 환경(빛, 열, 바람, 압력, 전기, 소리)과 화학적 환경(탄소, 수소, 산소, 질소, 인, 물)으로 나누어집니다.

이 책이 도움을 주는 관련 교과서 단원

에라토스테네스가 들려주는 지구 이야기와 관련되는 교과서에 등장하는 용어와 개념들입니다.

1. 초등학교 3학년 2학기 - 3. 지구와 달
• 이 단원의 목표는 지구와 달의 모양을 알아보는 것입니다.

2. 초등학교 4학년 2학기 - 4. 화석을 찾아서
• 이 단원의 목표는 화석은 어떻게 생기며 화석으로 무엇을 할 것인지를 알아보는 것입니다.

3. 초등학교 5학년 2학기 - 1. 환경과 생물
• 이 단원의 목표는 어떤 환경에서 어떤 생물이 생존하는지를 알아보는 것입니다.

4. 초등학교 5학년 2학기 - 7. 태양의 가족

• 이 단원의 목표는 태양과 별들의 움직임과 위치, 낮과 밤, 계절과 별자리, 별자리의 변화를 알아보는 것입니다.

5. 초등학교 6학년 1학기 - 2. 지진
• 이 단원의 목표는 지진이 어떻게 발생되는지를 알아보는 것입니다.

6. 중학교 1학년 - 1. 지구의 구조
• 이 단원의 목표는 지구의 구조와 대기권을 알아보는 것입니다.
 1) 지구 내부에서 가장 얇고, 가장 두꺼운 곳은 각각 어느 층인가?
    - 지구 내부에서 가장 얇은 층은 지각(0.04cm)이고, 가장 두꺼운 층은 맨틀(5.76cm)입니다.
 2) 대기권에서 가장 얇고, 가장 두꺼운 곳은 각각 어느 층인가?
    - 대기권에서 가장 얇은 층은 대류권(0.02cm)이고, 가장 두꺼운 층은 열권(1.84cm)입니다.
 3) 대기권에서 온도는 각각 어떻게 변하는지 이야기해 봅시다.
    - 성층권과 열권에서는 높이 올라갈수록 온도가 상승하지만, 대류권과 중간권에서는 높이 올라갈수록 하강합니다.

7. 중학교 2학년 - 6. 지구 역사와 지각 변동
• 이 단원의 목표는 지구의 역사와 지층이 어떻게 바뀌는지를 알아보는 것입니다.

8. 중학교 3학년 - 7. 태양계의 운동
- 이 단원의 목표는 지구의 자전, 공전, 계절의 변화를 알아보는 것입니다.

9. 고등학교 1학년 - 5. 지구
- 이 단원의 목표는 지질과 지형의 형성과 변화를 알아보는 것입니다.

10. 고등학교 - 2. 살아 있는 지구
- 이 단원의 목표는 살아 있는 지구의 지각변동을 알아보는 것입니다.

11. 고등학교 - 1. 지구의 물질과 지각변동
- 이 단원의 목표는 판구조론의 내용, 즉 지구 표면은 10여 개의 지각 판으로 구성되어 있고, 이들 각 판은 맨틀 대류에 의해서 연간 수cm에서 수십cm씩 이동한다는 것을 알아보는 것입니다.

내용 정리

- **영력** : 지형을 변화시키는 모든 힘을 영력이라 합니다.
- **내적 영력** : 지구 내부에서 생기는 에너지를 말함. 조산, 조륙, 화산활동 등으로 대지형을 형성합니다.

과학자들이 들려주는 과학 이야기 52

보일이 들려주는 기체 이야기

책에서 배우는 과학 개념

기체와 관련되는 개념 및 용어들

교육과정과의 연계

구분	과목명	학년	단원	연계되는 개념 및 원리
초등학교	과학	3학년 1학기	3. 소중한 공기	우리 생활과 공기
		6학년 1학기	1. 기체의 성질	산소와 이산화탄소
중학교	과학	1학년	5. 분자의 운동	압력 법칙
	지구과학 II	3학년	3. 물질의 구성	원자와 분자의 관계
고등학교	화학 I	2학년	1. 주변의 물질	공기, 기체들의 특성

책 소개

《보일이 들려주는 기체 이야기》는 기체의 성질에 관한 그리스 과학자들의 물질론에서부터 보일의 원소설, 돌턴의 원자설, 아보가드로의 분자설 등을 다루고 있습니다. 그리고 기체에 대한 중요한 법칙으로는 압력에 따라 기체의 부피가 달라지는 '보일의 법칙'과 온도에 따라 기체의 부피가 달라지는 '샤를의 법칙'을 비교적 상세히 다루고 있습니다. 또한 비행선과 열기구의 차이점과 역사에 대해서도 설명하였습니다.

부록에 소개된 웰스 아저씨는 가스시티에서 천연가스를 처음 발견하고 연료화시키는 방법을 알아낸 사람으로 그의 화학적 반응에 대한 기지로 여러 사람의 생명을 구할 수 있었다는 재미있는 이야기가 실려 있습니다.

이 책의 장점

1. 초등학생들에게는 원소를 현대적으로 정의한 존경받는 화학자 보일과의 만남으로 과학적 사고력을 키우는 데 도움을 줄 것입니다.
2. 우리 주변에 있는 여러 가지 기체에 대하여 화학자인 보일 선생님과 직접 만나 이야기를 듣는 형식으로 재미있게 배울 수 있습니다.
3. 고등학생들에게 기체의 성질과 특성을 설명해 주고, 기체에 대한 모든 내용을 복습할 수 있는 내용을 부록에 재미있게 게재하였습니다.

각 차시별 소개되는 과학적 개념

1. 첫 번째 수업 _ 원소란 무엇일까요?
- 원소는 더 이상 분해되지 않으며 물질을 이루는 기본 성분입니다. 그리스의 과학자들의 기본 원소 이야기는 사실이 아닙니다.

2. 두 번째 수업 _ 원자란 무엇일까요?
- 모든 물질은 원자라고 하는 작은 입자들로 이루어져 있습니다. 혼합 기체의 부분압력은 그 성분 기체의 존재 비율에 비례하게 되는데 이것을 돌턴의 부분압력 법칙이라 합니다.

3. 세 번째 수업 _ 분자 이야기
- 분자는 일정한 질량·구조·원자 조성을 가집니다. 원자는 분자를 이루는 기본단위이며, 분자는 순수한 화합물에서 그 특징적인 조성과 화학적 성질을 유지시키는 가장 작은 입자입니다. 분자는 수나 종류의 변화 없이 물리적 변화를 할 수도 있으나(예를 들어 물이 고체·액체·기체로 상태변화함) 화학반응을 통해 변형될 수도 있습니다. 반지름이 1mm인 물방울 속의 물 분자를 일렬로 늘어놓으면 둘레가 4만 km인 지구를 160바퀴나 돌 수 있는 거리가 됩니다.

4. 네 번째 수업 _ 공기를 이루는 기체
- 공기는 눈에 보이지 않는 기체의 혼합물로서 주성분은 질소와 산소이고 소량의 이산화탄소, 아르곤 등을 포함하고 있습니다.

5. 다섯 번째 수업 _ 공기보다 가벼운 기체
- 공기는 주로 질소와 산소로 이루어져 있으므로 이들 분자보다 가벼운 기체는 위로 올라갑니다.

6. 여섯 번째 수업 _ 무서운 기체 이야기

- 오존은 산소 원자 3개로 이루어져 있으며, 오존은 지상에서 25㎞에 있는 성층권에 있고 태양에서 오는 강한 자외선을 흡수하여 우리가 자외선의 피해를 입지 않게 해 줍니다.
- 플루오르(불소)는 반응 용기를 녹이기 때문에 플루오르에 녹지 않는 금속인 백금 상자에 보관합니다.
- 메탄은 탄소와 수소의 화합물로 불이 잘 붙어서 취사용으로 사용합니다.
- 염소는 황록색을 띠는 무서운 기체로 독가스로 사용됩니다.

7. 일곱 번째 수업 _ 보일의 법칙

- 보일의 법칙은 일정한 온도에서 기체의 부피와 압력은 반비례한다는 것입니다. (압력)×(부피)=(일정한 값)

8. 여덟 번째 수업 _ 샤를의 법칙

- 샤를의 법칙은 일정한 압력 아래서 기체의 부피는 온도가 1℃ 올라갈 때 0℃일 때 부피의 $\frac{1}{273}$ 만큼 증가한다는 것입니다. 대표적인 예가 열기구입니다.

9. 마지막 수업 _ 열기구의 역사

- 1783년 11월 물리학자 로지에와 다란드가 열기구를 만들어 500M 높이까지 올라 25분간 공중에 머물러 9㎞를 날아갔습니다.
  비행선은 동력 비행체로 프랑스의 앙리 지파르가 1852년에 3마력짜리 증기엔진을 달고 프로펠러를 회전시켜 어느 정도 조정할 수 있는 비행선을 만들었습니다.

이 책이 도움을 주는 관련 교과서 단원

보일이 들려주는 기체 이야기와 관련되는 교과서에 등장하는 용어와 개념들입니다.

1. 초등학교 3학년 1학기 - 3. 소중한 공기
- 이 단원의 목표는 우리 생활과 공기를 알아보는 것입니다.

2. 초등학교 6학년 1학기 - 1. 기체의 성질, 6. 여러 가지 기체
- 이 단원의 목표는 산소와 이산화탄소를 알아보는 것입니다.

3. 중학교 1학년 - 5. 분자의 운동
- 이 단원의 목표는 부분압력의 법칙 그리고 분자의 운동에너지와 온도의 관계를 배우는 것입니다.

4. 중학교 3학년 - 3. 물질의 구성
- 이 단원의 목표는 물질은 어떻게 구성되었으며, 원자와 분자의 관계는 어떠한지 알아보는 것입니다.

5. 고등학교 - 1. 주변의 물질
- 이 단원의 목표는 공기, 기체들의 특성을 알아보는 것입니다.

내용 정리

- **혼합 기체의 전체압력**=성분 기체의 부분압력의 합
- **부분압력**=전체압력×몰분율
- **몰분율**=$\dfrac{(성분\ 기체의\ 몰\ 수)}{(전체\ 기체의\ 몰\ 수)}$

과학자들이 들려주는 과학 이야기 53

암스트롱이 들려주는 달 이야기

책에서 배우는 과학 개념

달과 관련되는 개념 및 용어들

교육과정과의 연계

구분	과목명	학년	단원	연계되는 개념 및 원리
초등학교	과학	3학년 2학기	3. 지구와 달	지구와 달의 다른 점
		5학년 2학기	7. 태양의 가족	태양계의 구성
중학교	과학	3학년	7. 태양계의 운동	지구와 달의 운동
고등학교	과학	1학년	5. 지구	지구의 역사와 지각 변동
	지구과학 I	2학년	3. 신비한 우주	자기장이 없다는 것과 달의 모습

책 소개

《암스트롱이 들려주는 달 이야기》는 위대한 과학자들의 과학이론을 초등학생들도 이해할 수 있도록 일상 속의 실험을 통해 그 원리를 하나하나 쉽고 재미있게 설명해 가는 형식으로 이야기를 서술하였습니다. '달이란 무엇인가?'에서부터 달과 지구의 비교, 달에 크레이터가 많은 이유, 달에 중력과 산소가 없어서 벌어지는 일들에 대하여 재미있는 비유를 통하여 강의하였습니다. 달에는 크레이터가 많이 생기고 지구에는 많이 생기지 않는 이유를 종이와 케이크를 이용하여 설명한 것이 인상적입니다.

책 뒷부분에 실린 부록(알라딘 봐, 달의 공주를 구하라!)은 재미있는 만화영화를 보듯 달에 대한 모든 내용을 복습할 수 있는 창작동화입니다.

이 책의 장점

1. 달이 무엇인지 기초에서부터 이해하기 쉽게 설명하였으며, 달의 이론을 학술적, 단계적으로 표현하여 공부하는 학생들에게 흥미를 유발시키고, 현실적으로 공부하도록 하였습니다.
2. 중학생들에게는 과학적 사고력을 길러 주고 중간·기말고사를 준비하는 데 도움이 되며, 고등학생들에게 지구과학의 충실한 수능 도우미가 됩니다.
3. 우리 주변의 소재를 이용한 탐구실험 활동을 암스트롱 선생님과 함께 실제로 해보는 듯하며, 든든한 과학적 지식을 내 것으로 만들

수 있는 기회를 제공해 줍니다.

각 차시별 소개되는 과학적 개념

1. 첫 번째 수업 _ 달이란 무엇인가?

- 달은 지구 주위를 빙글빙글 돌고 있는 위성입니다.
- 항성 : 스스로 빛을 내는 별
- 행성 : 스스로 빛을 못내고 햇빛을 반사해 빛을 냅니다.
- 태양 주위를 빙글빙글 돌고 있는 9개 행성은 수성, 금성, 지구, 화성, 목성, 토성, 천왕성, 해왕성, 명왕성입니다.
- 위성 : 달과 같이 스스로 빛을 내지 못하며, 행성 주위를 빙글빙글 돌고 있습니다. 화성은 2개, 목성은 16개, 토성은 31개의 달을 갖고 있습니다.
- 혜성 : 혜성은 보통 폭이 5㎞ 정도의 얼음조각으로 혜성의 궤도는 불규칙합니다.

2. 두 번째 수업 _ 아주 옛날 사람들이 생각한 달

- 이탈리아 사람 갈릴레이는 최초로 달을 관측하고 달에 밝은 부분과 어두운 부분이 있는 것을 알아내내었습니다. 그는 밝은 부분은 육지이고 어두운 부분은 바다라고 했지만, 달에는 물이 없으므로 바다도 없습니다.

3. 세 번째 수업 _ 달의 운동

- 달과 지구 사이에 만유인력이란 힘이 작용하기 때문에 자전과 공전을 하며, 자전과 공전의 주기는 똑같이 우리 시간으로 27일 7

시간 43분입니다. 이것이 달의 하루(14일이 낮이고 14일이 밤)이면서 우리가 말하는 1년인 셈입니다.

- 지구에서 달까지의 거리는 38만 km로 4만 km의 지구 둘레를 9바퀴 반 도는 거리이지요.
- 태양의 지름은 141만 394km로 지구지름의 109배입니다.
  지구의 반지름은 6천 400km이고, 달의 반지름은 1천 738km로 지구의 $\frac{1}{4}$ 정도입니다.
- 달의 질량은 지구 질량의 $\frac{1}{18}$ 정도이고, 중력은 지구 중력의 $\frac{1}{6}$ 정도입니다.

4. 네 번째 수업 _ 지구와 달

- 모든 행성이 달을 가지고 있는 것은 아닙니다.
  바닷물과 달이 가까워지면 만유인력 때문에 바닷물이 높아지는데 이때를 만조라 부르고, 반대로 낮아질 때를 간조라 합니다.
  - 개기월식 : 지구가 햇빛을 모두 가려 달이 완전히 보이지 않을 때
  - 개기일식 : 달이 햇빛을 모두 가리며, 268km를 넘지 않는 지구 상의 일부 지역에서만 관찰할 수 있고 아주 짧은 시간 동안만 일어남
  - 금환일식 : 달이 태양을 전부 가리지 못해 태양의 가장자리 부분이 금가락지 모양으로 빛이 남

5. 다섯 번째 수업 _ 달의 중력

- 달의 중력은 지구 중력의 $\frac{1}{6}$ 입니다. 달에 중력이 없어서 $\frac{1}{6}$ 속도

로 천천히 떨어집니다.

6. 여섯 번째 수업 _ 대기가 없는 달
   - 달에는 공기층이 없어서 숨을 쉴 수 없고, 낮 기온은 127℃까지 올라가고 밤 기온은 −173℃까지 내려갑니다. 공기가 없고 바람이 불지 않아 모래성을 쌓으면 그냥 높게 있고, 그네를 한 번 밀어주면 영원히 흔들립니다.

7. 일곱 번째 수업 _ 크레이터 이야기
   - 크레이터는 우주를 떠돌아다니는 소행성(운석)들 즉 운석들이 달과 충돌하여 만들어진 것입니다. 가장 큰 크레이터는 지름이 295km이고 깊이는 4km나 됩니다.

8. 여덟 번째 수업 _ 로켓 이야기
   - 로켓은 액체 산소와 액체 수소 연료를 반응시켜 수증기를 만들어 내고 그 수증기를 밖으로 배출하면서 그 반작용으로 달에까지 갑니다.

9. 마지막 수업 _ 아폴로 이야기
   - 아폴로 11호는 1969년에 최초로 달에 사람을 착륙시킨 탐사선으로 8일 3시간 18분을 운항하였습니다.

이 책이 도움을 주는 관련 교과서 단원

암스트롱이 들려주는 달 이야기와 관련되는 교과서에 등장하는 용어와 개념들입니다.

1. 초등학교 3학년 2학기 - 3. 지구와 달
- 이 단원의 목표는 지구와 달의 다른 점을 알아보는 것입니다.

2. 초등학교 5학년 2학기 - 7. 태양의 가족
- 이 단원의 목표는 우주의 정의, 태양계, 수성, 금성, 지구, 화성, 목성, 토성, 천왕성, 해왕성, 명왕성, 태양, 계절별 별자리, 혜성, 소행성지대, 블랙홀, 우리 은하 등을 알아보는 것입니다.

3. 중학교 3학년 - 7. 태양계의 운동
- 이 단원의 목표는 지구와 달의 공전과 자전, 달의 위상 변화, 태양의 고도와 지표면이 받는 에너지, 지구의 위도와 지표면이 받는 에너지, 인공위성의 운동 궤도, 조석과 달의 운동, 지평좌표계와 적도좌표계, 천구의 움직임, 일주운동 현상 등을 알아보는 것입니다.

4. 고등학교 1학년 - 5. 지구
- 이 단원의 목표는 지층의 구조, 지구의 탄생과 역사, 지각의 형성을 알아보는 것입니다.

5. 고등학교 - 3. 신비한 우주
- 이 단원의 목표는 지구와 달리 현재의 달에는 달 전체에 영향을 미치는 자기장이 없다는 것과 크레이터 등의 달의 모습을 알아보는 것입니다.

과학자들이 들려주는 과학 이야기 54

칼 세이건이 들려주는 태양계 이야기

책에서 배우는 과학 개념

태양계와 관련되는 개념 및 용어들

교육과정과의 연계

구분	과목명	학년	단원	연계되는 개념 및 원리
초등학교	과학	3학년 2학기	3. 지구와 달	지구에서 보는 달의 모습
		5학년 2학기	7. 태양의 가족	달과 행성, 인공위성, 태양계의 행성
중학교	과학	2학년	3. 지구와 별 7. 태양계의 운동	별자리 관측
		3학년	7. 태양계의 운동	태양계의 크기와 주기
고등학교	과학	1학년	5. 지구	태양계에 있는 은하계

구분	과목명	학년	단원	연계되는 개념 및 원리
고등학교	지구과학 I	2학년	3. 신비한 우주	천체 관측, 태양계 탐사
	지구과학 II	3학년	4. 천체와 우주	천체에 있는 별과 우주의 팽창

책 소개

《칼 세이건이 들려주는 태양계 이야기》는 태양계에 속한 아홉 행성의 재미난 성질들과 소행성과 관련된 과학이론을 직접 태양계를 여행하는 것과 같은 생생한 느낌을 받으며 하나하나 배우게 됩니다.

행성까지의 거리에 대한 보데의 법칙에 대한 설명에서 시작하여, 간단한 숫자놀이를 통해 행성까지의 거리를 측정하는 방법도 배울 수 있습니다.

이 책의 장점

1. 태양계의 구성을 기초부터 이해하기 쉽게 설명하였으며, 천체의 공전과 자전을 학술적, 단계적으로 표현하여 공부하는 학생들의 흥미를 유발시키고, 현실적으로 공부하도록 하였습니다.
2. 중학생들에게는 과학적 사고력을 길러 주고 중간·기말고사를 준비하는 데 도움이 되며, 고등학생들에게 지구과학의 충실한 수능 도우미가 됩니다.
3. 천체에서 벌어지는 일들에 대한 탐구실험 활동을 믿음직한 칼 세이건 선생님과 함께 실제로 해보는 듯하며, 든든한 과학적 지식을 내 것으로 만들 수 있는 기회를 제공해 줍니다.

각 차시별 소개되는 과학적 개념

1. 첫 번째 수업 _ 태양계 이야기

- 태양계를 내행성(지구의 안쪽에서 태양을 도는 행성)과 외행성(지구의 바깥쪽에서 태양을 도는 행성)으로 구성되어 있습니다. 태양에서 각 행성까지의 거리는 일정한 규칙을 가지고 있는데 이것을 '보데의 법칙'이라고 부릅니다.

2. 두 번째 수업 _ 수성 이야기

- 수성은 태양에서 제일 가까운 행성으로, 지름은 지구의 0.38배, 질량은 지구의 0.55배, 중력은 지구에서 1kg이 수성에서는 380g, 달의 수는 없고, 1년이 약88일이며, 하루는 약59일입니다.

  낮의 기온은 430℃이고 밤에는 −180℃까지 내려가며, 매리너 10호에 의해 발견된 '칼로리스'라는 거대한 분지가 있습니다.

3. 세 번째 수업 _ 금성 이야기

- 금성은 해가 뜨기 전 약 세 시간쯤인 새벽에 반짝인다고 해서 '샛별'이라고 부르기도 합니다. 지름은 지구의 0.95배, 질량은 지구의 0.81배, 중력은 지구에서 1kg이 금성에서는 910g, 달의 수는 없고, 1년이 약 225일이며, 하루는 약 243일입니다. 금성은 동에서 서로 자전을 하기에 태양이 서쪽에서 떠서 동쪽으로 지며, 태양계에서 제일 더운 행성으로 표면 온도가 453℃에서 495℃에 이릅니다. 대기는 주로 이산화탄소로 이루어져 있고, 구름은 진한 황산으로 이루어져 있어 노란색으로 보입니다.

4. 네 번째 수업 _ 지구 이야기

- 지구 내부는 위부터 지각, 맨틀, 외핵, 내핵으로 되어 있고, 약 1 km(지구 반지름의 $\frac{1}{6}$ 정도)의 대기권으로 싸여 있습니다. 나이는 46억 살이고 질량은 약 6,000,000,000,000,000,000,000,000kg이며, 반지름은 6천 300km입니다.

5. 다섯 번째 수업 _ 화성 이야기

- 화성의 지름은 지구의 0.53배, 질량은 지구의 0.107배, 중력은 지구에서 1kg이 화성에서는 380g입니다. 달의 수는 2개 $\frac{1}{100}$, 1년이 약 690일이며, 하루는 약 25시간입니다. 기온은 낮에는 25℃이고 밤에는 영하 85℃이며, 하늘은 붉은색을 띠는 산화철이 많고, 대기압이 낮아 아주 예쁜 분홍빛입니다.

  태양계에서 제일 큰 화산이라는 올림포스 산은 에베레스트 산(8천 848m)에 비해 3배 정도 높습니다.

  화성은 지름이 약19~27km인 포보스와 지름이 12km 정도인 데이모스라는 두 개의 달이 있습니다.

6. 여섯 번째 수업 _ 목성 이야기

- 목성은 기체로 이루어져 있는 태양계에서 가장 큰 행성으로 지구보다 318배나 무거우며, 다른 모든 행성들의 무게를 합친 것보다도 2배가 무겁습니다. 목성의 지름은 지구의 11배, 질량은 지구의 318배, 중력은 지구에서 1kg이 목성에서는 2.54kg, 달의 수는 63개, 1년이 약 4천 329일로 하루는 약 10시간이 됩니다.

7. 일곱 번째 수업 _ 토성 이야기

- 토성의 지름은 지구의 9배, 질량은 지구의 95배, 중력은 지구에서 1kg이 토성에서는 1.08kg , 달의 수는 46개, 1년이 약 1만 753일(29.46년)이며, 하루는 약 10시간 40분이 됩니다.

8. 여덟 번째 수업 _ 천왕성, 해왕성, 명왕성 이야기

- 천왕성은 1781년 천문학자 허셜이 망원경으로 처음 발견했으며, 태양계에서 유일하게 자전과 공전을 할 때 옆으로 도는 행성이므로 나침반은 적도를 가리킵니다.
- 천왕성의 지름은 지구의 8배, 질량은 지구의 14배, 중력은 지구에서 1kg이 천왕성에서는 1천180g, 달의 수는 27개, 1년이 약 3만 685일이며, 하루는 약 17시간이 됩니다.
- 해왕성의 지름은 지구의 4배, 질량은 지구의 17배, 중력은 지구에서 1kg이 해왕성에서는 920g, 달의 수는 13개, 1년이 약6만 225일이며, 하루는 약18시간이 됩니다.
- 해왕성에는 다이아몬드가 많고, 해왕성의 달 트리톤의 얼음화산이 유명합니다.
- 명왕성의 지름은 지구의 0.18배, 질량은 지구의 0.002배, 중력은 지구에서 1kg이 명왕성에서는 50g, 달의 수는 1개, 1년이 약 9만 520일이며, 하루는 약 6일이 됩니다.
- 명왕성은 중력이 아주 작아 대기가 없고, 메탄 빙산이 있습니다.

9. 마지막 수업 _ 소행성과 혜성

- 소행성은 행성이 되지 못한 작은 암석들이며 이들은 화성과 목성

사이에 거의 모여 있고, 이 지역을 소행성대라 부릅니다. 천문학자들이 현재까지 약 2만 개 이상의 소행성을 발견하였습니다.
- 혜성은 태양의 주위를 아주 큰 곡선을 그리며 돌고 있는 먼지와 암석 조각이 뭉쳐진 얼음 조각으로 폭은 5km 정도이며, 행성은 태양주위를 반시계방향으로 돌지만 혜성은 시계 방향으로 돈답니다. 혜성은 다시 돌아오는 데 걸리는 시간이 아주 길어서 핼리혜성의 경우는 76년마다 다시 나타납니다.

이 책이 도움을 주는 관련 교과서 단원

칼 세이건이 들려주는 태양계 이야기와 관련되는 교과서에 등장하는 용어와 개념들입니다.

1. 초등학교 3학년 2학기 - 3. 지구와 달
- 이 단원의 목표는 지구에서 보이는 달의 모습을 알아보는 것입니다.

2. 초등학교 5학년 2학기 - 7. 태양의 가족
- 이 단원의 목표는 달과 행성, 인공위성, 태양계의 행성을 알아보는 것입니다.

3. 중학교 2학년 - 3. 지구와 별
- 이 단원의 목표는 별자리 관측을 어떻게 하는지 알아보는 것입니다.

4. 중학교 3학년 – 7. 태양계의 운동
- 이 단원의 목표는 '태양계는 얼마나 클까?'를 알아보는 것입니다.

5. 고등학교 1학년 – 5. 지구
- 이 단원의 목표는 태양계에 있는 은하계를 알아보는 것입니다.

6. 고등학교 – 3. 신비한 우주
- 이 단원의 목표는 '우주는 무엇일까?' '어디서부터 어디까지가 우주일까?' '우주에 끝이 있을까?' '우리는 우주의 어디쯤에 있는 것일까?'를 알아보는 것입니다.

7. 고등학교 – 4. 천체와 우주
- 이 단원의 목표는 천체에 있는 별과 우주의 팽창을 알아보는 것입니다.

과학자들이 들려주는 과학 이야기 55

멘델레예프가 들려주는 주기율표 이야기

책에서 배우는 과학 개념

주기율표와 관련되는 개념 및 용어들

교육과정과의 연계

구분	과목명	학년	단원	연계되는 개념 및 원리
중학교	과학	1학년	4. 물질의 세 가지 상태	고체, 액체, 기체 상태에 따른 구성입자의 배열
			5. 분자의 운동	물질의 성질
			7. 상태변화와 에너지	상태변화 과정과 분자운동
		2학년	3. 물질의 구성	원자는 원소를 이루는 입자
고등학교	화학 I	2학년	1. 주변의 물질	화합물의 일반적 성질
	화학 II	3학년	2. 물질의 구조	원자구조와 주기율

책 소개

화학자들은 물질의 이치를 파헤쳐 싸구려 금속을 금으로 만들려고 하였고, 그들의 일생을 통해 알아낸 것을 지도를 그리듯 책과 강연으로 후세에 남겼답니다. 멘델레예프처럼 훌륭한 과학자가 되기 위해서는 많은 지식은 기본이고, 사물을 꿰뚫는 직관과 창의성이 필요합니다. 《멘델레예프가 들려주는 주기율표 이야기》는 자연의 원리를 깨치고 주기율표를 이용하여 금보다 더 소중하고 편리하게 쓸 수 있는 물질을 개발하여야 한다는 내용을 담고 있습니다.

이 책의 장점

1. 초등학생들에게는 존경받는 화학자 멘델레예프의 만남으로 과학적인 사고력을 키우는 데 도움을 줍니다.
2. 우리 주변에 있는 여러 가지 화학반응에 대하여 화학자인 멘델레예프 선생님과 직접 만나 이야기를 듣는 형식으로 많은 내용을 재미있게 이해할 수 있습니다.
3. 고등학생들에게 기초인 주기율표로 물질의 성질과 특성을 설명하고, 물질에 대한 모든 내용을 재미있게 게재하였습니다.

각 차시별 소개되는 과학적 개념

1. 첫 번째 수업 _ 원소기호란 무엇인가?
   • 주기율표를 구성하는 원소기호는 화학자들의 약정이며, 원소기호

는 원소 원명의 알파벳을 사용하고 있습니다.

2. 두 번째 수업 _ 원자와 분자 그리고 원소와 화합물

- 원소는 더 이상 분해되지 않는 근본 물질이고, 원자는 원소를 이루는 입자입니다.

  원소는 한 종류의 원자로 이루어진 분자들의 집합체이며, 원소들이 화학변화를 하면 본래의 성질은 없어집니다.

  이 세상에 알려진 물질은 대략 3천만 가지이며, 물질(분자)을 이루는 원자의 수는 약 100여 가지입니다.

3. 세 번째 수업 _ 원자설과 원자량의 특성

- 모든 물질은 더 이상 쪼갤 수 없는 원자라고 하는 작은 입자로 이루어져 있습니다.

  같은 원소의 원자는 모양, 질량, 성질 등이 모두 같으며 다른 원소의 원자는 모양, 질량, 성질 등이 서로 다릅니다.

  화합물은 두 가지 이상의 원자가 일정한 비율로 결합하여 만들어진 것입니다.

  화학변화가 일어날 때, 원자는 서로 자리바꿈을 할 뿐이지 새로 생기거나 없어지지 않습니다.

4. 네 번째 수업 _ 뉴랜즈의 옥타브선

- 주기율이란 원소의 비슷한 성질이 규칙적으로 반복되는 법칙입니다.
- 1863년 뉴랜즈는 원통에 원소를 원자량 순서로 써서 나선형을 이루면 여덟 번째 원소마다 성질이 비슷한 원소가 반복된다는 옥타

브 설을 발견했습니다.

5. 다섯 번째 수업 _ 멘델레예프의 주기율표
- 원소들을 원자량에 따라 배열하면 성질의 주기성이 나타납니다. 원자량이 증가함에 따라 원자가도 증가합니다. 원자량의 값이 원소의 성질을 결정합니다. 멘델레예프는 현대적 주기율표의 토대를 완성하였습니다.

6. 여섯 번째 수업 _ 모즐리의 주기율표
- 모즐리는 원소의 화학적 성질을 결정하는 원자번호를 발견하였습니다.

7. 일곱 번째 수업 _ 현대적 주기율표
- 모즐리는 원자번호 순으로 현대적 주기율표를 완성하였습니다.

8. 여덟 번째 수업 _ 원자구조와 전자배치
- 원자는 양성자, 중성자, 전자로 구성되어 있습니다.

9. 아홉 번째 수업 _ 주기율 이야기
- 원자반지름, 이온화 에너지, 전기음성도가 주기율과 어떤 관련이 있는지 알아봅니다.

10. 열 번째 수업 _ 주기율표를 이용한 원소의 분류
- 물질은 상온에서 고체, 액체, 기체 상태로 존재하며, 주기율표를 통해 물질의 상태를 알 수 있습니다.

11. 마지막 수업 _ 화학결합의 주기율
- 주기율표의 왼쪽에는 금속성 원소가 있고 오른쪽으로 갈수록, 아래로 내려갈수록 원자구조가 복잡해집니다. 주기는 주기율표의

가로줄(1~7주기)로 원소들의 물리적, 화학적인 성질이 반복적으로 나타납니다. 족은 주기율표의 세로줄(1~18족)로 같은 족의 원소들은 화학적인 성질이 비슷합니다.

이 책이 도움을 주는 관련 교과서 단원

멘델레예프가 들려주는 주기율표 이야기와 관련되는 교과서에 등장하는 용어와 개념들입니다.

1. 중학교 1학년 – 4. 물질의 세 가지 상태
- 이 단원의 목표는 물질이 각각 고체, 액체, 기체일 때 이루는 구성 입자의 배열을 알아보는 것입니다.
- 고체 분자들은 매우 규칙적으로 배열되어 있고, 액체 분자는 약간 불규칙하게 배열되어 있으며, 기체 분자들은 서로 멀리 떨어져 있습니다.
- 물질을 이루는 입자는 너무 작아 눈으로 관찰할 수 없습니다.

2. 중학교 1학년 –5. 분자의 운동
- 이 단원의 목표는 온도가 높아지면 공기 분자의 운동이 활발해져서 부피가 팽창하고, 낮아지면 공기 분자의 운동이 느려져 수축하는 것을 알아보는 것입니다.
- 물질을 연속적으로 쪼개는 과정에서 물질의 성질을 가지는 가장

작은 입자를 분자라고 합니다.

3. **중학교 1학년 -7. 상태변화와 에너지**
   - 이 단원의 목표는 물질의 승화, 상태변화에 따른 열에너지의 이용 (예 : 냉장고, 에어컨, 스팀 난방 등)에 대해 살펴보고 상태변화와 분자 운동을 에너지의 흡수 과정과 방출 과정으로 구분하여 알아보는 것입니다.

4. **중학교 3학년 - 3. 물질의 구성**
   - 이 단원의 목표는 원소는 더 이상 분해되지 않는 근본물질이고, 원자는 원소를 이루는 입자라는 것을 알아보는 것입니다.

5. **고등학교 - 1. 주변의 물질**
   - 이 단원의 목표는 원소의 비금속성과 활성, 주기율표 위치 사이의 관계, 탄소화합물의 성질 등을 알아보는 것입니다.

6. **고등학교 - 2. 물질의 구조**
   - 이 단원의 목표는 원자구조의 복잡성과 주기율표 위치 사이의 관계를 알아보는 것입니다.

과학자들이 들려주는 과학 이야기 56

찬드라세카르가 들려주는 별 이야기

책에서 배우는 과학 개념

별과 관련되는 개념 및 용어들

교육과정과의 연계

구분	과목명	학년	단원	연계되는 개념 및 원리
초등학교	과학	4학년 1학기	8. 별자리를 찾아서	계절에 따른 별자리
중학교	과학	2학년	3. 지구와 별	지구에서 본 별의 등급
		3학년	7. 태양계의 운동	계절별 별의 위치와 행성의 운동
고등학교	과학	1학년	5. 지구	태양계 구조와 성운과 성단
	지구과학	2학년	3. 신비한 우주	별의 거리 측정과 등급 의미와 차이
	지구과학 II	3학년	4. 천체와 우주	별의 종류에 따라 각기 다른 표면 온도와 색깔, 색지수

책 소개

《찬드라세카르가 들려주는 별 이야기》는 별까지의 거리 재는 법, 별의 온도와 색깔과의 관계, 별의 탄생에서부터 죽음까지 별에 대한 모든 내용을 자세히 다루고 있습니다.

특히 부록(백설공주와 일곱 별의 난쟁이)은 별에 대한 모든 것을 담고 있어 복습하기에 좋은 기회입니다.

이 책의 장점

1. 별이 무엇인지 기초에서부터 이해하기 쉽게 설명하였으며, 별의 이론을 학술적, 단계적으로 표현하여 공부하는 학생들에게 흥미를 유발시키고, 현실적으로 공부하도록 하였습니다.
2. 중학생들에게는 과학적 사고력을 길러 주고 중간·기말고사를 준비하는 데 도움이 되며, 고등학생들에게 지구과학의 충실한 수능 도우미가 됩니다.
3. 우리 주변의 소재를 이용한 탐구실험 활동을 믿음직한 찬드라세카르 선생님과 실제로 해보는 듯하며, 든든한 과학적 지식을 내 것으로 만들 수 있는 기회를 제공해 줍니다.

각 차시별 소개되는 과학적 개념

1. 첫 번째 수업 _ 별 이야기

- 스스로 빛을 내는 항성이 있고, 빛을 반사시키는 행성과 위성이

있습니다.

2. 두 번째 수업 _ 별까지의 거리

- 별까지의 거리를 표시하는 천문단위는 AU라 부르며, 1AU=1억 5천만 km(지구에서 태양까지의 거리)입니다.
- 화성까지의 거리는 1.6AU, 토성까지의 거리는 10AU, 명왕성까지의 거리는 38.8AU가 됩니다.
- 1도는 60분, 1분는 60초, 1도는 3,600초 입니다. 연주시차가 정확하게 1초인 별까지의 거리를 1파섹(1pc)으로 나타내는데 1파섹=3.26광년, 프록시마까지의 거리는 4.2광년입니다.

3. 세 번째 수업 _ 별의 밝기

- 지구로부터 별까지의 거리를 생각하지 않고 지구 관찰자의 눈에 보이는 별의 밝기를 '겉보기등급'이라 합니다. 등급이 큰 수가 될수록 그 별은 어두운 별입니다.
- 태양의 겉보기등급은 -26.7이지만, 절대등급은 4.8로 어두운 별입니다. 백조자리 데네브의 겉보기등급은 1.26이지만 절대등급은 -7.3으로 아주 밝은 별입니다.

4. 네 번째 수업 _ 별의 색깔

- 하늘에는 빨강별, 노랑별, 파랑별처럼 여러 가지 색깔의 별들이 있습니다.
- O=보라색(라세르태 : 28,000도 이상), B=파란색(리겔 : 10,000~28,000도), A=파란색(시리우스 : 7,500~10,000도), F=청백색(프로키온 : 6,000~7,500도), G=흰색에서 노란색(태양 : 5,000~6,000도), K=오

렌지색에서 빨간색(아르크투루스 : 3,500~5,000도), M=빨간색(안타레스 : 3,500도 이하)

5. 다섯 번째 수업 _ 별의 탄생

- 우주공간에서 별과 별 사이에 존재하는 성간가스와 우주먼지를 합쳐 성간물질이라고 부릅니다. 원시별의 수소의 원자핵과 전자가 분리되는데 이러한 상태를 플라스마 상태라고 부릅니다.
- 기체상태의 성간물질이 모인다고 다 별이 되는 것은 아닙니다. 수축한 성간물질의 양이 태양질량의 $\frac{1}{10}$ 보다 작으면 내부 온도는 2천만 도에 이르지 못하게 되어 핵융합이 이루어지지 않으므로 별이 되지 못합니다. 목성이 수소 기체로 이루어져 있음에도 별이 안 된 것이 바로 이러한 이유 때문입니다.

6. 여섯 번째 수업 _ 별의 진화

- 별의 밝기는 질량의 세제곱에 비례합니다.
- 원시별은 온도는 갈수록 내려가고, 크기는 점차 커지는데 이를 별의 진화라고 합니다. 별이 점점 커지는 것을 '주계열 상태'라 하고 주계열 상태의 별을 '주계열성'이라고 합니다.

7. 일곱 번째 수업 _ 별의 죽음

- 별이 더 이상 빛을 내지 않는 것을 별의 죽음이라 합니다.
- 초신성 폭발 후 남아 있는 중심부의 질량이 태양질량의 세 배 이하이면 중성자 별로 남지만 세 배를 넘으면 더욱 수축하여 거의 한 점에 모든 질량이 모여 있는 상태가 되는데 이것을 블랙홀이라 부릅니다.

8. 여덟 번째 수업 _ 변광성

- 별의 밝기가 주기적으로 변하는 별을 변광성이라고 합니다.

9. 마지막 수업 _ 태양 이야기

- 태양은 지구에서 가장 가까운 곳에 있는 별입니다. 태양의 반지름은 69만 6,000km이고, 지구반지름의 109배 정도입니다.
- 태양의 부피는 지구의 130만 배가 넘고, 질량은 지구 질량의 33만 배가 되며, 태양의 표면에서의 중력은 지구의 28배가 됩니다.

이 책이 도움을 주는 관련 교과서 단원

찬드라세카르가 들려주는 별 이야기와 관련되는 교과서에 등장하는 용어와 개념들입니다.

1. 초등학교 4학년 1학기 - 8. 별자리를 찾아서

- 이 단원의 목표는 계절에 따른 별자리, 별자리 판 사용법을 알아보는 것입니다.

2. 중학교 2학년 - 3. 지구와 별

- 이 단원의 목표는 별의 등급, 별의 밝기, 겉보기등급, 절대등급, 별의 색, 스펙트럼, 별의 온도를 알아보는 것입니다.

3. 중학교 3학년 - 7. 태양계의 운동
- 이 단원의 목표는 계절별 별의 위치와 일주운동, 일식, 월식, 행성의 운동을 알아보는 것입니다.

4. 고등학교 1학년 - 5. 지구
- 이 단원의 목표는 은하수의 모습과 그것이 별들의 집단임을 알게 된 과정, 나아가 우리 은하의 대체적인 구조와 성운과 성단을 배워서 은하 내의 다양한 천체, 외부은하의 형태의 다양성 등 우주의 대체적인 모습을 알아보는 것입니다.

5. 고등학교 - 3. 신비한 우주
- 이 단원의 목표는 별의 거리 측정에서의 연주시차의 원리와 별의 거리의 단위로서 광년과 파섹의 정의, 몇 개의 별의 거리를 알아보는 것입니다. 별의 밝기와 등급의 관계를 밝히고 다시 겉보기등급과 절대등급의 의미와 차이를 알아보는 것입니다.

6. 고등학교 - 4. 천체와 우주
- 이 단원의 목표는 별의 종류에 따라 표면 온도의 색깔과 색지수는 어떻게 나타나는지를 살펴보고 분광형에 나타나는 각 별의 특성을 알아보는 것입니다.

과학자들이 들려주는 과학 이야기 57

라플라스가 들려주는
천체물리학 이야기

책에서 배우는 과학 개념

천체물리학과 관련되는 개념 및 용어들

교육과정과의 연계

구분	과목명	학년	단원	연계되는 개념 및 원리
초등학교	과학	4학년 1학기	8. 별자리를 찾아서	계절에 따른 별자리
		5학년 1학기	4. 물체의 속력	속력, 시간, 거리관계
		5학년 2학기	7. 태양의 가족	태양계 항성과 행성
			8. 에너지	물체의 속력과 생활
중학교	과학	1학년	10. 힘	지구가 물체를 끌어당기는 힘
		2학년	1. 여러 가지 운동	여러 가지 운동과 속력의 변화
			3. 지구와 별	광년과 파섹의 정의와 우주

구분	과목명	학년	단원	연계되는 개념 및 원리
중학교	과학	3학년	7. 태양계의 운동	태양과 달의 운동
고등학교	물리 I	2학년	1. 힘과 에너지	속도와 가속도, 운동의 법칙
	물리 II	3학년	1. 운동과 에너지	중력의 본질
	지구과학 I	2학년	3. 신비한 우주	우주론과 소립자 물리학
	지구과학 II	3학년	4. 천체와 우주	아인슈타인의 일반상대론과 허블의 법칙

책 소개

《라플라스가 들려주는 천체물리학 이야기》는 천체물리학의 전반적인 흐름에 대하여 설명하였습니다.

우선 천문학과 천체학이 어떻게 다른가를 설명하였으며, 천문학과 천체물리학의 탄생과정을 살펴보았습니다. 그리고 아인슈타인의 상대성이론이 등장하기 이전 케플러와 뉴턴 그리고 라플라스, 오펜하이머 등이 천체물리학에 어떠한 기여를 하였는지 설명하였습니다. 마지막으로 호킹과 블랙홀을 소개해 놓았습니다.

이 책의 장점

1. 천문학과 천체물리학의 다른 점이 무엇인지 기초에서부터 이해하기 쉽게 설명하였으며, 천체물리학의 이론을 학술적, 단계적으로 표현하여 공부하는 학생들에게 흥미를 유발시키고, 현실적으로 느껴지도록 하였습니다.

2. 중학생들에게는 과학적 사고력을 길러 주고 중간·기말고사를 준비하는 데 도움이 되며, 고등학생들에게 지구과학의 충실한 수능 도우미가 됩니다.
3. 우리 주변의 소재를 이용한 탐구실험 활동을 라플라스 선생님과 함께 실제로 해보는 듯하며, 든든한 과학적 지식을 내 것으로 만들 수 있는 기회를 제공해 줍니다.

각 차시별 소개되는 과학적 개념

1. 첫 번째 수업 _ 천문학과 천체물리학
- 하늘의 자연현상을 탐구하는 학문을 천문학이라 하고, '왜' 와 '어떻게' 라는 의문을 붙여 천문현상에 따라 하늘의 신비를 파헤치는 학문을 천체물리학이라고 합니다.

2. 두 번째 수업 _ 천문학의 탄생
- 태양이 이동하는 하늘 길을 황도라고 합니다.
  태양은 황도를 따라서 서에서 동으로 하루에 1°씩 이동하고, 한 바퀴 공전하는 데는 1년이 걸립니다.

3. 세 번째 수업 _ 천문학에서 천체물리학으로
- 뉴턴은 중력법칙을 적용하여 케플러의 제1법칙인 타원궤도법칙, 제2법칙인 면적-속도 일정의 법칙, 제3법칙인 조화의 법칙 등 세 가지 법칙을 모두 유도해 내어 천체물리학이 도약할 수 있는 기틀을 만들었습니다.

4. 네 번째 수업 _ 라플라스와 천체물리학
    - 라플라스는 1798~1827년에 걸쳐 천체역학에 대하여 서술한 책을 집필하였습니다. 그 내용은 중력은이 우주에서 일어나는 모든 사건을 좌지우지하며, 태양계 속 천체의 운동은 뉴턴의 중력이론으로 완벽히 설명할 수 있다는 것이었습니다.
    - 탈출속도는 천체의 중력을 이기는 속도이고 중력과 밀접하게 연관되어 있습니다.
    - 중력은 질량이 무거울수록 큽니다 뉴턴의 중력법칙.
    - 탈출속도는 중력과 관계있고 중력은 무거울수록 강하므로, 탈출속도는 천체가 무거울수록 큽니다.
    - 탈출속도가 광속 이상이면 빛도 빠져 나오지 못합니다.

5. 다섯 번째 수업 _ 상대성이론의 등장
    - 아인슈타인의 상대성이론은 특수상대성이론(속도가 변하지 않는 경우에만 적용할 수 있는 이론)과 일반상대성이론으로 나뉩니다.
    - 여기서 탄생한 것이 시간과 공간으로 어우러진 4차원 세계입니다.

6. 여섯 번째 수업 _ 아인슈타인의 공헌
    - 아인슈타인은 중력이 공간뿐만 아니라 빛까지도 휘게 한다는 것을 중력장 방정식으로 증명하였습니다.

7. 일곱 번째 수업 _ 20세기 천체물리학의 최대 실수와 최대 업적
    - 우 주상태 방정식에 우주상수를 넣은 건 최대 실수이고, 우주의 팽창을 발견한 것은 20세기 천체물리학이 이룬 최대 업적 중 하나입니다.

8. 여덟 번째 수업 _ 에딩턴과 천체물리학

- 에딩턴은 별이 수소를 태워서 빛과 열을 방출(핵융합)한다고 밝힌 사람이며, 중력 수축현상(열기가 사라지고 별이 차가워지면 별은 쪼그라들어 작은 별이 됩니다)으로부터 더 이상 쪼그라들지 않는 작은 별은 백색왜성(흰색을 띤 난장이 별)이라는 것을 예측하였습니다.

9. 아홉 번째 수업 _ 찬드라세카르, 오펜하이머와 천체물리학

- '찬드라세카르의 한계'는 중력이 전자와 전자의 밀치는 힘보다 약하기 때문에 수축이 멈추는 것입니다.
- 오펜하이머는 1939년 9월 1일 중성자별(별 내부의 전자가 큰 중력수축을 이기지 못하고 원자핵 속으로 밀려들어가 양성자와 결합해 중성자로 바뀌고 그 중성자가 원자핵 속에 이미 존재하고 있는 중성자와 합쳐져서 초 고밀도의 상태로 변한 별)을 발견하였으며, 중력붕괴의 끝은 블랙홀의 이론적 존재 가능성을 발표하여 천체 물리학사에 길이 빛나게 되었습니다.

10. 마지막 수업 _ 호킹과 천체물리학

- 1942년 영국서 태어난 스티브 호킹은 ① 감마선이 나오면 그곳에 블랙홀이 존재할 가능성이 높다. ② 혼자서 공전하는 별 근처에는 블랙홀이 존재할 가능성이 높다. ③ 별의 질량을 구해서 찬드라세카르의 한계를 넘는 수준이면 블랙홀일 가능성은 점점 높아진다. ④ 중력파가 나오면 블랙홀일 가능성이 높다.
- 이러한 모든 관측 자료를 총괄적으로 검토하고 심사숙고해서 미지의 천체가 블랙홀인지 아닌지 여부를 최종적으로 가린다고 하

였습니다.

이 책이 도움을 주는 관련 교과서 단원

라플라스가 들려주는 천체물리학 이야기와 관련되는 교과서에 등장하는 용어와 개념들입니다.

1. 초등학교 4학년 1학기 - 8. 별자리를 찾아서
- 이 단원의 목표는 별 관찰하기, 별자리 관찰하기, 계절에 따른 별자리, 하루 동안의 별자리의 움직임을 알아보는 것입니다.

2. 초등학교 5학년 1학기 - 4. 물체의 속력
- 이 단원의 목표는 속력과 시간의 관계, 속력과 거리의 관계, 속력의 단위 바꾸기를 알아보는 것입니다.

3. 초등학교 5학년 2학기 - 7. 태양의 가족
- 이 단원의 목표는 태양계의 수성, 금성, 지구, 화성, 목성, 토성, 천왕성, 해왕성, 명왕성, 달, 태양을 알아보는 것입니다.

4. 초등학교 5학년 2학기 -8. 에너지
- 이 단원의 목표는 물체의 속력과 생활을 알아보는 것입니다.

5. 중학교 1학년 - 10. 힘

• 이 단원의 목표는 지구가 물체를 끌어당기는 힘인 중력의 방향과 세기를 알아보는 것입니다.

6. 중학교 2학년 - 1. 여러 가지 운동
• 이 단원의 목표는 등속 원운동, 구심력, 평균속력, 힘의 크기와 속력의 변화 등을 알아보는 것입니다.

7. 중학교 2학년 - 3. 지구와 별
• 이 단원의 목표는 별의 거리 측정에서의 연주시차의 원리와 별의 거리 단위로서 광년과 파섹의 정의와 몇 개의 별의 거리를 설명하고, 별의 밝기와 등급의 관계를 밝히고 다시 겉보기등급과 절대등급의 의미와 차이를 알아보는 것입니다.

8. 중학교 3학년 - 7. 태양계의 운동
• 이 단원의 목표는 '북두칠성이 회전하는 까닭은?' '태양이 뜨는 위치는 왜 달라질까?' '오늘 밤에는 어떤 달이 뜰까?' '태양과 달이 펼치는 일식과 월식, 태양계는 얼마나 클까?'를 알아보는 것입니다.

9. 고등학교 - 1. 힘과 에너지
• 이 단원의 목표는 운동의 제1법칙 : 관성의 법칙, 운동의 제2법칙 : 힘-가속도의 법칙, 운동의 제3법칙 : 작용-반작용의 법칙을 알

아보는 것입니다.

10. 고등학교 - 1. 운동과 에너지
- 이 단원의 목표는 중력의 본질을 알고 중력가속도를 측정하고, 만유인력의 변인을 알고 수식으로 표현하며, 만유인력의 작용으로 나타나는 생활주변의 현상을 예를 들어 설명하고, 태양 및 행성의 운동을 만유인력으로 이해하는 것입니다.

11. 고등학교 - 3. 신비한 우주
- 이 단원의 목표는 지구와 달, 태양계, 행성의 운동과 중력, 별자리, 빛과 망원경, 태양, 별, 별의 일생, 은하, 우주론과 소립자 물리학에 대해 알아보는 것입니다.

12. 고등학교 - 4. 천체와 우주
- 이 단원의 목표는 상대론적 팽창우주론의 근거가 되는 허블의 법칙을 알아보는 것입니다.

과학자들이 들려주는 과학 이야기 58

허셜이 들려주는 은하 이야기

책에서 배우는 과학 개념

은하와 관련되는 개념 및 용어들

교육과정과의 연계

구분	과목명	학년	단원	연계되는 개념 및 원리
초등학교	과학	4학년 1학기	8. 별자리를 찾아서	계절에 따른 별자리
		5학년 2학기	7. 태양의 가족	태양계 : 항성과 행성
중학교	과학	2학년	3. 지구와 별	광년과 파섹의 정의와 우주
		3학년	7. 태양계의 운동	계절별 별의 위치
고등학교	지구과학	2학년	3. 신비한 우주	우주론과 소립자 물리학
	지구과학 II	3학년	4. 천체와 우주	별들의 각기 다른 표면온도에 따라 색깔과 색지수가 달라짐

책 소개

《허셜이 들려주는 은하 이야기》는 우주를 이루는 것들부터 여러 가지 종류의 망원경, 우리 은하 및 다른 외부은하에 대해 친절하게 설명하고 있습니다. 책의 마지막에는 우주 속에 은하들이 어떻게 위치하고 있는가에 대해 짚어보는 부분이 있는데, 아이들은 마치 자신들이 우주여행을 하는 것처럼 느낄 수 있을 것입니다.

허셜이 일상 속 실험을 통해 과학이론들을 하나하나 설명해가는 방식으로 구성되었으며, 부록(엄마 찾아 3만 광년)은 '엄마 찾아 3만 리'를 패러디한 SF동화로, 엄마를 찾아 은하의 중심으로 혼자 여행을 떠나는 마르코의 여정 속에서 앞서 배운 내용을 총정리할 수 있습니다.

이 책의 장점

1. 우주를 이루는 것이 무엇인지 기초에서부터 이해하기 쉽게 설명하였으며, 은하의 이론을 학술적, 단계적으로 표현하여 공부하는 학생들에게 흥미를 유발시키고, 현실적으로 공부하도록 하였습니다.
2. 중학생들에게는 과학적 사고력을 길러 주고 중간·기말고사를 준비하는 데 도움이 되며, 고등학생들에게 지구과학의 충실한 수능 도우미가 됩니다.
3. 우리 주변의 소재들을 이용한 탐구실험 활동을 믿음직한 허셜 선생님과 함께 실제로 해보는 듯하며, 든든한 과학적 지식을 내 것으로 만들 수 있는 기회를 제공해 줍니다.

각 차시별 소개되는 과학적 개념

1. 첫 번째 수업 _ 우주를 이루는 것들

- 우주는 별과 성간물질로 이루어져 있습니다.
- 우주공간에서 별과 별 사이에 존재하는 성간가스와 우주먼지를 합쳐 성간물질이라고 합니다. 성간가스란 별과 별 사이에 있는 기체상태의 물질입니다.

2. 두 번째 수업 _ 망원경 이야기

- 뉴턴이 1668년 최초로 반사망원경을 만들었고, 1936년 레버가 지름 9.1M의 접시를 가진 전파망원경을 만들었으며, 최초의 우주망원경은 지름이 2.4M인 반사망원경을 실은 허블 우주망원경입니다.

3. 세 번째 수업 _ 은하수 이야기

- 최초로 망원경을 이용하여 은하수를 관측한 사람은 갈릴레이입니다.

4. 네 번째 수업 _ 우리 은하의 모습

- 우리의 은하는 수조 개의 별들로 이루어져 있습니다.
- 행성들이 태양 주위를 돌듯이 은하도 은하의 중심을 돕니다. 은하의 중심 쪽은 빠르고 나선 팔 쪽은 느리게 돌며, 은하의 중심에 거대한 중력을 가진 천체가 있어 만유인력으로 나선 팔의 별들을 도망가지 못하게 붙잡습니다.
- 이 거대한 중력을 가진 천체가 바로 블랙홀입니다.

5. 다섯 번째 수업 _ 우리 은하의 다른 천체

- 은하 속에 별들이 모여 있는 집단을 성단이라 부르며, 성단에는 구상성단과 산개성단이 있습니다.
- 은하 속에는 거대한 먼지구름인 성운이라 불리는 다른 물질이 있습니다.

6. 여섯 번째 수업 _ 은하의 종류

- 어떤 은하는 나선 모양이고, 어떤 은하는 공 모양이며, 어떤 은하는 불규칙적입니다.

7. 일곱 번째 수업 _ 외부은하

- 두 마젤란은하는 남반구에서만 볼 수 있으며, 대 마젤란은하는 16만 5천 광년, 소 마젤란은하는 20만 광년 떨어져 있습니다. 안드로메다은하는 우리 은하에서 230만 광년 떨어져 있는데 맨눈으로도 볼 수 있고, 우리 은하가 속한 국부은하단, 처녀자리은하단, 머리털자리은하단, 초은하단처럼 다른 은하들과 무리를 지어 은하단을 이루고 있습니다.

8. 여덟 번째 수업 _ 활동 은하와 퀘이사

- 강력한 전파를 뿜어내는 은하를 활동은하라고 하며, 1951년 영국의 라일과 스미스가 처음 발견하였습니다. 처녀자리은하단의 중심에는 태양광에너지의 10억 배에 달하는 에너지를 가진 엑스선을 뿜어내는 M87 은하가 있습니다. 1960년대 초반에 발견된 퀘이사는 수십억 광년 떨어진 태양계 크기의 천체인데 1천억 개 이상의 별이 에너지를 방출하며, 그 은하들의 중심부에는 태양 질량의 1억 배나 되는 거대한 블랙홀이 있습니다.

9. 마지막 수업 _ 우주의 구조
- 우주의 구조를 찾아낸 최초의 과학자는 '허블의 법칙'으로 유명한 허블입니다.
- 우주에는 초은하단과 빈 공간(거품이라고 부름)이 있고, 거대 중력체 주변의 은하는 거대 중력체의 강한 중력에 당겨져 속도를 갖습니다. 이 속도는 허블의 우주 팽창에 의한 은하의 속도에 비하여 작으며 은하의 특이속도라 부릅니다.
- 우리 은하의 특이속도와 바다뱀-센타우루스자리 초은하단의 특이속도를 통해 계산해보면, 이 거대 중력체의 질량은 국부초은하단 질량의 20배에 해당하므로 이 거대 중력체는 수만 개의 은하로 구성되어 있음을 알 수 있습니다.

이 책이 도움을 주는 관련 교과서 단원

허셜이 들려주는 은하 이야기와 관련되는 교과서에 등장하는 용어와 개념들입니다.

1. 초등학교 4학년 1학기 - 8. 별자리를 찾아서
- 이 단원의 목표는 별 관찰하기, 별자리 관찰하기, 계절에 따른 별자리, 하루 동안의 별자리 움직임을 알아보는 것입니다.

2. 초등학교 5학년 2학기 - 7. 태양의 가족
- 이 단원의 목표는 태양계의 구성원인 수성, 금성, 지구, 화성,

목성, 토성, 천왕성, 해왕성, 명왕성, 태양, 달 등에 대해 알아보는 것입니다.

3. 중학교 2학년 – 3. 지구와 별
- 이 단원의 목표는 은하수의 모습과 그것이 별들의 집단임을 알게 된 과정, 나가서 우리 은하의 대체적인 구조와 성운과 성단을 배우고 은하 내의 다양한 천체 그리고 외부은하의 형태의 다양성과 우주의 대체적인 모습을 알아보는 것입니다.

4. 중학교 3학년 – 7. 태양계의 운동
- 이 단원의 목표는 계절별 별의 위치를 알아보는 것입니다.

5. 고등학교 – 3. 신비한 우주
- 이 단원의 목표는 지구와 달, 태양계, 행성의 운동과 중력, 별자리, 빛과 망원경, 태양, 별, 별의 일생, 은하, 우주론과 소립자 물리학을 알아보는 것입니다.

6. 고등학교 – 4. 천체와 우주
- 이 단원의 목표는 별들의 각기 다른 표면 온도에 따라 색깔과 색지수는 어떻게 나타나는지를 살펴보고 분광형에 나타나는 각 별의 특성을 알아보는 것입니다.

분광형	스펙트럼	색지수	온도(K)	색
O5		−0.32	50000	청색
B0		−0.30	29000	청백색
A0		0.00	9600	백색
F0		0.30	7200	황백색
G0		0.60	6000	황색
K0		0.81	5300	주황색
M0		1.39	3900	적색

허블이 들려주는 우주팽창 이야기

책에서 배우는 과학 개념

우주와 관련되는 개념 및 용어들

교육과정과의 연계

구분	과목명	학년	단원	연계되는 개념 및 원리
초등학교	과학	5학년 2학기	7. 태양의 가족	태양계의 구성
중학교	과학	2학년	3. 지구와 별	별들의 집단
		3학년	7. 태양계의 운동	계절별 별의 위치
고등학교	지구과학I	2학년	3. 신비한 우주	우주론과 소립자 물리학
	지구과학II	3학년	4. 천체와 우주	별들의 각기 다른 표면온도에 따라 색깔과 색지수가 변화함

책 소개

《허블이 들려주는 우주팽창 이야기》는 안드로메다은하를 발견하고, 우주가 팽창한다는 사실을 처음으로 알아낸 허블 선생님과 함께 하는 강의를 통해 우주론의 역사에서부터 우주팽창이론까지 자세히 설명하고 있습니다.

빅뱅우주론과 정상우주론을 비교하여 왜 빅뱅이론이 옳은 이론이 되었는지에 대해서도 다루고 있으며, 또 빅뱅 뒤에 일어난 거대한 팽창인 인플레이션에 대해서도 알기 쉽게 설명하고 있습니다.

그리고 책 마지막 부분에는 우주팽창에 대한 모든 내용을 복습할 수 있도록 SF영화처럼 아주 재미있는 창작동화(에디와 메르쿠)를 실었습니다.

이 책의 장점

1. 우주란 무엇인지 기초에서부터 이해하기 쉽게 설명하였으며, 우주의 이론을 학술적, 단계적으로 표현하여 공부하는 학생들에게 흥미를 유발시키고, 현실적으로 느껴지도록 하였습니다.
2. 중학생들에게는 과학적 사고력을 길러 주고 중간·기말고사를 준비하는 데 도움이 되며, 고등학생들에게 지구과학의 충실한 수능 도우미가 됩니다.
3. 우리 주변의 소재를 이용한 탐구실험 활동을 믿음직한 허블 선생님과 함께 실제로 해보는 듯하며, 든든한 과학적 지식을 내 것으로 만들 수 있는 기회를 제공해 줍니다.

각 차시별 소개되는 과학적 개념

1. 첫 번째 수업 _ 아주 옛날 사람들의 우주
- 천동설은 그리스의 아리스토텔레스로부터 시작되었고, 지동설은 코페르니쿠스가 발표하였습니다. 피타고라스가 처음 지구가 둥글다고 주장했으며, 그의 제자인 필롤라오스는 처음으로 '지구가 움직인다' 는 생각을 했습니다.

2. 두 번째 수업 _ 무한우주
- 브루노는 우주는 끝을 생각할 수 없는 무한한 공간이라고 주장하였습니다.

3. 세 번째 수업 _ 빛의 도플러효과
- 관측자로부터 멀어지는 파동은 파장이 길어지고, 가까워지는 파동은 파장이 짧아진다는 것이 도플러효과입니다. 빛도 파동이므로 도플러효과가 나타납니다.

4. 네 번째 수업 _ 올베르스의 역설
- '모든 방향에 별빛이 있다면 밤하늘이 어두울 리가 없잖아요?' 올베르스의 역설은 우주 지평선을 통해서 해결되었습니다.
- 미국의 천문학자 해리슨이 우주가 팽창하는 속력으로는 먼 곳에서 오는 별빛을 적외선으로 바꾸지 못한다는 것을 알아냈습니다.

5. 다섯 번째 수업 _ 아인슈타인의 우주모형
- 아인슈타인은 만유인력과 크기가 같은 척력(밀어내는 힘)이 있어 은하들이 달라붙지 않고 평형을 유지한다고 생각했으며, 프리드만과 르메트르는 우주의 밀도가 작으면 우주는 영원히 팽창하고

밀도가 크면 우주는 적당한 크기가 될 때까지 팽창하다가 그 이후부터는 수축하게 된다고 생각했습니다.
- 허블의 법칙 때문에 프리드만과 르메트르가 승리자가 되었습니다.
- 변광성이란 밝기가 주기적으로 변하는 별을 말합니다.
- 1924년 미국천문학자 허블은 안드로메다은하에서 밝기가 변하는 주기가 30일인 변광성을 발견하였습니다. 이곳까지의 거리는 230만 광년이나 됩니다.

6. 여섯 번째 수업 _ 우주팽창과 허블의 법칙

- 허블은 안드로메다은하의 수십 개의 변광성으로부터 온 별빛의 색깔이 빨간색으로만 관찰된다는 것을 알게 되었습니다. 이것은 도플러효과 때문입니다.
- 안드로메다은하가 우리 은하로부터 멀어지기 때문에 각기 다른 색의 별빛들이 지구에서는 빨간빛으로 보이는 것이죠.
- 허블의 법칙
  - V(은하가 멀어지는 속도)=H(허블상수)×r(은하까지의 거리)
  - 1파섹은 3.26광년입니다. 허블의 관측 결과, 허블상수는 100만 파섹당 초속 520km였습니다.

7. 일곱 번째 수업 _ 빅뱅 이야기

- 태초의 우주는 한 점에 우주의 전체 질량이 모여 있으므로 엄청나게 높은 밀도가 되며, 이렇게 부피가 작아지면 압력이 엄청나게 커지게 되고, 그로 인해 매우 뜨거운 우주가 되어 그 압력을 이기

지 못해 폭발하여 지금의 우주가 되었다는 것이 빅뱅이론입니다.
- 1960년대 중반에 우주 저 먼 곳에서 거대한 에너지를 뿜어내는 퀘이사라는 천체가 발견되었습니다.

8. 여덟 번째 수업 _ 인플레이션이론

- 인플레이션이론이란 빅뱅이 일어나는 아주 짧은 시간 동안에 우주가 아주 크게 팽창하는 것을 말합니다.
- 자기홀극이란 자석의 한 극만으로 이루어진 물건을 말합니다.
- 전자의 반입자를 양전자라고 하며, 양전자는 전자와 질량이 같고 전기량도 같은데 전기의 부호만 반대입니다.

9. 마지막 수업 _ 우주의 진화

- 비교적 가벼운 별은 적색거성으로 팽창한 뒤 중력에 의해 수축하여 백색왜성이 되고, 백색왜성은 잠시 남아 있는 핵융합반응에 의해 빛나다가 더 이상 핵융합반응을 일으키지 못하면 빛을 내지 못하므로 우리 눈에는 안 보이게 됩니다.
- 우리 은하를 거대한 공 모양의 암흑 물질이 에워싸고 있어 안정된 모습을 가지며 이 암흑 물질을 헤일로 halo 라고 부르지요.
    - 밝은 물질 : 별처럼 스스로 빛을 내는 물질
    - 암흑 물질 : 행성들처럼 스스로 빛을 낼 수 없어 어둡게 보이는 물질

이 책이 도움을 주는 관련 교과서 단원

허블이 들려주는 우주팽창 이야기와 관련되는 교과서에 등장하는 용어와 개념들입니다.

1. 초등학교 5학년 2학기 - 7. 태양의 가족
- 이 단원의 목표는 태양계에 있는 금성, 달, 명왕성, 목성, 소행성, 수성, 지구, 천왕성, 태양, 토성, 해왕성, 화성을 알아보는 것입니다.

2. 중학교 2학년 - 3. 지구와 별
- 이 단원의 목표는 은하수가 별들의 집단임을 알게 된 과정, 나아가서 우리 은하의 대체적인 구조와 다양한 천체 그리고 외부은하의 형태의 다양성과 우주의 대체적인 모습을 알아보는 것입니다.

3. 중학교 3학년 - 7. 태양계의 운동
- 이 단원의 목표는 계절별 별의 위치를 알아보는 것입니다.

4. 고등학교 - 3. 신비한 우주
- 이 단원의 목표는 지구와 달, 태양계, 행성의 운동과 중력, 별자리, 빛과 망원경, 태양, 별, 별의 일생, 은하, 우주론과 소립자 물리학을 알아보는 것입니다.

5. 고등학교 - 4. 천체와 우주

- 이 단원의 목표는 별들의 각기 다른 표면 온도에 따라 색깔과 색지수는 어떻게 나타나는지를 살펴보고, 분광형에 나타나는 각 별의 특성을 알아보는 것입니다.

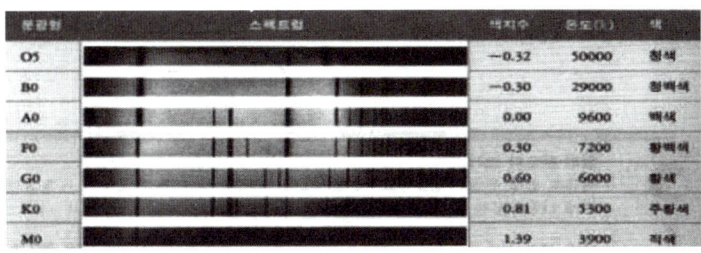

과학자들이 들려주는 과학 이야기 60

아레니우스가 들려주는 반응속도 이야기

책에서 배우는 과학 개념

반응속도와 관련되는 개념 및 용어들

교육과정과의 연계

구분	과목명	학년	단원	연계되는 개념 및 원리
초등학교	과학	4학년 2학기	5. 열에 의한 물체의 부피변화	온도에 의해 각각 고체, 액체, 기체 상태인 물체의 부피가 변하는 것과 이를 이용함
중학교	과학	1학년	5. 분자의 운동	부분압력 법칙/혼합기체의 부분압력/몰분율/분자의 운동
			7. 상태 변화와 에너지	융해, 기화, 승화 응고, 액화
		3학년	5. 물질 변화의 규칙성	질량보존의 법칙

구분	과목명	학년	단원	연계되는 개념 및 원리
고등학교	과학	1학년	3. 물질	단위시간당 감소하는 반응 물질의 농도 or 증가한 생성물질의 농도
	화학 II	3학년	3. 화학반응	농도의 시간에 대한 변화 과정

책 소개

다양한 화학반응은 우리 생활과 아주 밀접합니다. 그런데 많은 학생들은 화학반응을 과학 수업시간을 통해서만 공부할 수 있는 것으로 알고 있습니다. 《아레니우스가 들려주는 반응속도 이야기》에서 다루고 있는 화학의 반응속도는 고등학교 정규 교육과정에 제시되어 있는 학습 내용으로 화학반응이 일어나기 위한 조건에서부터 반응속도에 영향을 미치는 요인, 반응속도의 측정까지 흥미롭게 공부할 수 있도록 쉽게 하였습니다.

이 책의 장점

1. 초등학생들에게는 화학자 아레니우스의 만남을 통해 과학적 사고력을 기르는 데 도움을 줍니다.
2. 우리 주변에 있는 여러 가지 화학반응에 대하여 화학자인 아레니우스 선생님과 직접 만나 이야기를 듣는 형식으로 많은 과학적 사실을 이해할 수 있습니다.
3. 고등학생들에게 화학반응의 성질과 특성을 쉽고 재미있게 이해할

수 있도록 하였습니다.

각 차시별 소개되는 과학적 개념

1. 첫 번째 수업 _ 우리 주변의 화학반응은?
   - 우리의 생활 주변에서는 음식물을 만드는 과정도 화학반응에 의한 것이며, 음식물이 상하는 것, 철이 녹스는 것도 화학반응입니다.

2. 두 번째 수업 _ 반응물질들이 만나야 화학반응이 일어난다.
   - 화학반응이 일어나려면 일단 반응물질들끼리 만나야 됩니다. 반응물질들이 만나는 것을 충돌이라고 하는데, 충돌이 빨리 일어날 수 있는 조건이 형성되어야 화학반응이 일어나게 됩니다.

3. 세 번째 수업 _ 반응이 일어나게 하기 위해서는 활성화에너지가 필수
   - 플라스크에 수소기체와 산소기체를 넣으면 혼합기체가 되며, 혼합기체 상태에서 수증기가 되기 위해서는 활성화에너지가 필요합니다.

4. 네 번째 수업 _ 빠른 반응과 느린 반응
   - 연소와 같이 눈으로 확인할 수 있는 반응을 빠른 반응이라 하며, 못에 녹이 스는 것처럼 눈으로 바로 관찰할 수 없고 오랜 시간이 흐른 후 변화를 비교할 수 있는 것을 느린 반응이라 합니다.

5. 다섯 번째 수업 _ 반응속도에 미치는 농도의 영향
   - 농도가 짙을수록 반응물의 입자 수는 많고, 반응 입자 수가 많다

는 것은 충돌할 횟수가 더 많다는 것을 의미합니다.

6. 여섯 번째 수업 _ 반응속도에 미치는 압력의 영향
   - 기체는 압력이 증가하면 반응속도는 빨라지며 기체의 압력이 증가하여 부피가 감소하면, 단위 부피당 입자 수가 증가하므로 농도가 증가한 것과 같은 효과가 나타납니다.

7. 일곱 번째 수업 _ 반응물질의 표면적과 반응속도
   - 반응물질을 잘게 부술수록 반응할 수 있는 표면적이 넓어지기 때문에 반응속도는 빨라집니다.

8. 여덟 번째 수업 _ 온도와 반응속도
   - 온도가 낮아지면 반응속도는 느려지고, 반대로 온도가 높아지면 반응속도는 빨라집니다.

9. 아홉 번째 수업 _ 반응의 중매쟁이-촉매
   - 반응속도를 조정해 주는 물질을 촉매라고 합니다. 촉매 중에 정촉매는 반응이 쉽게 일어나도록 도와주는데, 촉매 스스로는 반응 전후에 변화하지 않습니다.

10. 마지막 수업 _ 반응속도의 측정
    - 반응속도를 측정하는 방법은 반응물이나 생성물의 종류에 따라 다릅니다. 어떤 경우에는 시간당 발생한 기체의 양으로 반응속도를 측정할 수 있으며, 반응물이나 생성물의 농도 변화량으로도 반응속도를 측정할 수 있습니다.

이 책이 도움을 주는 관련 교과서 단원

아레니우스가 들려주는 반응속도 이야기와 관련되는 교과서에 등장하는 용어와 개념들입니다.

1. 초등학교 4학년 2학기 - 5. 열에 의한 물체의 부피변화

- 이 단원의 목표는 온도에 의한 고체, 액체, 기체 상태인 물체의 부피 변화와 이를 이용할 수 있는 방법을 알아보는 것입니다.

2. 중학교 1학년 - 5. 분자의 운동

- 이 단원의 목표는 부분압력의 법칙, 혼합기체의 전체압력, 몰분율 등을 배우는 것입니다.

내용 정리
- 혼합기체의 전체압력=성분기체의 부분압력의 합

3. 중학교 1학년 - 7. 상태변화와 에너지

- 이 단원의 목표는 물질의 상태가 변할 때에는 반드시 열에너지가 이동하며 열에너지를 흡수하는 상태변화에는 융해, 기화, 승화(고체→기체)가 있고 열에너지를 방출하는 상태변화에는 응고, 액화, 승화(기체→고체)가 있음을 알아보는 것입니다.

4. 중학교 3학년 – 5. 물질 변화의 규칙성

- 이 단원의 목표는 질량보존의 법칙, 일정성분비의 법칙을 알아보는 것입니다.

5. 고등학교 1학년 – 3. 물질

- 이 단원의 목표는 화학반응 속도에 영향을 주는 농도, 온도, 촉매, 반응물질의 종류와 상태, 생성물질의 종류와 상태 등의 요인 그리고 반응속도의 정의, 단위시간당 감소되는 반응물질의 농도와 증가한 생성물질의 농도 등에 대해 알아보는 것입니다.

6. 고등학교 – 3. 화학반응

- 이 단원의 목표는 시간에 따른 농도의 변화과정, 물질의 분자구조나 물성 등이 반응속도와 어떤 관련성을 가지는지 알아보는 것입니다.

과학자들이 들려주는 과학 이야기 61

스탈링이 들려주는 호르몬 이야기

책에서 배우는 과학 개념

호르몬과 관련되는 개념 및 용어들

교육과정과의 연계

구분	과목명	학년	단원	연계되는 개념 및 원리
중학교	과학	1학년	8. 소화와 순환	혈액의 하는 일, 혈액의 순환
		2학년	5. 자극과 반응	사람의 호르몬의 종류, 작용
고등학교	생물	1학년	4. 생명	자극과 반응
	생물 I	2학년	4. 자극과 반응	호르몬, 항상성

책 소개

《스탈링이 들려주는 호르몬 이야기》는 스탈링이 호르몬에 대한 모든 것을 설명하고 있습니다. 이 책을 통해 학생들은 뇌의 생각을 온몸으로 전해 주는 연락 수단인 호르몬에 대하여 배우게 됩니다. 스탈링 선생님은 호르몬에 대한 생물학적인 의문점들을 학생들과 아홉 번의 만남을 통해 해결해 줍니다.

이 책의 장점

1. 생물분야에 관심이 있는 초등학생들에게는 호르몬에 대한 의문을 해결해 주고, 중학생들에게는 호르몬 전반에 걸쳐 이해를 도우며, 고등학생들에게 중학교 때 배운 내용과 연계하여 간편한 정리를 도와줍니다.
2. 호르몬에 대한 개념을 이해하고 호르몬에 대한 의문들을 스탈링 선생님과 함께 해결해 볼 수 있으며, 이를 통해 학생들을 자연스럽게 호르몬에 대한 사고의 폭을 넓힐 수 있게 됩니다.
3. 중학교에서 배우는 소화와 순환, 자극과 반응과 고등학교 생물에서 배우는 생명, 자극과 반응과 연계되는 학습 내용을 담고 있어 자연스럽게 이해할 수 있습니다.

각 차시별 소개되는 과학적 개념

1. **첫 번째 수업 _ 호르몬의 연락 기능**
   - 호르몬은 서로 떨어져 있는 두 세포 사이에서 연락을 담당하는 신호물질입니다.

2. **두 번째 수업 _ 호르몬의 발견**
   - 19세기 말경에 스탈링과 베일리스가 음식물을 섭취했을 때 십이지장과 이자 사이에서 이자액이 분비될 수 있도록 연락을 담당하는 물질을 발견하였는데 그것을 '호르몬'이라고 불렀습니다.

3. **세 번째 수업 _ 호르몬의 작용 방법**
   - 분비된 호르몬이 혈액을 타고 온몸으로 이동하다가 자기와 짝이 맞는 표시를 가진 세포와 만나면 단단히 결합하여 세포에서 움직임이 일어나게 됩니다.

4. **네 번째 수업 _ 호르몬의 분비 조절**
   - 대뇌 아래에 위치한 간뇌의 한 부분인 시상하부에서 우리 몸의 상태를 감지하며, 호르몬과 신경을 통해 우리 몸의 상태를 조절합니다.

5. **다섯 번째 수업 _ 뇌하수체**
   - 간뇌 아래에 조그맣게 매달려 있는 뇌하수체는 여러 호르몬의 분비를 조절하는 호르몬, 성장호르몬, 젖 분비 조절호르몬, 여성의 생식주기를 조절하는 호르몬을 분비합니다.

6. **여섯 번째 수업 _ 호르몬의 기능**
   - 갑상선 호르몬인 티록신은 우리 몸의 체온을 일정하게 조절하고,

인슐린과 글루카곤이라는 호르몬을 통해 당뇨병을 예방하며, 항이뇨 호르몬으로 오줌량을 조절하는 기능을 합니다.

7. 일곱 번째 수업 _ 호르몬과 스트레스

- 스트레스를 받으면 간뇌의 시상하부의 뇌하수체에서 아드레날린과 노르아드레날린이라는 호르몬을 분비하여 스트레스에 대응합니다.

8. 여덟 번째 수업 _ 성호르몬

- 남성호르몬(테스토스테론)과 여성호르몬(에스트로겐)은 남녀의 출생과 사춘기 이후 남성과 여성의 차이를 분명하게 합니다.

9. 아홉 번째 수업 _ 신경호르몬

- 뇌에서 분비되는 신경호르몬에는 도파민, 세로토닌, 노르아드레날린, 엔도르핀 등이 있습니다.

이 책이 도움을 주는 관련 교과서 단원

스탈링의 호르몬 이야기와 관련되는 교과서 용어와 개념들입니다.

1. 중학교 1학년 – 8. 소화와 순환

- 이 단원의 목표는 우리 몸에 필요한 영양소의 종류와 작용을 조사하고, 영양소 검출 실험을 통하여 음식물 속에 들어 있는 3대 영양소를 확인하며, 음식물 속의 영양소가 소화, 흡수되는 과정을 이해하는 것입니다. 그리고 혈구를 관찰하고 혈액의 조성과 기능

을 이해하며, 모형이나 표본을 이용하여 사람의 심장구조를 관찰하고, 혈액의 흐름을 이해하는 것입니다.

내용 정리

- **3대 영양소와 작용**
  - **탄수화물** : 생물체의 구성성분인 것과 활동의 에너지원이 되는 것으로 나눌 수 있습니다.
  - **단백질** : 세포 내에서 수많은 화학반응의 촉매 역할을 하고 있습니다.
  - **지방** : 필요에 따라 분해되어 에너지원이 됩니다.
  - **소화기관** : 입, 식도, 위, 십이지장, 소장, 대장, 직장이 해당됩니다.
- **혈액의 조성과 기능**
  - **혈구**
    (1) 적혈구 : 헤모글로빈이 있어 산소를 운반합니다.
    (2) 백혈구 : 세균을 잡아먹는 식균작용을 합니다.
    (3) 혈소판 : 혈액을 응고시킨다.
  - **혈장** : 양분, 호르몬, 노폐물, 이산탄소 등의 물질을 운반하며 항체형성, 체온조절, 혈액응고에 관계합니다.
- **심장에서의 혈액의 흐름** : 체순환을 돌고 온 산소가 적은 정맥피 – 대정맥 – 우심방 – 우심실 – 우심실 수축 – 주폐동맥 – 좌, 우 폐동맥 – 허파 꽈리(alveolar space)의 모세혈관에서 산소를 받

아 산소포화도가 높은 동맥피가 됨 – 폐정맥 – 좌심방 – 좌심실 – 좌심실 수축 – 대동맥

2. 중학교 2학년 – 5. 자극과 반응
- 이 단원의 목표는 여러 가지 자료를 통하여 눈, 귀, 코, 혀, 피부 등 감각기관의 구조를 알아보고, 뉴런 및 신경계의 구조와 기능을 알고, 자극에 대한 반응 경로를 이해하며, 신경계와 관련된 약물의 오·남용이 인체에 미치는 영향에 대한 사례를 조사하는 것입니다. 또한 사람의 주요 호르몬의 기능과 과잉·결핍에 따른 질병을 조사하고, 청소년기의 신체적 변화를 호르몬과 관련지어 이해하는 것입니다.

내용 정리
- **뉴런** : 신경계를 구성하는 기본 단위가 되는 세포입니다.
- **신경계의 구성과 기능**
  - 중추신경계 : 뇌와 척수로 구성되며, 자극을 받아들이고 명령을 내리는 중추입니다.
  - 말초신경계 : 뇌(12쌍)와 척수(31쌍)에서 나와 온몸에 분포하는 신경, 감각신경과 운동신경으로 되어 있습니다.
- **주요 호르몬 분비기관의 기능**
  - 뇌하수체 : 성장호르몬, 갑상선 자극호르몬, 항이뇨호르몬 등을 분비합니다.

- **갑상선**(티록신) : 세포호흡 및 물질대사를 조절합니다.
- **이자**(인슐린, 글루카곤) : 혈당량의 감소와 증가에 관여합니다.
- **부신**(아드레날린) : 혈당량 증가, 혈압 상승에 관여합니다.
- **정소**(테스토스테론) : 남성의 2차 성징 발현과 관계있습니다.
- **난소**(에스트로겐) : 여성의 2차 성징 발현과 관계있습니다.

과학자들이 들려주는 과학 이야기 62

린네가 들려주는 분류 이야기

책에서 배우는 과학 개념

분류와 관련되는 개념 및 용어들

교육과정과의 연계

구분	과목명	학년	단원	연계되는 개념 및 원리
초등학교	과학	4학년	1. 동물의 생김새	동물의 종류
		5학년	5. 꽃 9. 작은 생물	여러 가지 꽃 관찰, 특징 물속 생물, 땅속 생물
		6학년	5. 주변의 생물	과학동물과 식물의 분류
고등학교	생물 II	3학년	4. 생물의 다양성과 환경	분류 목적, 종의 개념

책 소개

《린네가 들려주는 분류 이야기》는 린네가 생물의 분류에 대한 모든 것을 설명하고 있습니다. 이 책을 통해 학생들은 생물의 분류에 대한 호기심을 가지게 될 것이며, 평소 궁금하게 생각했던 의문을 풀 수 있게 될 것입니다. 린네 선생님은 학생들과 여덟 번의 만남에서 분류의 중요함과 역할에 대해 설명해 줍니다.

이 책의 장점

1. 초등학생들에게는 그동안 지루하고 재미없게 생각했던 분류학에 대한 관심과 흥미를 가지게 하며, 중·고등학생들에게 분류에 대한 이해를 깊게 할 수 있도록 도와줍니다.
2. 분류학에 대한 이해와 분류에 대한 여러 가지 문제들을 린네 선생님과 함께 해결해 볼 수 있으며 이를 통해 학생들이 자연스럽게 생물분야에 관심과 흥미를 갖게 됩니다.
3. 초등학교 4~6학년 과학과 교육과정에 있는 단원들과 고등학교에서 배우는 생물의 다양성과 환경과 연계되는 학습 내용을 담고 있습니다.

각 차시별 소개되는 과학적 개념

1. 첫 번째 수업 _ 분류
   - 사물을 공통되는 성질에 따라 나누는 것입니다.

2. 두 번째 수업 _ 분류학의 역사
- 이용 목적이나 사는 장소 등 자기만의 견해로 분류하는 인위분류와 몸의 구조, 번식 방법, 내부 구조 등 생물의 특징을 이용하여 분류하는 자연분류가 있습니다.

3. 세 번째 수업 _ 진화
- 생물이 오랜 세월에 걸쳐 형태나 구조가 조금씩 변하는 것을 진화라 합니다.

4. 네 번째 수업 _ 종
- 모양과 생활방식이 거의 비슷한 생물의 무리를 말합니다.

5. 다섯 번째 수업 _ 생물 분류의 단계
- 종, 속, 과, 목, 강, 문, 계 일곱 가지입니다.

6. 여섯 번째 수업 _ 학명
- 전 세계에서 공통으로 사용할 수 있는 통일된 이름입니다.

7. 일곱 번째 수업 _ 동물 분류
- 분류하려고 하는 동물 무리를 큰 분류 기준부터 다음 단계의 분류 기준에 이르기까지 배열합니다.

8. 여덟 번째 수업 _ 식물 분류
- 식물은 크게 꽃이 피지 않는 식물(선태식물과 양치식물)과 꽃이 피는 종자식물(겉씨식물과 속씨식물)로 나눕니다.

이 책이 도움을 주는 관련 교과서 단원

린네의 분류 이야기와 관련되는 교과서에 등장하는 용어와 개념들입니다.

1. 초등학교 4학년 - 1. 동물의 생김새

- 이 단원의 목표는 주위에 살고 있는 여러 가지 동물을 비교하여 생김새의 공통점과 차이점을 발견하고, 주위에 살고 있는 동물의 외형과 특징을 비교하여 암수를 구분하는 것입니다.

> **내용 정리**
>
> • **동물의 암수 구분하기**
> - 수사자는 머리 주변에 갈기털이 있습니다.
> - 수탉은 벼슬이 있고, 암컷에 비해 몸집이 크며 알록달록합니다.
> - 암게는 배판이 둥글게 생겼습니다.
> - 나비나 잠자리 등 곤충은 짝짓기 할 때 암수를 구별할 수 있습니다.
> - 번식기가 되면 젖이 나오는 등의 특징을 통해 암수를 뚜렷이 구별할 수 있습니다.

2. 초등학교 5학년 - 5. 꽃

- 이 단원의 목표는 여러 가지 꽃의 생김새를 관찰하여 공통점과 차이점을 발견하고, 여러 가지 열매의 겉모양과 속 구조를 관찰하여

식물의 종류에 따라 열매의 생김새가 다양함을 이해하는 것입니다.

내용 정리
- **꽃의 구조** : 꽃잎, 꽃받침, 암술, 수술로 이루어져 있습니다.
- **꽃이 하는 일** : 식물이 번식할 수 있게 해 줍니다.
- **꽃의 분류** : 갖춘꽃과 안갖춘꽃, 통꽃과 갈래꽃, 양성화와 단성화 등으로 분류할 수 있습니다.

3. 초등학교 5학년 - 9. 작은 생물

- 이 단원의 목표는 물에 사는 작은 생물(해감, 장구벌레, 개구리밥, 플라나리아 등)을 채집하면서 생활환경을 조사하고, 실체현미경이나 돋보기로 그 생김새와 특징을 관찰하는 것입니다. 또한 땅 위의 작은 생물(이끼, 곰팡이, 지렁이 등)을 채집하면서 생활환경을 조사하고, 실체현미경이나 돋보기로 그 생김새와 특징을 관찰하는 것을 목표로 합니다.

내용 정리
- 플라나리아는 맑은 시내나 산골짜기 물속의 돌이나 나뭇잎 밑에 살며, 1~2cm 크기에 적갈색입니다.
- 장구벌레는 웅덩이의 탁한 물속에 살며, 1cm 크기이고 주변의 색과 같은 색을 띕니다.
- 곰팡이는 그늘지고 습기 있는 곳에서 자랍니다.

- 음식에 피는 곰팡이는 음식을 부패시킵니다.
- 누룩곰팡이, 푸른곰팡이는 우리에게 이롭습니다.
- 지렁이는 습기가 많고, 그늘진 곳에서 삽니다.

4. 초등학교 6학년 – 5. 주변의 생물

- 이 단원의 목표는 주위의 여러 식물의 특징을 비교하여 꽃식물과 민꽃식물로 분류하고, 꽃식물 중에서 속씨식물의 특징을 알고, 쌍떡잎식물과 외떡잎식물로 분류하는 것입니다. 또한 여러 동물의 생김새와 구조의 차이점을 비교하여 척추동물과 무척추동물로 분류하고, 척추동물을 특징에 따라 다시 분류하는 것을 목표로 합니다.

내용 정리

- **꽃식물** : 꽃을 피우는 식물을 말합니다.
- **민꽃식물** : 꽃이 피지 않는 식물을 말합니다.
- **속씨식물**에는 장미, 감나무, 사과, 복숭아 등이 있고, **겉씨식물**에는 소나무, 은행나무, 잣나무 등이 있습니다.
- 동물을 특징에 따라 두 무리로 분류하면 **등뼈가 있는 동물**(개구리, 비둘기, 잉어, 돼지, 뱀 등)과 **등뼈가 없는 동물**(불가사리, 해파리, 매미, 소라, 플라나리아 등)로 나누어집니다.

과학자들이 들려주는 과학 이야기 63

라그랑주가 들려주는 운동 법칙 이야기

책에서 배우는 과학 개념

운동 법칙과 관련되는 개념 및 용어들

교육과정과의 연계

구분	과목명	학년	단원	연계되는 개념 및 원리
초등학교	과학	5학년	4. 물체의 속력	물체의 속력과 안전
		6학년	6. 편리한 도구	빗면
중학교	과학	2학년	1. 여러 가지 운동	관성, 속력, 등속 운동
고등학교	과학	1학년	2. 에너지	힘과 에너지
	물리 I	2학년	1. 힘과 에너지	운동의 제 1, 2, 3법칙

책 소개

《라그랑주가 들려주는 운동 법칙 이야기》는 라그랑주가 뉴턴의 운동 법칙에 대해 이야기합니다. 이 책을 통해 학생들은 질량과 가속도와 힘의 관련성, 질량과 무게의 차이점, 작용과 반작용의 관계에 대해서 접하게 될 것입니다. 학생들이 운동의 법칙에 대해 창의적인 사고를 할 수 있도록 라그랑주 선생님과 아홉 번의 만남을 가지게 됩니다.

이 책의 장점

1. 초등학생들에게 초보적인 물리학적 접근을 할 수 있는 기회를 제공할 것이며, 중·고등학생들에게 운동법칙의 발전과정을 보다 쉽고 체계적으로 이해하도록 도와줍니다.
2. 뉴턴의 운동법칙을 힘, 관성과 연관 지어 라그랑주 선생님과 함께 해결해볼 수 있으며 이를 통해 학생들이 자연스럽게 창의적인 사고를 훈련하게 될 것입니다.
3. 초등학교 5~6학년 과학과 교육과정에 있는 단원들과 중학교에서 배우는 여러 가지 운동, 고등학교에서 배우는 에너지와 연계하여 학습할 수 있습니다.

각 차시별 소개되는 과학적 개념

1. 첫 번째 수업 _ 운동에 대한 아리스토텔레스의 생각
   - 물체는 외부에서 계속적인 힘을 받지 않고서는 한없이 운동을 이어 나갈 수 없다고 보았습니다.

2. 두 번째 수업 _ 갈릴레이의 실험 1
   - 쇠공이 비탈 아래로 내려갈수록 속도가 증가하고, 비탈 위로 오를수록 속도가 감소합니다.

3. 세 번째 수업 _ 갈릴레이의 실험 2
   - 비탈을 내려온 쇠공은 마찰이 없을 경우 내려온 거리만큼 비탈을 오르거나, 평면을 한없이 굴러갑니다.

4. 네 번째 수업 _ 뉴턴의 제1법칙
   - 정지한 물체는 계속 정지하고 싶어 하고, 움직이는 물체는 계속 그 상태를 유지하고 싶어 합니다.

5. 다섯 번째 수업 _ 질량과 무게
   - 질량은 변하지 않는 물체의 고유한 양이고, 무게는 장소에 따라서 변하는 양입니다.

6. 여섯 번째 수업 _ 뉴턴의 제2법칙
   - 힘은 가속도와 질량을 곱한 값과 같다는 것입니다.

7. 일곱 번째 수업 _ 벡터, 스칼라, 힘의 3요소
   - 크기만을 갖는 것을 스칼라양(속력, 질량), 크기와 방향을 모두 갖고 있는 것을 벡터양(속도, 무게)이라고 합니다. 또한 힘의 크기, 힘의 방향, 힘의 작용점을 힘의 3요소라고 합니다.

8. 여덟 번째 수업 _ 관성과 관성력
   • 관성력은 물체의 운동 방향과 반대쪽으로 생깁니다.
9. 아홉 번째 수업 _ 뉴턴의 제3법칙
   • 작용과 반작용의 법칙으로 작용이 있으면 그에 대한 반작용이 반드시 있고, 작용과 반작용은 크기가 같으며, 작용과 반작용은 방향이 반대입니다.

이 책이 도움을 주는 관련 교과서 단원

라그랑주의 운동 법칙 이야기와 관련되는 교과서에 등장하는 용어와 개념들입니다.

1. 초등학교 5학년 1학기 - 4. 물체의 속력
   • 이 단원의 목표는 여러 가지 물체의 운동을 관찰하여 속력을 정성적으로 비교하는 방법, 이동거리와 시간을 측정하여 속력을 구하고 속력을 여러 가지 방법으로 나타내는 방법 등을 이해하는 것입니다.

내용 정리
• 물체가 움직인다는 것은 기준과 비교했을 때 물체의 위치가 변한다는 것을 뜻합니다.
• 물체의 빠르기는 관찰자에 따라 상대적으로 다르게 보입니다.
• 일정한 거리를 이동하는 데 걸린 시간을 재면 쉽게 알 수 있습니

다. 걸린 시간이 짧을수록 빠른 물체이고 또 일정한 시간 동안 이동한 거리가 길수록 빠른 물체입니다.
- 속력의 단위는 일반적으로 km/h, m/s 등을 사용합니다.
- 이동시간에 따른 이동거리의 그래프에서 직선의 기울기는 속력을 나타냅니다.

2. 초등학교 6학년 - 6. 편리한 도구

- 이 단원의 목표는 지레를 사용하여 물체를 들 때의 힘의 크기를 비교함으로써 지레의 원리를 알아보고, 고정도르래와 움직도르래로 물체를 들어 올리는 데 필요한 힘의 크기가 다름을 이해하며, 이들이 실생활에서 이용되는 예를 찾는 것입니다.

내용 정리

- **지레** : 작은 힘으로 큰 힘을 내는 데 쓰이는 도구를 말합니다.
- **실생활에서 지레가 이용되는 예** (지레의 세 점의 위치에 따라)
  - 받침점이 힘점과 작용점 사이에 있는 지레 : 손톱깎이, 펜치, 빨래집게, 장도리, 가위 등
  - 작용점이 받침점과 힘점 사이에 있는 지레 : 병따개, 구멍 뚫는 펀치, 큰 스테이플러 등
  - 힘점이 작용점과 받침점 사이에 있는 지레 : 핀셋, 젓가락, 재봉가위, 족집게 등
- 고정도르래를 사용하면 힘의 크기에는 변함이 없고, 힘의 방향은 반대로 바뀝니다.

- 움직도르래를 사용하면 직접 들 때보다 약 $\frac{1}{2}$ 정도의 힘이 들고(단, 도르래의 무게와 마찰을 무시할 때입니다), 힘의 방향은 같습니다.

1. 중학교 2학년 - 1. 여러 가지 운동

- 이 단원의 목표는 속력이 변하지 않는 운동, 속력이 변하는 운동, 방향이 변하는 운동 등 여러 가지 운동을 시간과 위치의 변화로 나타내는 것입니다. 또한 힘이 작용하지 않을 때의 물체의 운동을 이해하고, 실생활에서 관성으로 설명되는 현상을 찾으며, 힘이 작용할 때의 물체의 운동을 이해하고, 일상생활에서 그 예를 찾는 것입니다.

내용 정리

- **속력이 변하지 않는 운동**
  - 등속 운동 : 속력이 일정한 운동으로 같은 시간 동안 이동한 거리가 일정합니다.
- **속력이 변하는 운동**
  - 등가속도 운동 : 속력이 일정하게 증가하거나 감소하는 운동
- **관성의 법칙** : 외부에서 물체에 작용하는 힘이 없으면 정지해 있던 물체는 계속 정지해 있으려 하고, 운동하던 물체는 속력과 방향이 변하지 않고 등속 직선 운동을 계속합니다.

- **힘과 운동 방향의 변화**
  - 물체에 작용하는 힘이 클수록 운동 방향의 변화가 큽니다.
  - 물체의 질량이 작을수록 운동 방향의 변화가 큽니다.
  - 물체의 속력이 느릴수록 운동 방향의 변화가 큽니다.

과학자들이 들려주는 과학 이야기 64

마이컬슨이 들려주는
프리즘 이야기

책에서 배우는 과학 개념

빛과 관련되는 개념 및 용어들

교육과정과의 연계

구분	과목명	학년	단원	연계되는 개념 및 원리
초등학교	과학	3학년	2. 빛의 나아감	빛이 나아가는 모양
		5학년	1. 거울과 렌즈	오목·볼록 거울과 렌즈
중학교	과학	1학년	2. 빛 12. 파동	빛의 반사, 빛의 굴절, 빛의 분해, 빛의 합성, 파동의 종류
고등학교	과학	1학년	5. 지구	대기와 해양
	물리Ⅰ	2학년	3. 파동과 입자	파동, 빛의 이중성

책 소개

《마이컬슨이 들려주는 프리즘 이야기》는 마이컬슨이 빛의 본성에 대한 이야기를 합니다. 이 책을 통해 학생들은 빛의 본성에 대한 많은 과학자들의 주장을 접하게 될 것입니다. 마이컬슨 선생님은 빛의 본성에 대한 다양한 연구들을 학생들과의 열 번의 만남을 통해 소개하고, 이를 통해 학생들의 창의적인 사고의 폭을 넓혀줍니다.

이 책의 장점

1. 초등학생들에게 빛의 본성에 흥미롭게 접근할 수 있는 기회를 제공할 것이며, 중·고등학생들에게 빛의 본성에 대하여 체계적으로 이해하도록 도와줍니다.
2. 빛의 본성에 대한 다양한 주장들을 마이컬슨 선생님과 함께 접해볼 수 있으며, 이를 통해 학생들이 자연스럽게 창의적인 사고를 배울 것입니다.
3. 초등학교 3, 5학년 과학과 교육과정에 있는 단원들과 중학교에서 배우는 빛과 파동, 고등학교에서 배우는 지구, 파동과 입자와 연계되는 학습을 담고 있습니다.

각 차시별 소개되는 과학적 개념

1. 첫 번째 수업 _ 빛의 정의

- 아리스토텔레스는 빛은 순수한 흰색이라고 하였습니다.

- 뉴턴은 프리즘 실험을 통해 빛은 다양한 색을 가지고 있다고 하였습니다.

2. 두 번째 수업 _ 빛의 특성
   - 프리즘을 통과한 빛은 빨강에서 보라로 갈수록 많이 꺾입니다.

3. 세 번째 수업 _ 빛의 성질 3가지
   - 프리즘을 통과한 각각의 빛은 더 이상 나누어지지 않습니다.
   - 몇 개의 프리즘을 통과하든 각각의 빛은 그대로 나타나며 늘 같은 각도로 꺾입니다.
   - 분산된 빛을 다시 모아 프리즘을 통과시키면 원래의 순수한 흰색이 됩니다.

4. 네 번째 수업 _ 파동론
   - 빛의 본성을 파동이라고 보는 이론입니다.

5. 다섯 번째 수업 _ 파동론의 검증
   - 빛의 여러 가지 성질(직진, 반사, 굴절, 투과, 회절, 간섭)을 이용하여 입자론과 파동론을 검증한 결과 '간섭무늬'가 파동론을 강력하게 뒷받침하게 되었습니다.

6. 여섯 번째 수업 _ 파동론의 우세
   - 광속 측정을 통해 광속이 물속에서 느려진다는 사실을 확인함으로써 파동론이 절대적 우위에 서게 됩니다.

7. 일곱 번째 수업 _ 에테르
   - 빛을 전파해주는 매질 역할을 하는 물질입니다.

8. 여덟 번째 수업 _ 에테르의 이상한 성질 3가지

- 철보다 강합니다.
- 질량이 없는 것이나 다름없습니다.
- 어떤 것이라도 거침없이 뚫고 지나갈 수 있습니다.

9. 아홉 번째 수업 _ 에테르 찾기
  - 기차의 상대속도 개념을 에테르 속을 지나는 빛과 지구에 적용하여 에테르의 존재를 확인할 수 있습니다.

10. 마지막 수업 _ 빛의 본성
  - 빛은 입자적인 성질과 파동적인 성질을 함께 가지고 있습니다.

이 책이 도움을 주는 관련 교과서 단원

마이컬슨의 프리즘 이야기와 관련되는 교과서에 등장하는 용어와 개념들입니다.

1. 초등학교 3학년 2학기 - 2. 빛의 나아감
  - 이 단원의 목표는 햇빛을 이용하여 여러 가지 모양의 그림자를 만들어 보고, 종이에 여러 가지 모양의 구멍을 내어 햇빛에 비추어 봄으로써 그림자가 생기는 까닭을 이해하는 것입니다. 또한 그림자놀이를 통하여 빛이 물체에 비추어지는 방향과 거리에 따라 그림자의 모양과 크기가 달라짐을 아는 것입니다.

내용 정리

- **물체를 고정시키고, 그림자의 크기를 변화시키기**
  - 물체 쪽으로 가까이 가져갈 때 물체보다 더 큰 그림자가 만들어집니다.
  - 물체에서 멀리 떨어지게 했을 때 물체와 비슷한 크기의 그림자가 만들어집니다.
- **손전등을 고정시키고 물체를 움직여 그림자의 크기를 변하게 하기**
  - 물체를 전등 쪽으로 움직이면 실제 물체의 크기보다 더 큰 그림자가 만들어집니다.
  - 물체를 전등에서 먼 쪽으로 움직이면 실제 물체의 크기와 비슷한 크기의 그림자가 만들어집니다.

2. 초등학교 5학년 1학기 – 1. 거울과 렌즈

- 이 단원은 여러 가지 거울에 생긴 물체의 상을 관찰하여 그 특징을 비교하고, 여러 가지 렌즈로 물체를 보았을 때 나타나는 상의 특징을 비교하며, 이러한 원리들이 실생활에서 이용되는 예를 찾아보는 것이다. 또한 렌즈를 이용하여 간단한 사진기를 만드는 것을 목표로 합니다.

내용 정리

- **지레** : 작은 힘으로 큰 힘을 내는 데 쓰이는 도구를 말합니다.
- **실생활에서 지레가 이용되는 예**(지레의 세 점의 위치에 따라)

- 받침점이 힘점과 작용점 사이에 있는 지레 : 손톱깎이, 펜치, 빨래집게, 장도리, 가위 등
- 작용점이 받침점과 힘점 사이에 있는 지레 : 병따개, 구멍 뚫는 펀치, 큰 스테이플러 등
- 힘점이 작용점과 받침점 사이에 있는 지레 : 핀셋, 젓가락, 재봉가위, 족집게 등
• 고정도르래를 사용하면 힘의 크기에는 변함이 없고, 힘의 방향은 반대로 바뀝니다.
• 움직도르래를 사용하면 힘의 크기는 직접 들 때보다 약 $\frac{1}{2}$ 정도의 힘이 들고(단, 도르래의 무게와 마찰을 무시할 때입니다), 힘의 방향은 같습니다.

3. 중학교 2학년 - 1. 여러 가지 운동

• 이 단원의 목표는 속력이 변하지 않는 운동, 속력이 변하는 운동, 방향이 변하는 운동 등 여러 가지 운동을 시간과 위치의 변화로 나타내는 것입니다. 또한 힘이 작용하지 않을 때의 물체의 운동과 힘이 작용할 때의 물체의 운동을 이해하고, 일상생활에서 그 예를 찾는 것입니다.

내용 정리

• **속력이 변하지 않는 운동**
- 등속 운동 : 속력이 일정한 운동으로 같은 시간 동안 이동한 거

리는 일정합니다.
- **속력이 변하는 운동**
  - 등가속도 운동 : 속력이 일정하게 증가하거나 감소하는 운동
- **관성의 법칙** : 외부에서 물체에 작용하는 힘이 없으면 정지해 있던 물체는 계속 정지해 있으려 하고, 운동하던 물체는 속력과 방향이 변하지 않고 등속 직선 운동을 계속합니다.
- **힘과 운동 방향의 변화**
  - 물체에 작용하는 힘이 클수록 운동 방향의 변화가 큽니다.
  - 물체의 질량이 작을수록 운동 방향의 변화가 큽니다.
  - 물체의 속력이 느릴수록 운동 방향의 변화가 큽니다.

과학자들이 들려주는 과학 이야기 65

메톤이 들려주는 달력 이야기

책에서 배우는 과학 개념

달력과 관련되는 개념 및 용어들

교육과정과의 연계

구분	과목명	학년	단원	연계되는 개념 및 원리
초등학교	과학	3학년	3. 지구와 달	지구와 달의 모양
		6학년	4. 계절의 변화	계절변화의 원인
중학교	과학	3학년	7. 태양계의 운동	지구의 운동
고등학교	지구과학 II	3학년	4. 천체와 우주	지구의 공전과 자전

책 소개

《메톤이 들려주는 달력 이야기》는 달력 속에 숨겨져 있는 많은 사실들과 우리가 무심코 넘어갈 수 있는 것에 대한 이야기를 합니다. 이 책을 통해 학생들은 달력에 대한 자세하고 재미있는 내용들을 접하게 됩니다. 메톤 선생님은 달력에 관한 모든 이야기들을 학생들과의 열두 번의 만남을 통해 소개하고, 이를 통해 학생들의 궁금증을 풀어줄 것입니다.

이 책의 장점

1. 초등학생들에게 달력에 관한 궁금증을 해결할 기회를 제공할 것이며, 중·고등학생들에게 달력 속에 담겨 있는 과학의 원리를 체계적으로 이해하도록 도와줍니다.
2. 인간의 활동과 달력과의 관계를 이해하게 되고, 인간은 자연의 순환에 맞추어 생활해 가는 것이 순리라는 것을 깨닫게 될 것입니다.
3. 초등학교 3, 6학년 과학과 교육과정에 있는 단원들과 중학교에서 배우는 태양계의 운동, 고등학교에서 배우는 천체와 우주와 연계하여 학습할 수 있습니다.

각 차시별 소개되는 과학적 개념

1. 첫 번째 수업 _ 메톤주기

- 달력의 오차를 줄이기 위해 19년에 일곱 번 윤달을 넣는 '19년 7

윤법'을 말합니다.

2. 두 번째 수업 _ 자연의 순환과 주기
- 자연에는 주기적인 순환, 낮과 밤의 순환, 계절의 순환이 있습니다.

3. 세 번째 수업 _ 자연의 리듬과 달력
- 달력의 날은 밤낮의 교대로 되풀이되는 자연의 주기이고, 달은 계절 변화와 관계가 있는 주기입니다.

4. 네 번째 수업 _ 태양일과 항성일
- 태양일은 해가 가장 높이 뜬 때부터 다음 날 해가 가장 높이 뜬 때까지를 말하며, 항성일은 별이 자오선 상에 남중한 뒤 다시 남중할 때까지로 정합니다.

5. 다섯 번째 수업 _ 태양년과 항성년
- 태양을 기준으로 지구가 1회 공전하는 데 걸리는 시간이 1태양년이고, 별을 기준으로 하여 지구가 태양의 둘레를 1회 공전하는 시간을 1항성년이라고 합니다.

6. 여섯 번째 수업 _ 삭망월과 항성월
- 태양을 기준으로 달이 지구 주위를 한 바퀴 도는 주기를 1삭망월이라고 하고, 천구상의 별 또는 춘분점을 기준으로 달이 지구 주위를 한 바퀴 공전하는 주기를 1항성월이라고 합니다.

7. 일곱 번째 수업 _ 주
- 달의 모양이 변하는 주기는 29.5일, 보름이 되는 때는 그 절반인 15일, 반달이 되는 때는 다시 그 절반인 7일이 되어 일주일이 7일이 되는 것입니다.

8. 여덟 번째 수업 _ 태음력, 치윤법

- 태음력은 달의 삭망주기를 한 달로 정하고 일 년에 열두 달을 둔 달력입니다.
- 치윤법은 계절을 맞추기 위해 달력에 윤일과 윤달이 있는 윤년을 두는 방법을 말합니다.

9. 아홉 번째 수업 _ 율리우스력

- 기원전 3000년경 이집트 제1왕조 때 만들어진 것으로, 1년을 365일로 하는 태양력을 근간으로 4년마다 하루씩 윤일을 두도록 한 것입니다.

10. 열 번째 수업 _ 그레고리력

- 1태양년의 길이인 365.2422일에 더 가깝게 윤년의 횟수를 400년에 세 번 줄이도록 율리우스력을 수정한 것입니다.

11. 열한 번째 수업 _ 달력이란?

- 달력은 사람들 사이의 약속이며, 그 약속은 자연의 변화와 어울릴 때 불편 없이 오래 지속될 수 있습니다.

12. 마지막 수업 _ 시간의 변화

- 조석(력)과 조석마찰현상이 지구 자전 속도에 영향을 미쳐 시간의 변화를 가져옵니다.

이 책이 도움을 주는 관련 교과서 단원

메톤의 달력 이야기와 관련되는 교과서에 등장하는 용어와 개념들입니다.

1. 초등학교 3학년 2학기 - 3. 지구와 달
   - 이 단원의 목표는 지구의 생김새와 관련된 모형이나 인공위성 사진자료 등의 관찰을 통하여 지구가 둥글다는 것을 이해하는 것입니다. 또한 하루 저녁 동안 시간에 따른 달의 위치를 관찰하고, 매일 같은 시각에 달의 모양을 관찰하여 그림으로 나타내는 것을 목표로 합니다.

내용 정리

- 우주선에서 찍은 지구 사진의 흰 부분은 구름에 해당되고, 푸른색은 바다를, 갈색은 육지를 나타내고 있습니다.
- 보름달은 하룻밤 동안에 동쪽 하늘에 떠서 남쪽 하늘을 지나 서쪽 하늘로 움직입니다.
- 달은 하루 동안에 동쪽에서 서쪽으로 한 시간에 15°씩 움직입니다.
- 달이 동쪽에서 서쪽으로 움직이는 것처럼 관찰되는 것은 지구가 하루 동안 서쪽에서 동쪽으로 자전하기 때문입니다.
- 달은 보름달이 되면서 같은 시각에 관찰되는 위치도 서쪽에서 동쪽으로 이동됩니다.
- 달이 매일 조금씩 이동하는 것은 달이 지구의 둘레를 돌기 때문입니다.
- 달은 약 27일에 한 번씩 서쪽 방향에서 동쪽 방향으로 지구의 둘레를 돕니다.

2. 초등학교 6학년 2학기 - 4. 계절의 변화

- 이 단원의 목표는 모형 실험을 통하여 기온이 태양의 고도에 따라 달라짐을 이해하고, 지구본을 이용한 실험을 통하여 지구의 운동과 계절의 변화와의 관계를 이해하는 것입니다.

> **내용 정리**
> - 하루 중 12시경에 태양의 고도가 가장 높고, 그림자의 길이가 가장 짧습니다.
> - 태양의 고도가 높아짐에 따라 그림자의 길이는 점점 짧아지고 기온은 높아집니다.
> - 태양의 고도는 점점 높아지다가 12시경부터 점점 낮아집니다.
> - 지구의 자전축이 일정한 각도만큼(23.5°) 기울어져 태양의 둘레를 공전하므로, 지구의 위치에 따라 태양의 남중 고도와 낮의 길이 및 기온이 달라지게 되어 계절이 변합니다.

3. 중학교 3학년 - 7. 태양계의 운동

- 이 단원의 목표는 천체의 일주운동을 관찰하여 지구의 자전과 관련지어 설명하며, 황도와 태양의 연주운동을 이해하고, 지구의 공전과 관련지어 이해하는 것입니다. 또한 달의 위상 변화를 관찰하고, 달의 운동과 관련지어 이해하며 모형실험을 통하여 일식과 월식이 생기는 원리를 알아봅니다. 그리고 각 행성의 공전주기와 궤도 크기를 조사하는 것입니다.

내용 정리

- **별의 일주운동**은 별들이 북극성을 중심으로 하루에 한 바퀴씩 도는 현상으로 동쪽에서 서쪽으로 1시간에 15°씩 움직입니다.
- **태양의 연주운동**은 천구 상에서 태양이 별자리 사이를 매일 조금씩 옮겨 가는 운동으로 태양은 하루에 약 1°씩 서쪽에서 동쪽으로 이동하여 1년 후 제자리로 돌아옵니다.
- **일식**은 달이 지구 둘레를 공전하는 동안 '태양-달-지구'가 일직선상에 놓여 태양이 달에 의해 가려지는 현상이며, 반드시 삭일 때에만 일어납니다.
- **월식**은 '태양-지구-달'이 일직선상에 놓이면 달이 지구의 그림자 속에 들어가 보이지 않는 현상이며, 망일 때에만 일어납니다.

과학자들이 들려주는 과학 이야기 66

로슈가 들려주는 조석 이야기

책에서 배우는 과학 개념

조석과 관련되는 개념 및 용어들

교육과정과의 연계

구분	과목명	학년	단원	연계되는 개념 및 원리
초등학교	과학	3학년	3. 지구와 달	달의 모양, 위치변화
		4학년	7. 강과 바다	바다의 특징
		5학년	7. 태양의 가족	행성의 특징
중학교	과학	1학년	11. 해수의 성분과 운동	해수의 운동, 밀물과 썰물
		3학년	7. 태양계의 운동	지구와 태양의 운동
고등학교	과학	1학년	5. 지구	대기와 해양
	지구과학 II	3학년	3. 해류와 해수의 순환	해파와 조석

책 소개

《로슈가 들려주는 조석 이야기》는 조석에 관한 일반적인 현상과 조석에 관한 비밀이 밝혀지는 과정을 담고 있습니다. 이 책을 통해 학생들은 조석이 우리 생활에 미치는 영향을 깨닫게 될 것입니다. 로슈 선생님은 조석에 관한 모든 이야기들을 학생들과 아홉 번의 만남을 통해 소개하고, 이를 통해 학생들의 궁금증을 시원하게 풀어줄 것입니다.

이 책의 장점

1. 초등학생들에게 조석에 관한 기본적인 사실들을 접할 수 있는 기회를 제공할 것이며, 중·고등학생들에게 조석과 관련된 과학적 현상과 영향력에 대해 체계적으로 이해하도록 도와줍니다.
2. 조석이 얼마나 신비한 자연현상인지 깨닫게 될 것입니다.
3. 초등학교 3~5학년 과학과 교육과정에 있는 단원들과 중학교에서 배우는 해수의 성분과 운동, 태양계의 운동 단원과 고등학교에서 배우는 지구, 해류와 해수의 순환 단원이 연계되는 학습 내용을 담고 있습니다.

각 차시별 소개되는 과학적 개념

1. 첫 번째 수업 _ 조석
   - 해수면이 높아졌다 낮아졌다 하는 일을 규칙적으로 되풀이하는 현상을 말합니다.

2. 두 번째 수업 _ 만유인력
- 질량을 갖는 물체 사이에 서로 당기는 힘을 말합니다.

3. 세 번째 수업 _ 조석력
- 지구의 표면에서 지구 중심에 대해서 양 바깥쪽으로 잡아당기는 힘을 말합니다.

4. 네 번째 수업 _ 조석마찰
- 조석력으로 인해 조류가 육지나 바다 밑바닥과 마찰이 생기는데 이것을 조석마찰이라고 합니다.

5. 다섯 번째 수업 _ 월진
- 달에서 일어나는 지진을 말합니다.

6. 여섯 번째 수업 _ 로슈한계
- 행성이 미치는 조석력이 다른 천체가 어느 한도 이상 다가오면 천체를 부숴버리는데 이 한계를 로슈한계라고 합니다.

7. 일곱 번째 수업 _ 슈메이커-레비 제9혜성
- 조석력으로 인해 목성과 1994년 7월 17일부터 22일까지 충돌한 혜성입니다.

8. 여덟 번째 수업 _ 조력발전
- 조수 간만의 수위 차를 이용하여 발전을 하는 것입니다.

9. 아홉 번째 수업 _ 조석예조
- 해안 각지의 앞으로 다가올 날의 만조 시각과 간조 시각, 그리고 그때의 조위를 관측한 자료를 바탕으로 계산하여 미리 알려주는 것입니다.

이 책이 도움을 주는 관련 교과서 단원

로슈의 조석 이야기와 관련되는 교과서에 등장하는 용어와 개념들입니다.

1. 초등학교 3학년 2학기 - 3. 지구와 달

- 이 단원의 목표는 지구의 생김새와 관련된 모형이나 인공위성 사진자료 등의 관찰을 통하여 지구가 둥글다는 것을 이해하는 것입니다. 또한 하루 저녁 동안 시간에 따른 달의 위치를 관찰하며, 매일 같은 시각에 달의 모양을 관찰하여 그림으로 나타내는 것을 목표로 합니다.

내용 정리

- 보름달은 하룻밤 동안에 동쪽 하늘에 떠서 남쪽 하늘을 지나 서쪽 하늘로 움직입니다.
- 달은 하루 동안에 동쪽에서 서쪽으로 한 시간에 15°씩 움직입니다.
- 달이 동쪽에서 서쪽으로 움직이는 것처럼 관찰되는 것은 지구가 하루 동안 서쪽에서 동쪽으로 자전하기 때문입니다.
- 달이 매일 조금씩 이동하는 것은 달이 지구의 둘레를 돌기 때문입니다.
- 달은 약 27일에 한 번씩 서쪽 방향에서 동쪽 방향으로 지구의 둘레를 돕니다.

2. 초등학교 4학년 1학기 - 7. 강과 바다

- 이 단원의 목표는 다양한 강의 모양을 지형 모형이나 사진자료 등으로 관찰하여 그 특징을 비교하고, 흐르는 물에 의해 강의 생김새가 변화됨을 이해하며, 바다 밑의 모양과 깊이를 알기 위한 모형을 이용하여, 여러 곳의 깊이를 재어 그림으로 나태내고 바다 밑의 모양을 알아보는 것입니다.

내용 정리

- 물이 굽이쳐 흐르는 곳에서는 바깥쪽의 흐름이 안쪽의 흐름보다 빠르기 때문에, 바깥쪽은 흘러가는 물에 의한 침식 작용을 많이 받아서 모래나 흙을 운반해 가는 운반작용이 활발히 일어나고, 안쪽은 물의 흐름이 약해서 모래나 흙이 쌓이는 퇴적작용이 활발히 일어나는 것을 볼 수 있습니다.

3. 초등학교 5학년 2학기 - 7. 태양의 가족

- 이 단원의 목표는 여러 가지 기구를 이용하여 태양의 모양을 관찰하고, 사진이나 그림 자료 등을 이용하여 태양의 특성을 찾아하는 것입니다. 또한 태양계를 구성하고 있는 행성을 조사하고, 태양계 모형 등을 사용하여 행성의 크기와 태양으로부터의 거리를 비교하는 것입니다.

내용 정리
- **행성의 특징 :** 수성(태양에서 가장 가까운 행성), 목성(가장 큰 행성), 토성(가장 아름다운 행성)

4. 중학교 1학년 - 11. 해수의 성분과 운동

- 이 단원의 목표는 용수철을 이용하여 여러 가지 파동을 만들어 보고, 파동의 성질을 이해하며, 여러 가지 물체가 진동할 때의 소리를 알아보는 것입니다. 또한 소리의 높이와 세기를 구별하고, 물결파 투영 장치를 이용하여 파동의 전달을 관찰하는 것을 목표로 합니다.

내용 정리
- **밀물 :** 바다에서 육지 쪽으로 바닷물이 밀려 들어오는 것
- **썰물 :** 육지에서 바다 쪽으로 바닷물이 밀려 나가는 것

5. 중학교 3학년 - 7. 태양계의 운동

- 이 단원의 목표는 천체의 일주운동을 관찰하여 지구의 자전과 관련지어 설명하고, 황도와 태양의 연주운동을 이해하며, 지구의 공전과 관련지어 설명하는 것입니다. 또한 달의 위상 변화를 관찰하고, 달의 운동과 관련지어 설명하며 모형실험을 통하여 일식과 월식이 생기는 원리를 알아봅니다. 그리고 각 행성의 공전주기와 궤도 크기를 조사하고, 행성 공전 궤도의 상대적 크기를 비교하는 것을 목표로 합니다.

내용 정리

- **일식**은 달이 지구 둘레를 공전하는 동안 '태양 – 달 – 지구'가 일직선상에 놓여 태양이 달에 의해 가려지는 현상이며, 반드시 삭일 때에만 일어납니다.
- **월식**은 '태양 – 지구 – 달'이 일직선상에 놓이면 달이 지구의 그림자 속에 들어가 보이지 않는 현상이며, 망일 때에만 일어납니다.

과학자들이 들려주는 과학 이야기 67

피셔가 들려주는
통계 이야기

책에서 배우는 과학 개념

통계와 관련되는 개념 및 용어들

교육과정과의 연계

구분	과목명	학년	단원	연계되는 개념 및 원리
초등학교	수학	5학년	7. 자료의 표현	평균
		6학년	7. 연비	비례배분 전체를 주어진 비로 나누는 것
중학교	수학	1학년	1. 통계	도수분포표, 상대도수, 누적도수
		3학년	1. 통계	상관도와 상관표
고등학교	수학	1학년	5. 자료의 정리	산포도와 표준편차
	수학 I	2학년	8. 통계	확률과 통계

책 소개

《피셔가 들려주는 통계 이야기》는 통계에 관한 모든 것을 소개하고 있습니다. 이 책을 통해 학생들은 통계와 관련된 기초 지식과 통계의 필요성에 대하여 깨닫게 될 것입니다. 피셔 선생님은 학생들과 아홉 번의 만남에서 통계에 관한 이야기들을 소개하고 이를 통해 학생들의 궁금증을 시원하게 풀어줄 것입니다.

이 책의 장점

1. 초등학생들에게 통계학자의 꿈을 실현하는 데 도움을주며, 중·고등학생들에게 통계와 관련하여 좀 더 깊이 있는 이해와 적용력을 기르도록 도와줍니다.
2. 통계를 이용하여 다양한 자료를 정리하고 표현하는 방법을 배우게 됩니다.
3. 초등학교 5, 6학년 수학과 교육과정에 있는 단원들과 초등학교에서 배우는 통계, 중·고등학교에서 배우는 통계, 자료의 정리와 연계하여 학습할 수 있습니다.

각 차시별 소개되는 수학적 개념

1. 첫 번째 수업 _ 막대그래프
   - 자료를 막대로 나타낸 그림을 말합니다.

2. 두 번째 수업 _ 막대그래프 2
- 막대를 다른 모양으로 구별하여 두 가지 자료를 막대그래프로 나타냅니다.

3. 세 번째 수업 _ 그림그래프
- 여러 나라의 인구를 비교할 때 많이 사용합니다.

4. 네 번째 수업 _ 비율그래프
- 자료를 띠 모양으로 나타낸 띠그래프, 원 모양을 나타낸 원그래프가 있습니다.

5. 다섯 번째 수업 _ 가운데 수
- 두 수로부터 같은 거리에 있는 수를 가리킵니다.

6. 여섯 번째 수업 _ 점수의 흩어짐
- 주어진 수의 평균을 구해 그 평균을 기준으로 수들의 흩어진 정도를 판단합니다.

7. 일곱 번째 수업 _ 두 자료 사이의 관계
- 어떤 자료들의 값이 커진 때 다른 자료들의 값이 커지거나 줄어들면 두 자료 사이에는 서로 관계가 있습니다.

8. 여덟 번째 수업 _ 기대값
- 주어진 수의 평균값이 기대값입니다.

9. 아홉 번째 수업 _ O, ×문제의 기대값
- O, ×문제의 기대값은 문제수의 절반에 해당합니다.

이 책이 도움을 주는 관련 교과서 단원

피셔의 통계 이야기와 관련되는 교과서에 등장하는 용어와 개념들입니다.

1. 초등학교 5학년 나 - 7. 자료의 표현

- 이 단원의 목표는 자료를 정리하여 줄기와 잎 그림이나 그림그래프로 나타내고, 자료의 특성을 파악하며, 평균의 의미를 하는 것입니다. 또한 주어진 자료의 평균을 구하고, 목적에 맞게 자료를 수집하고 정리하여 적절한 그래프로 나타내며, 자료의 특성을 설명하는 것입니다.

내용 정리

- 전체를 더한 합계를 횟수로 나눈 것을 **평균**이라고 합니다.
- 평균이 이용되는 경우는 하루의 평균 기온, 평균 키, 평균 몸무게, 평균 성적 등을 알아보는 경우입니다.
- 조사한 수를 그림의 크기로 나타낸 그래프를 **그림그래프**라고 합니다.

2. 중학교 1학년 나 - 1. 통계

- 이 단원의 목표는 도수분포표, 히스토그램, 도수분포다각형을 이해하고, 주어진 자료를 표나 그래프로 나타내어, 이를 해석하는 방법을 배우는 것입니다. 또한 도수분포표에서 평균의 뜻을 알고, 이를 구하는 것을 목표로 합니다.

내용 정리

- 어떤 자료 전체의 특징을 하나의 수로 나타낸 값을 **대표값**이라 하고, 대표값에는 여러 가지가 있으나 평균이 가장 많이 쓰입니다.
- 전체의 자료를 몇 개의 계급으로 나누고, 각 계급의 도수를 조사하여 그것의 분포 상태를 나타낸 표를 **도수분포표**라고 합니다.
- 도수의 합계에 대한 각 계급의 도수의 비율을 그 계급의 **상대도수**라고 합니다.
- 도수분포표에서 계급이 가장 작은 쪽의 도수에서 차례대로 어떤 계급까지의 도수를 더한 합계를 그 계급까지의 **누적도수**라고 합니다.

3. 중학교 3학년 나 – 1. 통계

- 이 단원의 목표는 중앙값, 최빈값, 평균의 의미를 이해하고, 이를 구해보는 것입니다. 또한 분산과 표준편차의 의미를 이해하고, 이를 구하는 것입니다.

내용 정리

- 두 변량의 도수분포표를 함께 나타낸 표를 **상관표**라고 합니다.
- 순서쌍(국어 성적, 수학 성적)을 좌표로 하는 점들을 좌표평면 위에 나타낸 그림을 국어 성적과 수학 성적에 대한 **상관도**라고 합니다.

과학자들이 들려주는 과학 이야기 68

가가린이 들려주는
무중력 이야기

책에서 배우는 과학 개념

무중력과 관련되는 개념 및 용어들

교육과정과의 연계

구분	과목명	학년	단원	연계되는 개념 및 원리
초등학교	과학	5학년	4. 물체의 속력	여러 가지 속력, 가속도
중학교	과학	2학년	1. 여러 가지 운동	속력, 힘, 운동
고등학교	물리 I	2학년	1. 운동의 법칙	중력
	물리 II	3학년	1. 운동과 에너지	중력장

책 소개

《가가린이 들려주는 무중력 이야기》는 가가린이 무중력에 대한 모든 것을 설명하고 있습니다. 이 책을 읽는 동안 학생들은 마치 우주왕복선을 탄 것처럼 무중력상태를 경험할 수 있을 것입니다. 무중력 공간에서 화장실을 이용하는 방법, 방귀를 뀌면 위험해지는 이유 등 재미있는 내용들을 가가린 선생님이 직접 강의합니다. 가가린 선생님은 학생들과 아홉 번의 만남으로 중력과 무중력에 대한 물리적인 의문점들을 해결해 줍니다.

이 책의 장점

1. 초등학생들에게는 과학적 현상에 대한 의문을 해결해 주고, 중학생들에게는 개념에 대한 이해를 도와주며, 고등학생들에게 과학적 개념에 대한 간편한 정리와 충실한 수능 도우미가 됩니다.
2. 중력에 대한 개념 이해와 무중력에 대한 여러 가지 문제들을 가가린 선생님과 함께 해결해 볼 수 있으며, 이를 통해 사고의 폭을 넓힐 수 있게 됩니다.
3. 초등학교 5학년 과학과 교육과정에 있는 물체의 속력, 중학교에서 배우는 여러 가지 운동과 고등학교 물리에서 배우는 운동의 법칙, 운동과 에너지 단원과 연계하여 학습할 수 있습니다.

각 차시별 소개되는 과학적 개념

1. 첫 번째 수업 _ 중력
   - 질량이 있는 모든 물체 사이에는 서로 끌어당기는 만유인력이 작용합니다. 특히 지구가 물체를 잡아당기는 힘을 중력이라 합니다.

2. 두 번째 수업 _ 중력과 가속도
   - 가속도는 중력을 크게 또는 작게 만들 수 있습니다.

3. 세 번째 수업 _ 중력 만들기
   - 우주 공간에서 어떤 물체가 같은 방향으로 가속운동을 하거나 도넛 모양의 통을 일정한 속력으로 회전시켜 중력을 만들 수 있습니다.

4. 네 번째 수업 _ 무중력의 물리
   - 무중력 공간에서는 작용과 반작용의 법칙이 아주 잘 적용됩니다.

5. 다섯 번째 수업 _ 무중력의 화학
   - 무중력상태에서는 연소, 대류, 표면장력 등 다양한 현상들이 지구에서와는 다르게 나타납니다. 따라서 지구에서는 만들 수 없는 첨단 과학 제품을 만들 수 있습니다.

6. 여섯 번째 수업 _ 무중력상태의 생물
   - 무중력상태에서는 하등한 생물의 유전자가 바뀌고, 사람의 몸에서도 여러 가지 변화가 나타나게 됩니다.

7. 일곱 번째 수업 _ 무중력 공간에서의 생활
   - 무중력상태에서는 플라스틱 주머니 속에 건조식품을 넣어 보관했

다가 권총 모양의 튜브에 물과 함께 넣어 불게 한 후 손으로 눌러 밀어내면서 음식을 먹어야 하며, 생리 현상은 공기 흡입 펌프를 통해 해결합니다.

8. 여덟 번째 수업 _ 우주왕복선에서의 생활
- 우주선 안에서는 무중력을 이용하는 생활을 하며 우주선 밖에서는 우주복을 착용하고 질소 가스를 분출하여 그 반작용으로 이동합니다.

9. 아홉 번째 수업 _ 스페이스콜로니
- 우주 정거장을 발전시켜 우주에서 인간이 거주할 수 있는 환경을 갖추어 놓은 거대한 인공위성을 스페이스콜로니라고 합니다.

이 책이 도움을 주는 관련 교과서 단원

가가린의 무중력 이야기와 관련되는 교과서에 등장하는 용어와 개념들입니다.

1. 초등학교 5학년 1학기 – 4. 물체의 속력
- 이 단원의 목표는 여러 가지 물체의 운동을 관찰하여 속력을 정성적으로 비교하는 방법, 이동 거리와 시간을 측정하여 속력을 구합니다. 그리고 여러 가지 방법으로 나타내는 방법 등을 이해하는 것입니다.

내용 정리

- 물체가 움직인다는 것은 기준과 비교했을 때 물체의 위치가 변한다는 것을 뜻합니다.
- 물체의 빠르기는 관찰자에 따라 상대적으로 다르게 보입니다.
- 빠르기는 일정한 거리를 이동하는 데 걸린 시간을 재면 쉽게 알 수 있습니다. 걸린 시간이 짧을수록 빠른 물체이며, 일정한 시간 동안 이동한 거리가 길수록 빠른 물체입니다.
- 속력의 단위로는 일반적으로 km/h, m/s 등을 사용합니다.
- 이동 시간에 따른 이동 거리의 그래프에서 직선의 기울기는 속력을 나타낸다.

2. 중학교 1학년 - 10. 힘

- 이 단원의 목표는 우리 주변에서 경험할 수 있는 힘에는 어떤 것들이 있고, 힘을 어떻게 측정하며 나타내는지 알아보는 것입니다. 또 힘의 합성과 평형에 대해서도 학습합니다.

내용 정리

- 힘은 물체의 모양을 변화시키거나 운동 상태를 변화시키는 원인입니다.
- 힘의 종류에는 탄성력, 마찰력, 자기력, 전기력, 중력 등이 있습니다.
- 힘의 측정은 용수철이 늘어나는 길이가 작용하는 힘의 크기에 비례하는 것을 이용합니다.

- **힘의 단위** : N, kgf
- 힘의 크기는 화살표의 길이로, 힘이 작용하는 방향은 화살표의 방향으로, 힘이 작용하는 작용점은 화살표가 시작되는 점으로 나타냅니다.
- 힘의 합성은 한 물체에 여러 힘이 작용할 때 똑같은 효과를 나타내는 한 힘을 구하는 것입니다.

3. 중학교 2학년 – 1. 여러 가지 운동

- 이 단원의 목표는 일정한 운동과 속력이나 방향이 변하는 운동에 대하여 알아보는 것입니다. 또 관성 현상과 힘이 작용할 때의 물체의 운동에 대해서도 학습합니다.

내용 정리

- 물체의 위치는 기준이 되는 점으로부터의 방향과 거리로 나타냅니다.
- **속력** = $\dfrac{\text{걸린 시간}}{\text{이동 거리}}$ (단위 : m/s, km/h)
- 물체가 이동한 전체 거리를 걸린 시간으로 나누면 평균 속력을 구할 수 있습니다.
- **등속 직선운동**이란 속력과 운동 방향이 변하지 않는 운동입니다.
- **관성**이란 외부에서 힘이 작용하지 않을 때 처음의 운동을 계속 유지하려는 성질입니다.
- 운동 방향과 같은 방향으로 힘이 작용하면 물체의 속력은 증가하

고, 반대 방향으로 힘이 작용하면 물체의 속력은 감소합니다.
- **등속 원운동**이란 물체가 일정한 속력으로 원을 그리면서 도는 운동입니다.
- 물체에 힘이 작용할 때 운동 방향이 변하는 정도는 힘의 크기에 비례하고, 물체의 질량에 반비례합니다.

과학자들이 들려주는 과학 이야기 69

길버트가 들려주는 자석 이야기

책에서 배우는 과학 개념

자석과 관련되는 개념 및 용어들

교육과정과의 연계

구분	과목명	학년	단원	연계되는 개념 및 원리
초등학교	과학	3학년	2. 자석놀이	자석의 성질
		6학년	7. 전자석	나침반
중학교	과학	3학년	6. 전류의 작용	자석
고등학교	물리 I	2학년	2. 전기와 자기	자석과 자기장
	물리 II	3학년	3. 전기장과 자기장	자기장 내의 운동변화

책 소개

《길버트가 들려주는 자석 이야기》는 길버트 선생님으로부터 나침반을 들고 탐험을 하는 것처럼 생생한 이야기를 들을 수 있습니다. 이 책을 읽는 동안 학생들은 자석에 관한 모든 것에 대해 알게 될 것이며, 자석을 이용한 여러 가지 게임도 익힐 수 있을 것입니다. 길버트 선생님은 자석에 대한 의문들을 학생들과 아홉 번의 만남으로 해결해 줍니다.

이 책의 장점

1. 초등학생들에게는 과학적 현상에 대한 의문을 해결해 주고, 중학생들에게는 개념에 대한 이해를 쉽게 해 주며, 고등학생들에게 과학적 개념에 대한 간편한 정리와 충실한 수능 도우미가 됩니다.
2. 자석과 관련된 여러 가지 문제들을 길버트 선생님과 함께 해결해 볼 수 있으며, 이를 통해 학생들이 자연스럽게 자석에 쇠붙이가 붙는 이유, 자석을 만드는 과정, 자석의 보관 방법 등에 대해 배우게 됩니다.
3. 초등학교 3, 6학년 과학과 교육과정에 있는 자석과 전자석, 중학교에서 배우는 전류의 작용과 고등학교 물리에서 배우는 전기와 자기, 전기장과 자기장 단원과 연계하여 학습할 수 있습니다.

각 차시별 소개되는 과학적 개념

1. **첫 번째 수업 _ 자석의 발견**
   - 양치기 소년이 쇠붙이로 된 지팡이를 들고 다니면서 지팡이를 끌어당기는 이상한 돌(자석)을 발견했다는 이야기와 2500년 전 그리스의 마그네시아 지방에서 쇠붙이를 끌어당기는 돌을 발견했다는 이야기가 있습니다.

2. **두 번째 수업 _ 자석에 붙는 것**
   - 쇠붙이(철)로 이루어진 것은 자석에 달라붙는다.

3. **세 번째 수업 _ 자석과 쇠붙이 사이의 힘**
   - 자석과 쇠붙이 사이의 거리가 가까울수록 자석이 쇠붙이를 당기는 힘이 셉니다.

4. **네 번째 수업 _ 자석의 힘이 전달되는 물질**
   - 자석과 쇠붙이 사이에 다른 쇠붙이를 넣으면 자석의 힘이 전달되지 않습니다.

5. **다섯 번째 수업 _ 자석과 자석의 힘**
   - 자석의 다른 극끼리는 서로 당기는 힘이 있습니다.

6. **여섯 번째 수업 _ 새끼 자석 이야기**
   - 자석은 N극과 S극으로 나뉘어도 다시 N극과 S극이 생깁니다.

7. **일곱 번째 수업 _ 자석 만들기와 보관하기**
   - 자석을 만들려면 자석으로 쇠붙이를 문지르거나 강한 자석 가까이 쇠붙이를 놓으면 됩니다. 자석은 서로 다른 극끼리 마주 보게 붙여 놓거나 자석의 극 부분에 쇠붙이를 붙이거나 자석을 차가운 곳에

놓고 보관합니다.
8. 여덟 번째 수업 _ 나침반
   • 나침반의 N극이 지구 속에 있는 거대한 자석의 S극을 향하므로 항상 북쪽 방향을 가리킵니다.
9. 아홉 번째 수업 _ 자석과 생물
   • 자석은 동물과 식물에게 영향을 미치며, 사람의 몸을 치료하는 데 이용하기도 합니다.

이 책이 도움을 주는 관련 교과서 단원

길버트의 자석 이야기와 관련되는 교과서에 등장하는 용어와 개념들입니다.

1. 초등학교 3학년 1학기 - 2. 자석놀이

• 이 단원의 목표는 자석끼리는 서로 끌어당기거나 미는 힘이 작용함을 확인하고, 자석 주위에 철가루가 늘어선 모양을 관찰하고 그림과 자석놀이를 통하여 자석은 일정한 방향을 가리키는 성질이 있음을 알고, 나침반을 사용하여 방위를 알아보게 하는 것입니다.

내용 정리

• 자석끼리는 서로 끌어당기거나 미는 힘이 작용합니다.
• 자석 주위에 철가루가 일정한 모양으로 늘어섭니다.
• 자석은 일정한 방향을 가리키는 성질이 있습니다.

2. 중학교 3학년 – 6. 전류와 작용

- 이 단원의 목표는 전압과 전류가 일정할 때 발생하는 열량(온도변화)을 측정하며, 전기에너지가 열에너지로 전환됨을 이해하고, 전류가 흐르는 도선 주위에 생기는 자기장의 특성을 확인합니다. 그리고 자기장 속에서 전류가 흐르는 도선이 받는 힘에 대하여 이해하는 것입니다.

내용 정리

- **전압**은 물체의 모양을 변화시키거나 운동 상태를 변화시키는 원인입니다.
- **전류**는 전하를 띠고 있는 입자들의(연속적인) 흐름입니다.
- 자성을 띤 물체가 가지고 있는 힘이 **자기력**인데 이 자기력은 자성체에서 가까울수록, 자석이 셀수록 더 크게 작용을 하며 이것이 작용하는 공간이 **자기장**입니다.
- 자기장 방향은 N극에서 나와 S극으로 들어가는데 이것의 의미는 그것을 화살표로 그렸을 때 나침반의 N극이 화살표 쪽을 가리키게 되는 것을 의미합니다.
- 자기장 속에서 전류가 흐르는 도선이 받는 힘은 전류의 방향이 바뀌면 이전에 받던 힘의 반대방향으로 작용하고 자기장의 방향이 바뀌는 경우도 반대로 작용하게 됩니다.

과학자들이 들려주는 과학 이야기 70

오일러가 들려주는 파이 이야기

책에서 배우는 과학 개념

파이와 관련되는 개념 및 용어들

교육과정과의 연계

구분	과목명	학년	단원	연계되는 개념 및 원리
초등학교	수학	6학년	5. 원과 원기둥	(원주)=(지름)×(원주율) =(지름)×3.14
중학교	수학	1학년	4. 도형의 측정	원주율
		3학년	1. 실수와 그 계산 4. 삼각비	무리수 사인, 코사인
고등학교	수학 I	2학년	4. 삼각함수	삼각함수, 호도법

책 소개

《오일러가 들려주는 파이 이야기》는 파이에 관한 모든 것을 소개하고 있습니다. 이 책을 통해 학생들은 파이라는 수의 매력과 변화를 느끼게 될 것입니다. 오일러 선생님은 학생들과 여덟 번의 만남을 통해 파이라는 아주 특별한 수에 대하여 소개합니다.

이 책의 장점

1. 초등학생들에게 파이라는 수에 대한 새로운 경험을 제공합니다.
2. 파이의 개념을 배우며 인류 역사에 살아 숨쉬는 학자들의 학문에 대한 열정을 접하게 될 것입니다.
3. 초등학교 6학년 수학과 교육과정에 있는 단원과 중학교에서 배우는 도형과 측정, 실수와 그 계산, 삼각비, 고등학교에서 배우는 삼각함수와 연계되는 학습 내용을 담고 있습니다.

각 차시별 소개되는 수학적 개념

1. 첫 번째 수업 _ 초월수
   - 방정식의 답으로는 나타나지 않는 특이한 수를 말합니다.
2. 두 번째 수업 _ 이집트의 파이
   - 이집트인들은 원의 둘레보다 원의 넓이에 더 큰 관심을 보였으며, 팔각형과 정사각형을 이용하여 대략적인 원의 넓이를 구하

였습니다.

3. 세 번째 수업 _ 인도의 파이

- 아르키메데스의 정다각형법에 의해 정삼백팔십사각형의 둘레와 원 둘레가 같다고 하여 $2\pi r=100\pi \approx \sqrt{98694} = 3.141560122\cdots\cdots$이라고 하였습니다.

4. 네 번째 수업 _ 중국의 파이

- 원에 내접하는 정육각형의 둘레 길이와 지름과의 사이에서 구한 관계비에서 시작하여 내접한 정다각형의 변의 수를 두 배씩 늘려서 정밀한 원주율을 구하였습니다.

5. 다섯 번째 수업 _ 그리스의 파이

- 원에 외접하는 정사십각형과 내접하는 정구십육각형을 채택하여 정다각형의 한 변에 대한 내각을 반으로 하면 내접하는 변의 길이와 외접하는 변의 길이가 각각 어떻게 변하는가를 계산하여 얻었습니다.

6. 여섯 번째 수업 _ 호도법

- 실용적인 목적일 때가 아닌 이론적인 목적일 때의 원의 중심각을 말하는 근원적인 방법입니다.

7. 일곱 번째 수업 _ 루돌프의 수

- 16세기말 독일의 루돌프 반 코일렌이 파이의 유효숫자를 36자리까지 얻게 된 데 경의를 나타내는 뜻으로 붙여진 이름입니다.

8. 여덟 번째 수업 _ 미분과 적분

- 미분은 무한히 쪼개는 분할 과정이고, 적분은 무한히 작게 쪼개진 조각들을 모두 합하는 과정입니다.

이 책이 도움을 주는 관련 교과서 단원

오일러의 파이 이야기와 관련되는 교과서에 등장하는 용어와 개념들입니다.

1. 초등학교 6학년 나 – 4. 원과 원기둥
- 이 단원의 목표는 원주율을 이해하고, 원주와 원의 넓이 구하는 방법을 이해하며 이를 구하는 것입니다.

> **내용 정리**
> - 원의 둘레의 길이를 **원주**라고 합니다.
> - 원의 크기가 달라져도 원주와 지름의 길이의 비, (원주)÷(지름)은 일정하고, 이 비율을 **원주율**이라고 합니다. 원주율은 보통 수학적으로 계산하면 3.14159……인데, 보통 반올림하여 3.14로 사용합니다.

2. 중학교 3학년 나 – 4. 삼각비
- 이 단원의 목표는 삼각비의 뜻을 알고, 간단한 삼각비의 값을 구하고, 삼각비를 활용하여 실생활 문제를 해결하는 것을 목표로 합니다.

내용 정리

- 직각삼각형 ABC에서 ∠A의 크기에 따라 변 사이의 비 $\dfrac{BC}{AC}$, $\dfrac{AB}{AC}$, $\dfrac{BC}{AB}$의 값은 항상 일정합니다. 위의 일정한 3가지의 비의 값을 ∠A의 **삼각비**라고 합니다.

과학자들이 들려주는 과학 이야기 71

볼타가 들려주는 화학전지 이야기

책에서 배우는 과학 개념

화학전지와 관련되는 개념 및 용어들

교육과정과의 연계

구분	과목명	학년	단원	연계되는 개념 및 원리
초등학교	과학	4학년	3. 전구에 불 켜기	전기가 통하는 물질, 전지연결
		5학년	6. 전기회로 꾸미기	전기회로
		6학년	7. 전자석	전류
중학교	과학	2학년	7. 전기	전류와 전하
		3학년	7. 전류의 작용	전류
고등학교	화학II	3학년	3. 화학반응	화학전지, 볼타전지

책 소개

《볼타가 들려주는 화학전지 이야기》는 화학작용을 통해 전기에너지를 얻는 화학전지에 관한 내용을 쉽고 재미있게 설명합니다. 볼타 선생님은 학생들과 열 번의 만남을 통해 우리 주변의 많은 전자 제품이 화학전지에 의해 작동하는 원리가 무엇인지를 자세히 알려줍니다.

이 책의 장점

1. 초등학생들은 전기에너지에 대한 기본 상식과 화학전지에 대한 원리를 쉽고 재미있게 공부할 수 있습니다.
2. 중·고등학생들에게 정전기와 전류, 산화·환원반응, 전지의 충전 원리 등을 심화 학습할 수 있는 기회를 제공합니다.
3. 초등학교 4~6학년 과학과 교육과정에 있는 단원과 중학교에서 배우는 생식과 전기, 전류의 작용, 고등학교에서 배우는 전류의 작용, 화학반응과 연계하여 학습할 수 있습니다.
4. 쿨롱의 법칙을 배우며 인류 역사에 살아 숨쉬는 학자들의 학문에 대한 열정을 접하게 될 것입니다.

각 차시별 소개되는 과학적 개념

1. 첫 번째 수업 _ 쿨롱의 법칙
   - 전기를 띤 두 물체 사이에 작용하는 힘의 크기는 두 물체 전하량의 곱에 비례하고 거리의 제곱에 반비례합니다.

2. 두 번째 수업 _ 옴의 법칙
   - 일정한 저항값을 갖는 회로에서 전류와 전압은 서로 비례합니다 (전압=전류×저항).

3. 세 번째 수업 _ 금속의 반응성
   - 전자를 잃고 양이온이 되기 쉬운 금속 원자의 성질을 말하며, 그 순서를 정하여 편리하게 사용하는 것이 이온화 경향입니다.

4. 네 번째 수업 _ 볼타전지의 원리
   - 반응성이 서로 다른 금속을 전해질 수용액에 담가 연결하면 두 금속 사이로 전자의 이동이 일어나게 되는 것입니다.

5. 다섯 번째 수업 _ 염다리
   - 전지에서 산화반응이 일어나는 반쪽 전지와 환원반응이 일어나는 반쪽 전지를 연결시키는 장치입니다. 이것은 전해질의 이온이 이동하는 통로를 만들어 두 전해질 용액이 섞이지 않으면서도 회로가 연결되게 합니다.

6. 여섯 번째 수업 _ 전지의 연결
   - 한 전지의 (+)극과 다른 전지의 (−)극을 일렬로 계속 연결하는 직렬연결과 전지들의 (+)극은 (+)극끼리, (−)극은 (−)극끼리 연결하는 병렬연결이 있습니다.

7. 일곱 번째 수업 _ 1차 전지
- 한 번 쓰면 다시 쓸 수 없는 일회용으로 망간전지, 알카라인전지, 수은전지 등이 있습니다.

8. 여덟 번째 수업 _ 2차 전지
- 충전하면 다시 쓸 수 있는 충전용 전지로 니켈-카드뮴, 니켈-수소, 리튬=이온전지 등이 있습니다.

9. 아홉 번째 수업 _ 연료전지
- 충전되지 않는 1차 전지로 연료의 산화에 의해서 생기는 화학에너지를 직접 전기에너지로 변환시키는 전지입니다.

이 책이 도움을 주는 관련 교과서 단원

볼타의 화학전지 이야기와 관련되는 교과서에 등장하는 용어와 개념들입니다.

1. 초등학교 4학년 1학기 - 3. 전구에 불 켜기
- 이 단원의 목표는 전지 한 개를 이용하여 전구에 불을 켜보고, 전지 두 개로 전구에 불을 켤 수 있는 여러 가지 방법을 배우며, 회로 검사기를 만들어서 전류가 흐르는 물체와 전류가 흐르지 않는 물체를 분류하는 것입니다.

내용 정리
- 전기가 통하는 물질을 **도체**라고 하며 주로 금속 물질로 이루어져 있습니다(가위, 못, 스푼, 연필심, 은박지, 클립 등).
- 전기가 통하지 않는 물질을 **부도체**라고 하며, 주로 플라스틱이나 고무, 나무 등입니다.

2. 초등학교 5학년 2학기 - 6. 전기회로 꾸미기
- 이 단원의 목표는 전지와 전구를 여러 가지 방법으로 연결하여 불을 켜보고, 기호를 이용하여 전기회로를 나타내고, 여러 가지 전기회로도를 보고 불이 켜지는 것입니다.

내용 정리
- **직렬연결**은 크리스마스 장식등, 회로차단기, 퓨즈 등 모든 전기 기구를 통제할 필요가 있을 때 사용됩니다.
- **병렬연결**은 교실 천장, 집안의 가전제품, 가로등, 공사중 표시등, 멀티 탭 등 모든 전기 기구들을 따로 통제해야 할 때 사용됩니다.

3. 초등학교 6학년 1학기 - 7. 전자석
- 이 단원의 목표는 나침반을 이용하여 전류가 흐르는 도선과 자석 주위에 자기장이 생김을 확인하고, 전류의 방향을 바꾸면서 자기장의 방향을 조사하는 것입니다. 그리고 전자석을 만들어 그 성질을 알아보고, 실생활에서 전자석이 이용되는 예를 찾는 것입니다.

> **내용 정리**
> - 직선의 에나멜선보다 고리 모양으로 여러 번 감은 에나멜선 주위의 나침반의 바늘이 더 많이 돌아갑니다.
> - 전류의 방향이 바뀌면 자기장의 방향도 바뀝니다.
> - 도선에 센 전류를 흐르게 하고 철가루를 뿌려 보면, 막대자석 주변에 늘어선 철가루의 모양과 같게 나타납니다.

4. 중학교 2학년 - 7. 전기
 - 이 단원의 목표는 실험을 통하여 전압과 전류의 관계를 밝히고, 이를 저항의 직렬연결과 병렬연결에 적용하는 것입니다.

> **내용 정리**
> - **전하**는 모든 전기 현상을 나타내는 원인이며, 스스로 이동하지 못하나 전자가 이동하면 전자가 가지고 있는 전하가 이동됩니다.
> - 도선을 따라 전자가 이동하면, 전자가 가지고 있는 전하가 함께 이동하게 되는데 전하의 흐름을 **전류**라고 합니다.

5. 중학교 3학년 - 6. 전류의 작용
 - 이 단원의 목표는 전기에너지가 열에너지로 전환됨을 이해하고, 전류가 흐르는 도선과 그 주위에 생기는 자기장의 관계를 학습하는 것입니다.

내용 정리

- **전류**는 열을 발생시키고 전동기를 움직이게 하는 등의 일을 할 수 있습니다. 이와 같이 전기가 일을 할 수 있는 능력을 전기에너지라고 합니다.
- 일정한 시간 동안에 전기 기구에 공급되는 전기에너지를 **전력**이라고 하며, 다음과 같이 나타냅니다.

전력=전기에너지/시간=(전압×전류×시간)/시간=전압×전류

과학자들이 들려주는 과학 이야기 72

모건이 들려주는
초파리 이야기

책에서 배우는 과학 개념

초파리와 관련되는 개념 및 용어들

교육과정과의 연계

구분	과목명	학년	단원	연계되는 개념 및 원리
초등학교	과학	3학년	7. 초파리의 한살이	초파리의 특징
중학교	과학	3학년	1. 생식과 발생 8. 유전과 진화	생식, 수정, 발생 유전, 형질
고등학교	생물 I	2학년	8. 유전	유전자, 염색체
	생물 II	3학년	3. 생명의 연속성	유전자, 형질발현

책 소개

《모건이 들려주는 초파리 이야기》에는 현대 유전학의 발전과정이 요약되어 있습니다. 이 책을 통해 학생들은 멘델의 유전법칙을 증명하고 유전자 지도를 만들어낸 모건의 끈질긴 집념을 접하게 될 것입니다. 모건 선생님은 학생들과 여덟 번의 만남을 통해 초파리를 통한 유전학적 연구에 대하여 자세히 설명합니다.

이 책의 장점

1. 초등학생들이 초파리라는 친근한 생물을 통해 유전학에 흥미를 느끼도록 쉽고 재미있게 설명하고 있습니다.
2. 초파리가 현대 유전학의 발전에 얼마나 큰 영향을 미쳤는지 깨닫게 될 것입니다.
3. 초등학교 3학년 과학과 교육과정에 있는 단원과 중학교에서 배우는 생식과 발생, 유전과 진화, 고등학교에서 배우는 유전, 생명의 연속성과 연계하여 학습할 수 있습니다.

각 차시별 소개되는 과학적 개념

1. 첫 번째 수업 _ 유전
   - 한 세대에서 다음 세대로 유전형질이 전달되고, 이로써 표현형이 재현되는 현상을 말합니다.

2. 두 번째 수업 _ 반성유전과 한성유전

- 보통 X염색체에 있는 유전자에 의한 유전을 반성유전이라 하고, Y염색체에만 있는 유전자에 의하여 일어나는 유전과 X, Y 양 염색체 모두에 있는 유전자에 의하여 한 쪽 성에만 나타나는 유전을 한성유전이라고 합니다.

3. 세 번째 수업 _ 성염색체와 상염색체

- 유성생식을 하는 생물체에 있는 염색체로 성에 관련되지 않는 모든 형질을 유전시키는 상염색체와 성에 관련된 유전자를 가지는 성염색체 두 가지가 있습니다.

4. 네 번째 수업 _ 브리지의 학설

- 초파리의 성 결정이 단지 X나 Y염색체에 의해서가 아니라 상염색체와의 양적인 평형에 의해서 결정된다는 설입니다.

5. 다섯 번째 수업 _ 호메오박스

- 생물체의 발생을 제어하는 유전자의 이름으로 하등한 생물이든 고등한 생물이든 공통적으로 유사한 호메오박스의 구조를 갖고 있습니다.

6. 여섯 번째 수업 _ 점핑 유전자

- 모든 생물의 몸 안에는 유전자는 아니지만 이리저리 몸을 움직여 다닐 수 있는 DNA 조각이 있는데, 이것이 이리저리 팔짝팔짝 뛰어다닌다는 뜻으로 부르는 이름입니다.

7. 일곱 번째 수업 _ 자유라디칼

- 산소와 같은 원소는 전자들이 둘레를 돌면서 안정적인 전자쌍을

이루는데, 산화가 일어나면 전자 한 개를 잃어버려 전자가 궤도상에 한 개가 존재하게 되는데 이를 자유라디칼이라고 합니다.

8. 여덟 번째 수업 _ 다면발현
   - 하나의 유전자가 여러 가지 유전적 효과를 나타내어 두 개 이상의 형질에 영향을 미치는 일을 말합니다.

이 책이 도움을 주는 관련 교과서 단원

모건의 초파리 이야기와 관련되는 교과서에 등장하는 용어와 개념들입니다.

1. 초등학교 3학년 1학기 - 7. 초파리의 한살이
- 이 단원의 목표는 초파리를 채집하여 그 생김새를 관찰하고, 초파리를 기르면서 알에서 초파리가 되는 한살이 과정의 특징을 시기별로 관찰하는 것입니다.

내용 정리
- **눈** : 대부분 2개이며 빨간색이지만 갈색도 있습니다.
- **날개** : 1쌍이며, 가슴에 붙어 있습니다.
- **다리** : 3쌍이며, 가슴에 붙어 있습니다.
- 초파리는 곤충입니다.

2. 중학교 3학년 - 1. 생식과 발생

- 이 단원의 목표는 생물체가 세포분열을 통하여 생장하고 번식함을 이해하며, 세포분열의 관찰을 통하여 염색체의 행동을 조사하고, 체세포분열과 생식세포분열의 특징을 비교하는 것입니다.

> **내용 정리**
>
> - **생식의 뜻** : 생물이 종족을 유지하기 위하여 자기와 닮은 자손을 남기는 것입니다.
> - **생식의 종류**
>   - **무성생식** : 암·수의 구별이 없거나, 있어도 암·수 생식세포의 결합이 없이 일어나는 생식방법입니다.
>   - **유성생식** : 암·수 생식세포의 결합에 의하여 일어나는 생식방법으로, 고등 생물에서 볼 수 있습니다.
> - 한 개의 세포인 수정란이 구조와 기능이 완전한 하나의 개체로 되는 과정을 **발생**이라고 합니다.

3. 중학교 3학년 - 8. 유전과 진화

- 이 단원의 목표는 멘델의 유전 법칙을 통해 유전의 기본 원리를 이해하고, 중간 유전 현상과 멘델의 법칙의 차이점을 이해하는 것입니다.

내용 정리

- **유전** : 어버이의 형질이 자손에게 물려지는 현상입니다.
- **형질** : 생물체가 가지고 있는 여러 가지 모양이나 성질을 말합니다.
- **대립 형질** : 서로 대립 관계에 있는 형질을 말합니다.
- **우성과 열성** : 대립형질을 가진 순종끼리 교배했을 때, 잡종 제1대에서 나타나는 형질을 우성, 나타나지 않는 형질을 열성이라고 합니다.
- **유전자형과 표현형**
  - **유전자형** : 생물의 형질을 나타내는 유전자를 기호로 표시한 것으로, 대립형질을 나타내는 유전자는 상동 염색체와 같은 위치에 존재하므로 반드시 쌍으로 나타납니다.
    (예) AA, Aa, aa
  - **표현형** : 겉으로 나타나는 형질을 말합니다.
    (예) 키가 크다, 키가 작다

과학자들이 들려주는 과학 이야기 73

클라우지우스가 들려주는 엔트로피 이야기

책에서 배우는 과학 개념

엔트로피와 관련되는 개념 및 용어들

교육과정과의 연계

구분	과목명	학년	단원	연계되는 개념 및 원리
초등학교	과학	3학년	1. 온도재기	온도계의 사용과 개념
		4학년	8. 열의 이동과 우리 생활	열의 이동
		5학년	8. 에너지	에너지의 종류와 전환
중학교	과학	1학년	7. 상태 변화와 에너지	열에너지
		3학년	2. 일과 에너지	역학적 에너지의 전환
고등학교	물리 I	2학년	1. 힘과 에너지	역학적 에너지의 보존
	물리 II	3학년	1. 운동과 에너지	열역학의 법칙

구분	과목명	학년	단원	연계되는 개념 및 원리
고등학교	화학 II	3학년	3. 화학반응	화학반응과 에너지, 산과 염기의 반응, 산화·환원반응

책 소개

《클라우지우스가 들려주는 엔트로피 이야기》는 열과 열기관, 온도계, 엔트로피에 관한 궁금증을 시원하게 풀어줍니다. 이 책을 통해 학생들은 우주의 변화를 이해하는 데 꼭 필요한 엔트로피라는 물리량에 대하여 이해할 수 있는 기회를 갖게 될 것입니다. 클라우지우스 선생님은 학생들과 아홉 번의 만남을 통해 엔트로피에 대하여 자세히 설명합니다.

이 책의 장점

1. 초등학생들에게 열과 관련된 현상들을 이해시키고, 나아가서 열물리학을 접하는 좋은 경험을 줄 것입니다.
2. 중·고등학생들은 엔트로피라는 물리량을 통해 열역학 제1법칙과 제2법칙을 보다 쉽고 재미있게 복습할 수 있습니다.
3. 초등학교 3~5학년 과학과 교육과정에 있는 단원과 중·고등학교에서 배우는 상태변화와 에너지, 고등학교에서 배우는 에너지와 화학반응과 연계되는 학습 내용을 담고 있습니다.

각 차시별 소개되는 과학적 개념

1. 첫 번째 수업 _ 클라우지우스
   - 독일의 과학자로 열역학 제1법칙과 제2법칙을 제안하였고, 평생을 열이 무엇인지, 왜 열은 높은 온도에서 낮은 온도로만 흐르는지를 연구하였습니다.

2. 두 번째 수업 _ 열기관
   - 열을 이용하여 물체를 움직이는 동력을 만들어 내는 기계입니다. 자동차 엔진이 대표적인 열기관입니다.

3. 세 번째 수업 _ 온도계
   - 물체가 가진 열의 양을 측정하는 것으로 기체온도계에서 액체온도계로 발전해왔습니다.

4. 네 번째 수업 _ 열소와 열소설
   - 열을 내는 물질을 열소라고 하며, 열은 열소에 의해 나타난다고 주장하는 것이 열소설입니다.

5. 다섯 번째 수업 _ 일
   - 물체를 얼마나 많이 움직였는가를 나타내는 것으로, 에너지가 많다는 것은 일을 많이 할 수 있다는 뜻입니다.

6. 여섯 번째 수업 _ 열역학 제1법칙
   - 에너지보존법칙이라고도 하며, 외부에서 들어오고 나가는 열량과 일의 양의 합은 내부에너지의 변화량과 항상 같다는 것입니다.

7. 일곱 번째 수업 _ 열역학 제2법칙
   - 엔트로피 증가의 법칙이라고도 하며, 열이 흐르는 방향이나 에너

지의 변화가 모두 엔트로피가 증가하는 방향으로 일어난다는 것
입니다.

8. 여덟 번째 수업 _ 슈테판-볼쯔만 법칙
   • 물체가 내는 에너지는 온도의 4제곱에 비례한다는 법칙입니다.

8. 아홉 번째 수업 _ 고립계
   • 외부의 물질과 에너지를 주고받지 않는 계를 말합니다.

이 책이 도움을 주는 관련 교과서 단원

클라우지우스의 엔트로피 이야기와 관련되는 교과서에 등장하는 용어와 개념들입니다.

1. 초등학교 3학년 1학기 - 1. 온도 재기
   • 이 단원의 목표는 온도계의 구조를 살펴보고, 온도계의 사용법과 용도를 알아보고, 정확한 온도 측정법을 배우는 것입니다.

> **내용 정리**
> • 온도계는 온도를 재고자 하는 물체에 넣자마자 곧바로 재지 않습니다.
> • 온도계의 빨간색 액체의 움직임이 멈추었을 때 온도의 값을 읽어야 합니다.
> • 온도계의 아랫부분을 잡고 읽으면 안 되고 온도계의 윗부분을 잡고 읽어야 합니다.

- 온도계에 얼굴을 너무 가까이 하고 읽으면 안 됩니다.
- 온도계의 빨간색 액체의 맨 윗부분과 눈높이를 수평으로 하여 읽어야 합니다.

2. 초등학교 4학년 2학기 - 8. 열의 이동과 우리 생활
   - 이 단원의 목표는 여러 가지 금속판이나 금속 막대를 가열할 때 열이 이동하는 방향과 빠르기를 조사하고, 물을 가열할 때 물이 움직이는 모양을 관찰하는 것입니다.

내용 정리
- 열은 온도가 높은 곳에서 낮은 곳으로 이동합니다(열의 전도).
- 한 곳에서 다른 곳으로 열이 이동하는 경우 양쪽의 열이 같아질 때까지 이동합니다(열평형).

3. 초등학교 5학년 2학기 - 8. 에너지
   - 이 단원의 목표는 바람, 높은 곳에 있는 물체, 열, 전기 등이 일을 할 수 있다는 사실을 실험을 통하여 알고, 여러 가지 에너지가 전환되는 예를 실생활에서 찾는 것입니다.

내용 정리
- 사포로 나무 도막을 마찰하면 열이 발생합니다(운동에너지→열에너지).
- 전기 포트에 전기를 공급하게 되면 몇 분 후에 물이 끓기 시작합

니다(전기에너지→열에너지).
- 전류가 흐르는 니크롬선 위의 초 도막이 스위치를 닫으면 녹습니다(전기에너지→열에너지).

4. 중학교 1학년 – 7. 상태변화와 에너지
- 이 단원의 목표는 물질의 상태변화를 열에너지나 분자운동과 관련지어 알아보는 것입니다.

내용 정리
- **열에너지의 이동** : 온도가 다른 두 물체가 접촉해 있거나 서로 섞일 때 높은 온도의 물질에서 낮은 온도의 물질로 열에너지가 이동합니다.
- **물질의 상태에 따른 에너지의 양** : 고체〈액체〈기체
- **상태변화**가 일어날 때는 반드시 열에너지의 흡수 또는 방출이 일어납니다.

5. 중학교 3학년 – 2. 일과 에너지
- 이 단원의 목표는 일의 원리, 일률, 역학적 에너지의 개념을 배우고, 위치에너지와 운동에너지의 상호 전환 관계를 조사하여 역학적 에너지가 보존됨을 이해하는 것을 목표로 합니다.

내용 정리

- **역학적 에너지** : 운동하는 물체가 가지고 있는 위치에너지와 운동에너지의 합을 역학적 에너지라고 합니다.
- **낙하하는 물체의 역학적 에너지** : 물체의 위치에너지는 감소하고, 운동에너지는 증가합니다.
- **역학적 에너지의 전환** : 위치에너지와 운동에너지는 서로 전환됩니다.

과학자들이 들려주는 과학 이야기 74

파블로프가 들려주는 소화 이야기

책에서 배우는 과학 개념

소화와 관련되는 개념 및 용어들

교육과정과의 연계

구분	과목명	학년	단원	연계되는 개념 및 원리
초등학교	과학	6학년	3. 우리 몸의 생김새	순환기관, 심장, 혈액순환과정
중학교	과학	1학년	8. 소화와 순환	영양소와 소화, 소화와 흡수, 영양소의 종류와 작용
고등학교	생물 I	2학년	2. 영양소와 소화	주영양소, 부영양소, 영양과 건강, 소화계의 구조, 영양소의 소화

책 소개

《파블로프가 들려주는 소화 이야기》는 영양소, 소화효소, 소화기관 등과 같이 소화와 관련된 내용들을 자세하게 소개합니다. 이 책을 통해 학생들은 소화의 과정과 소화의 중요성에 대해 관심을 갖게 될 것입니다. 조건반사 실험으로 유명한 파블로프 선생님이 학생들과 열세 번의 만남을 통해 소화에 관한 모든 것을 설명합니다.

이 책의 장점

1. 초등학생들에게는 소화기와 우리 몸의 기능에 대해 재미있게 공부할 수 있는 계기가 될 것입니다.
2. 중·고등학생들은 소화에 관해 좀 더 깊이 있는 이해를 하게 됩니다.
3. 초등학교 6학년 우리 몸의 생김새 단원과 중학교에서 배우는 소화와 순환 단원, 고등학교에서 배우는 영양소와 소화 단원과 연계되는 학습 내용을 담고 있습니다.

각 차시별 소개되는 과학적 개념

1. 첫 번째 수업 _ 소화관
   - 입에서 시작하여 위, 소장, 대장을 거쳐 항문에 이르는 길을 말합니다.
2. 두 번째 수업 _ 3대 영양소

- 우리 몸의 연료인 탄수화물, 우리 몸의 일꾼인 단백질, 연료의 저장소인 지방을 말합니다.

3. 세 번째 수업 _ 소화효소
- 큰 영양소가 소화관을 지나갈 때 작게 잘라 우리 몸이 흡수할 수 있도록 해줍니다.

4. 네 번째 수업 _ 소화
- 커다란 영양소가 작은 영양소로 분해되는 과정을 뜻합니다.

5. 다섯 번째 수업 _ 호두까기 식도
- 식도의 운동을 담당하는 근육이 너무 강하게 수축하는 경우를 말합니다.

6. 여섯 번째 수업 _ 배에 뚜껑이 있는 사람
- 배에 맞은 총상에 뚜껑과 같은 막이 생겨 배의 막을 살짝 밀어서 열면, 위의 내용물이 보였던 사람을 말합니다.

7. 일곱 번째 수업 _ 위의 기능
- 위에서 분비되는 염산에 의해 음식물이 소독되며, 펩신이 단백질을 소화시킬 수 있도록 도와줍니다.

8. 여덟 번째 수업 _ 헬리코박터 파이로리
- 1983년 호주의 의사 마샬과 위렌이 위염 환자의 위에서 세균을 검출하여 배양한 세균입니다. 몸에 있는 편모를 이용하여 위 점막을 헤집고 들어갑니다.

9. 아홉 번째 수업 _ 이자의 기능
- 췌장이라고도 하는데 소화효소와 호르몬을 분비하는 아주 중요한

기관입니다.

10. 열 번째 수업 _ 간의 기능
    - 어떤 물질을 분해 또는 합성하며, 포도당이나 비타민을 저장하고, 우리 몸을 해로운 물질로부터 보호하는 역할을 합니다.

11. 열한 번째 수업 _ 또 하나의 뇌 소장
    - 소장의 근육운동이 소장 자체에 있는 신경에 의해 독립적으로 조절된다는 뜻입니다.

12. 열두 번째 수업 _ 회맹판
    - 소장에서 맹장으로 이어지는 부분에 입술처럼 생긴 판막입니다.

13. 열세 번째 수업 _ 거식증
    - 체중 증가에 대한 지나친 두려움 때문에 식사를 거부하게 되는 정신적인 질병입니다.

이 책이 도움을 주는 관련 교과서 단원

파블로프의 소화 이야기와 관련되는 교과서에 등장하는 용어와 개념들입니다.

1. 초등학교 6학년 1학기 - 3. 우리 몸의 생김새
- 이 단원의 목표는 우리 몸의 속 구조를 그림이나 모형을 통하여 관찰하고, 각 기관의 명칭과 기능을 조사하는 것입니다.

내용 정리

- **순환기관**에는 심장과 혈관이 있으며, 심장의 펌프작용으로 혈액이 영양분과 산소를 각 세포로 전달해 주고, 세포에서 나온 노폐물과 이산화탄소를 콩팥과 허파에 전달해 줍니다.
- **심장**은 왼쪽 가슴 아래에 자신의 주먹만 한 크기로 있습니다.
- **심장이 하는 일** : 혈액순환의 중심기관으로서 펌프작용을 통해 혈액을 온몸으로 순환시킵니다.
- **혈액의 순환과정** : 심장→동맥→모세혈관→정맥→심장

2. 중학교 1학년 8. 소화와 순환

- 이 단원의 목표는 우리 몸에 필요한 영양소의 종류와 작용을 조사하고, 영양소 검출 실험을 통하여 음식물 속에 들어 있는 3대 영양소를 확인하며, 소화기관의 작용을 이해하는 것입니다.

내용 정리

- **소화** : 음식물 속에 들어 있는 영양소를 우리 몸이 흡수할 수 있을 정도의 작은 크기로 분해하는 과정입니다.
- **영양소의 소화**
    - 녹말 → 포도당이 됩니다.
    - 단백질 → 아미노산이 됩니다.
    - 지방 → 지방산과 글리세롤이 됩니다.

과학자들이 들려주는 과학 이야기 75

패러데이가 들려주는
전자석과 전동기 이야기

책에서 배우는 과학 개념

전자석과 전동기와 관련되는 개념 및 용어들

교육과정과의 연계

구분	과목명	학년	단원	연계되는 개념 및 원리
초등학교	과학	3학년	2. 자석놀이	자석과 자기력선
		4학년	3. 전구에 불 켜기	직렬·병렬연결
		5학년	6. 전기회로 꾸미기	전기회로, 전동기, 전류
		6학년	7. 전자석	자기장과 나침반
중학교	과학	3학년	6. 전류의 작용	전하, 전류, 정전기
고등학교	과학	1학년	2. 에너지	전기에너지, 자석
	물리Ⅰ	2학년	2. 전기와 자기	전류와 전기저항, 전류의 자기작용
	물리Ⅱ	3학년	2. 전기장과 자기장	전기장, 직류회로

책 소개

《패러데이가 들려주는 전자석과 전동기 이야기》는 전자석의 원리를 가르치고, 직접 만들어 보면서 전동기와 발전기의 원리를 설명합니다. 이 책을 통해 학생들은 전자석과 전동기에 관한 많은 것들을 알게 될 것입니다. 패러데이 선생님은 여러분과 함께 하는 아홉 번의 수업을 통해 전기와 자석의 신비로 안내합니다.

이 책의 장점

1. 초등학생들에게 전자석, 전동기 또는 발전기의 원리가 되는 패러데이의 전자기 유도 법칙을 눈높이에 맞춰 설명합니다.
2. 중·고등학생들은 전자석과 전동기를 이용한 다양한 실험들을 통해 전자석, 전동기, 발전기의 원리를 복습할 수 있습니다.
3. 초등학교 3~6학년 과학과 교육과정 관련 단원과 중학교에서 배우는 전류의 작용, 고등학교에서 배우는 전기와 자기장과 연계되는 학습 내용을 담고 있습니다.

각 차시별 소개되는 과학적 개념

1. 첫 번째 수업 _ 전류
   - 전기의 흐름을 뜻하며, 플러스와 마이너스 전기가 있습니다.
2. 두 번째 수업 _ 전류가 나침반에 작용하는 힘

- 전류의 힘이 자석에 작용해 나침반 바늘의 방향을 바꾸어 놓으며, 전류가 셀수록 자석에 작용하는 힘도 커집니다.

3. 세 번째 수업 _ 전자석
- 전류를 흘려보내 자석을 만든 것으로 전류가 흐르지 않을 때는 자석이 아니고, 전류가 흐를 때만 자석이 됩니다.

4. 네 번째 수업 _ 전자석의 특징
- 에나멜선의 감은 횟수로 세기를 조절할 수 있고, 건전지의 극을 바꾸면 전자석의 극을 바꿀 수 있습니다.

5. 다섯 번째 수업 _ 전자석의 이용
- 무거운 쇠붙이를 들어 올리는 경우, 초인종, 자동문, 전동기, 스피커, 자기부상열차 등에 쓰입니다.

6. 여섯 번째 수업 _ 전류가 흐르는 쇠막대가 자석 사이에서 받는 힘
- 도선에 흐르는 힘이 커질수록 쇠막대가 받는 힘도 커집니다.

7. 일곱 번째 수업 _ 전동기의 발명
- 1821년 패러데이가 고정된 자석 주위에 전류가 흐르는 막대를 놓으면 빙글빙글 돌아간다는 사실을 처음으로 발견했습니다.

8. 여덟 번째 수업 _ 전기 그네
- 에나멜선으로 직사각형의 고리를 만들어 이를 말굽자석 사이에 끼우고, 고리를 흔들어 그네처럼 움직이게 하여 회로에 전류가 흐르게 하는 것입니다.

9. 아홉 번째 수업 _ 발전기

- 고리를 자석 안에서 회전시켜 전류를 발생하는 장치입니다.

이 책이 도움을 주는 관련 교과서 단원

패러데이의 전자석과 전동기 이야기와 관련되는 교과서에 등장하는 용어와 개념들입니다.

1. 초등학교 3학년 1학기 – 2. 자석놀이

- 이 단원의 목표는 자석끼리 서로 끌어당기거나 미는 성질을 확인하고, 자석 주위에 철가루가 늘어선 모양을 관찰하며, 나침반을 사용하여 방위를 알아보는 것입니다.

내용 정리

- 자석이 아닌 클립이나 못이 자석이 되는 것을 **자화**라고 합니다.
- 자석의 자화는 연철일 때에 잘 됩니다. 자석을 만들기 전에 불에 달구어 주는 것은 이 때문입니다.
- 자석 위에 뿌린 철가루는 자석의 양극 쪽으로 서로 연결되는 모습으로 늘어섭니다.
- 늘어선 철가루의 모습은 규칙적입니다.

2. 초등학교 5학년 2학기 – 6. 전기회로 꾸미기

- 이 단원의 목표는 전지와 전구를 여러 가지 방법으로 연결하여 불을 켜 보고, 기호를 이용하여 전기 회로를 나타내며, 여러 가지 전기 회로도를 보고 불이 켜지는 것을 찾는 것입니다.

내용 정리

- **직렬연결**에서는 스위치가 어디에 위치하든 하나의 스위치로 전류를 흐르게 또는 멈추게 할 수 있습니다.
- **병렬연결**에서는 회로가 갈라져 있어서 다른 길에 있는 스위치는 또 다른 길에 있는 전구나 전동기에 영향을 미칠 수 없습니다.

3. 중학교 2학년 - 7. 전기

- 이 단원의 목표는 전류의 방향 및 전자의 이동 방향을 알고, 전류의 세기를 측정하며, 전류가 흐를 때 전하가 보존됨을 알고, 실험을 통하여 전압과 전류의 관계를 밝히고, 이를 저항의 직렬연결과 병렬연결에 적용하는 것입니다.

내용 정리

- **전하** : 모든 전기 현상을 나타내는 원인이 되는 것을 전하라고 합니다.
- **전하의 작용** : 전하는 스스로 이동하지 못하나 전자가 이동하면 전자가 가지고 있는 전하가 이동됩니다.
- **전류** : 도선을 따라 전자가 이동하면, 전자가 가지고 있는 전하가 함께 이동하며 이 전하의 흐름을 전류라고 합니다.

4. 중학교 3학년 - 6. 전류의 작용

- 이 단원의 목표는 전압과 전류가 일정할 때 발생하는 열량(온도변화)을 측정하며, 전기에너지가 열에너지로 전환됨을 이해하는 것입니다. 그리고 전류가 흐르는 도선 주위에 생기는 자기장의 특성을 확인하고, 자기장 속에서 전류가 흐르는 도선이 받는 힘에 대하여 이해하는 것입니다.

내용 정리

- **전기에너지** : 전류는 열을 발생시키거나 전동기를 움직이게 하는 등의 일을 할 수 있는데 이와 같이 전기가 일을 할 수 있는 능력을 전기에너지라고 합니다.
- **오른나사의 법칙** : 전류의 방향으로 오른나사를 진행시킬 때에 나사를 돌리는 방향이 자기장의 방향이 됩니다.
- **앙페르의 법칙** : 오른손의 엄지손가락을 전류의 방향으로 향하게 하고 나머지 네 손가락으로 도선을 감아쥐면 네 손가락의 방향이 자기장의 방향이 됩니다.

과학자들이 들려주는 과학 이야기 76

막스 플랑크가 들려주는 양자론 이야기

책에서 배우는 과학 개념

양자론과 관련되는 개념 및 용어들

교육과정과의 연계

구분	과목명	학년	단원	연계되는 개념 및 원리
중학교	과학	3학년	3. 물질의 구성	원자와 전자
고등학교	물리 I	2학년	3. 파동과 입자	파동의 전파
	물리 II	3학년	3. 원자와 원자핵	전자와 원자핵

책 소개

《막스 플랑크가 들려주는 양자론 이야기》는 양자론의 개념, 양자론이 사회에 미친 영향 등을 설명합니다. 이 책을 통해 학생들은 위대한 과학적 발견은 주변의 자연현상을 살피는 것에서 출발한다는 교훈을 얻게 될 것입니다. 막스 플랑크 선생님은 여덟 번의 수업을 통해 학생들을 양자론의 세계로 안내합니다.

이 책의 장점

1. 물리에 관심이 많은 초등학생들에게는 양자론에 입문할 수 있는 기회가 될 것입니다.
2. 중·고등학생들에게 교과서의 내용을 좀 더 상세히 이해할 수 있는 좋은 자료가 될 것입니다.
3. 중학교에서 배우는 물질의 구성, 고등학교에서 배우는 파동과 입자, 원자와 원자핵과 연계되는 학습 내용을 담고 있습니다.

각 차시별 소개되는 과학적 개념

1. 첫 번째 수업 _ 흑체복사
   - 검은 물체(흑체)를 가열했을 때 전자기파(적외선, 가시광선, 자외선)가 나오는 현상입니다.
2. 두 번째 수업 _ 불꽃의 색깔과 온도와의 관계
   - 빛의 색깔이 붉은색에서 파란색으로 옮겨 갈수록 온도가 높아짐

니다.

3. 세 번째 수업 _ 파동과 파장
   - 어떤 한 부분에서 생긴 진동이 차례로 퍼져 나가는 것이 파동이고, 골에서 다음 골까지 또는 마루에서 다음 마루까지의 거리를 파장이라고 합니다.

4. 네 번째 수업 _ 대칭성의 원리
   - 모든 물질은 뜨거워지면 일정한 파장의 빛을 내보내고, 차가워지면 방출했던 일정한 파장의 빛을 흡수합니다.

5. 다섯 번째 수업 _ 내삽법과 외삽법
   - 그래프 안에서 임의의 값을 찾아내는 방법은 내삽법, 그래프 밖에서 실험하지 않은 값을 찾아내는 것을 외삽법이라고 합니다.

6. 여섯 번째 수업 _ 양자
   - 최소에너지를 갖는 하나의 진동자입니다.

7. 일곱 번째 수업 _ 미시 세계와 거시 세계
   - 미시 세계는 원자핵 주위를 수많은 궤도전자들이 돌고 있는 세계이고, 거시 세계는 태양 주위를 아홉 개의 행성들이 돌고 있는 세계를 말합니다.

8. 여덟 번째 수업 _ 레이저의 원리
   - 안정 상태에 있던 원자나 전자들을 흥분 상태로 만들어 상위 수준으로 올려 주면 이들이 불안정 상태인 수준에 모여 있습니다. 이때 위에 있던 전자나 원자들을 한꺼번에 떨어뜨리면 두 수준의 에너지의 차이가 밖으로 튀어나와 빛이 나오는데, 이것이 레이저입니다.

이 책이 도움을 주는 관련 교과서 단원

막스 플랑크의 양자론 이야기와 관련되는 교과서에 등장하는 용어와 개념들입니다.

1. 중학교 3학년 - 3. 물질의 구성

- 이 단원의 목표는 라부아지에, 돌턴, 아보가드로 등에 의해 화학 변화의 양적 관계를 설명하는 여러 가지 법칙이 밝혀지는 과정에서 물질의 입자 개념이 형성되었음을 인식하고, 다양한 종류의 원소기호를 이용하여 간단한 분자를 화학식으로 나타내는 것입니다.

내용 정리

- **원자의 크기** : 물질의 단위 입자인 원자는 너무 작아서 눈으로 볼 수 없을 뿐만 아니라 그 크기를 측정하는 것은 매우 어렵습니다. 여러 가지 원자들 중에서 가장 작은 것은 수소입니다.
- **원자핵과 전자** : 원자는 양성자와 중성자가 모여 있는 원자핵과 원자핵을 둘러싸고 있는 전자로 구성되어 있습니다. 원자핵 속의 양성자는 양(+)전하를 띠며, 전자는 음(-)전하를 띠고 있는데, 양성자와 전자의 전기량은 똑같기 때문에 원자는 전기적으로 중성입니다.
- **분자** : 물질을 끝없이 쪼개어 나갈 때 마지막으로 그 물질의 고유한 성질을 가지는 가장 작은 알갱이에 이르는데, 이 알갱이를 분

자라고 합니다.

- **분자식** : 원소기호와 원자 수를 숫자로 써서 분자 1개가 어떤 원자 몇 개로 구성되었는가를 나타낸 식을 분자식이라고 합니다.

과학자들이 들려주는 과학 이야기 77

파스퇴르가 들려주는 저온살균 이야기

책에서 배우는 과학 개념

저온살균과 관련되는 개념 및 용어들

교육과정과의 연계

구분	과목명	학년	단원	연계되는 개념 및 원리
초등학교	과학	5학년 1학기	9. 작은 생물	작은 생물 관찰
		5학년 2학기	1. 환경과 생물	온도, 빛, 물이 생물에 미치는 영향
고등학교	과학	1학년	4. 생명	물질대사
	생물 I	2학년	4. 호흡	세포호흡
	생물 II	3학년	3. 생명의 연속성	발효

책 소개

《파스퇴르가 들려주는 저온살균 이야기》는 파스퇴르의 연구와 이론들을 소개합니다. 이 책을 통해 학생들은 파스퇴르가 의학자가 아니라 미생물학자로서 과학적인 아이디어를 어떻게 발전시켰고, 어떤 기술을 개발하였는지를 알게 될 것입니다. 파스퇴르 선생님은 여덟 번의 수업을 통해 학생들에게 그의 이론과 학문에 대한 열정을 가르쳐 주십니다.

이 책의 장점

1. 실험에 관심이 많은 초등학생들은 파스퇴르의 이야기를 통해 실험 방법, 실험과정, 실험으로 알게 된 사실을 어떻게 학문으로 발전시켜 가는지를 공부할 수 있습니다.
2. 고등학생들에게 교과서에서 다루지 않는 실험과 이야기들을 통해 관련 내용들을 심화 학습할 수 있는 좋은 자료가 될 것입니다.
3. 초등학교에서 배우는 작은 생물, 환경과 생물과 고등학교에서 배우는 생명, 호흡, 생명의 연속성과 연계되는 학습 내용을 담고 있습니다.

각 차시별 소개되는 과학적 개념

1. **첫 번째 수업 _ 발효에 대한 파스퇴르의 주장**
   - 알코올발효에서 알려진 효모를 비롯하여 젖산이나 초산을 만드는

것들이 실제로 살아 있는 것이고, 이들의 대사작용 결과로 유기물질이 특정한 산물로 축적된다고 하였습니다.

2. 두 번째 수업 _ 자연발생설

- 살아 있는 생명체가 무생물에서 자연스럽게 생겨날 수 있다는 것입니다.

3. 세 번째 수업 _ 미생물

- 눈으로 구별할 수 있는 한계점인 0.1mm 크기 이하의 생물을 말하며 곰팡이(진균), 박테리아(세균), 바이러스 세 가지로 구분합니다.

4. 네 번째 수업 _ 미생물의 종류

- **호기성 미생물** : 산소가 있어야 살 수 있습니다.
- **혐기성 미생물** : 산소가 없는 곳에서 삽니다.
- **편성혐기성 미생물** : 산소가 있으면 죽어 버리는 아주 극단적인 혐기성 미생물입니다.
- **통성혐기성 미생물** : 산소가 있으면 잘 살지만 산소가 없어지면 없는 대로 맞추어 살아갈 수 있는 미생물입니다.

5. 다섯 번째 수업 _ 멸균(살균)과 무균조작

- 아주 작은 미생물 씨앗을 확실히 제거하는 것을 멸균(살균)이라고 하고, 미생물이 하나도 없는 상태로 만드는 것을 무균조작이라고 합니다.

6. 여섯 번째 수업 _ 저온살균법(파스퇴르 살균법)

- 60° 정도의 온도에서 긴 시간 살균을 시키는 방법으로 성분의 변성이 일어나지 않는 온도에서 오랫동안 두면 균이 사멸합니다.

7. 일곱 번째 수업 _ 저온살균법의 이용
- 열을 받으면 쉽게 변할 수 있는 식품에 이용하는데, 주로 냉장 보존 식품들이 해당됩니다.

8. 여덟 번째 수업 _ 특정병인론
- 특정한 질병은 특정한 균에 의해서 일어난다는 것입니다.

이 책이 도움을 주는 관련 교과서 단원

파스퇴르의 저온살균 이야기와 관련되는 교과서에 등장하는 용어와 개념들입니다.

1. 초등학교 5학년 1학기 – 9. 작은 생물
- 이 단원의 목표는 물에 사는 작은 생물(해캄, 장구벌레, 개구리밥, 플라나리아 등)을 채집하면서 생활환경을 조사하고 실체현미경이나 돋보기로 그 생김새와 특징을 관찰하며, 땅 위의 작은 생물(이끼, 곰팡이, 지렁이 등)을 채집하면서 생활환경을 조사하고 실체현미경이나 돋보기로 그 생김새와 특징을 관찰하는 것입니다.

내용 정리

- **물에 사는 작은 생물** : 장구벌레, 플라나리아 같은 동물과 해캄, 개구리밥과 같은 식물이 살고 있습니다.
- **땅에 사는 작은 생물** : 지렁이, 쥐며느리 같은 동물과 이끼, 버섯 같은 식물이 있습니다.

2. 초등학교 5학년 2학기 – 1. 환경과 생물

- 이 단원의 목표는 온도, 빛, 물의 환경 조건과 생물의 생활과의 관계를 이해하고, 환경 조건에 따라 적응된 동·식물의 몸 색깔과 형태를 조사하여 비교하는 것을 목표로 합니다.

내용 정리

- 온도가 변하면 생물도 그 환경에 적응하기 위하여 노력합니다.
- **금붕어의 호흡 수** : 겨울에는 적어지고, 여름에는 많아집니다.
- 물의 양에 따라 생물의 생장 모습이 달라집니다.
- **물에서 살기에 알맞게 적응된 생물** : 오리, 물고기, 부레옥잠 등이 있습니다.

과학자들이 들려주는 과학 이야기 78

오일러가 들려주는
수의 역사 이야기

책에서 배우는 수학 개념

수의 역사와 관련되는 개념 및 용어들

교육과정과의 연계

구분	과목명	학년	단원	연계되는 개념 및 원리
초등학교	수학	4학년1학기	7. 분수	자연수의 사칙계산, 분수의 덧셈과 뺄셈
		4학년 2학기	1. 분수 2. 소수	소수의 덧셈과 뺄셈, 분수의 크기 비교
중학교	수학	1학년	2. 정수와 유리수	양수, 음수
		2학년	1. 유리수와 근사값	유리수, 소수
		3학년	1. 실수와 그 계산	실수, 무리수

구분	과목명	학년	단원	연계되는 개념 및 원리
고등학교	수학 I	2학년	2. 지수와 로그 3. 지수함수와 로그함수	지수·로그함수와 그 그래프, 지수·로그 방정식과 지수부등식

책 소개

《오일러가 들려주는 수의 역사 이야기》는 인류의 문화 역사와 함께 시작된 수의 역사를 소개합니다. 이 책을 통해 학생들은 자연수에서부터 초월수까지 폭넓은 수의 세계를 경험하게 될 것입니다. 오일러 선생님은 여덟 번의 수업을 통해 학생들을 즐거운 수의 역사로 안내합니다.

이 책의 장점

1. 초등학생들에게는 오늘날 통용되는 수 체계에 맞춰 순서대로 살핌으로써 수와 관련된 개념을 체계적으로 형성시키는 데 많은 도움이 됩니다.
2. 초·중학생들은 이 책을 통해 고등학교에서 배울 초월수에 대해 미리 배움으로써 나중에 학습할 때 도움이 될 것입니다.
3. 초등학교에서 배우는 분수와 소수, 중학교에서 배우는 정수, 유리수, 실수와 고등학교에서 배우는 지수와 연계되는 학습 내용을 담고 있습니다.

각 차시별 소개되는 수학적 개념

1. 첫 번째 수업 _ 합동과 잉여류
- 전체 자연수를 같은 성격의 '다 같이 하나인 수들'로 나누는 것을 잉여류라 하고, 이처럼 나뉜 수들은 '합동'인 관계에 있다고 합니다.

2. 두 번째 수업 _ 0과 1
- 0은 더하기에서 아무 변화를 일으키지 못하는 수로 덧셈 연산의 항등원이라 하고, 1은 곱하기에서 아무 변화를 일으키지 못하는 수로 곱셈 연산의 항등원이라고 합니다.

3. 세 번째 수업 _ 분수(유리수)
- 어떤 정수 a를 0이 아닌 정수 b로 나눈 몫 $\frac{a}{b}$를 말합니다.

4. 네 번째 수업 _ 대각선논법
- 0과 1 사이의 그 어느 유리수와는 다른 새로운 수가 있는데 이 수는 분명 0과 1 사이의 모든 수(실수)에는 포함됩니다. 따라서 실수는 유리수보다 범위가 큰 수라는 결론입니다.

5. 다섯 번째 수업 _ 허수와 복소수
- 허수라는 것은, 음수의 제곱근으로 $i^2=-1$과 같이 표시하며 실제로 존재하지는 않습니다.
- 복소수는 이 허수와 실수의 합으로 나타낸 수로서, 즉 모든 실수 a, b에 대해 a+bi 형태로 나타낼 수 있는 수들입니다.

6. 여섯 번째 수업 _ 초월수 π와 e
- 대수적인 수(대수방정식을 풀 때 해가 되는 여러 가지 수)가 아닌 수, 즉

이 두 수를 해로 하는 대수방정식은 존재하지 않습니다.

7. 일곱 번째 수업 _ 초월함수

- 대수함수가 아닌 함수로 로그함수, 삼각함수 등이 해당됩니다.

8. 여덟 번째 수업 _ 로그함수

- 지수함수의 역함수로 $y=a^x$는 $x=\log_a y$이므로 그 역함수는 $y=\log_a x$입니다.

이 책이 도움을 주는 관련 교과서 단원

오일러의 수의 역사 이야기와 관련되는 교과서에 등장하는 용어와 개념들입니다.

1. 초등학교 4학년 가 - 7. 분수

- 이 단원의 목표는 큰 수에 대한 이해를 바탕으로 자연수의 사칙계산을 배우며, 여러 가지 분수를 이해하고, 간단한 분수의 덧셈과 뺄셈을 하는 것입니다.

내용 정리

- 분수에서 가로선의 아래쪽에 있는 수를 **분모**라 하고, 위쪽에 있는 수를 **분자**라 합니다.

- $\frac{1}{4}$, $\frac{2}{4}$, $\frac{3}{4}$과 같이 분자가 분모보다 작은 분수를 **진분수**라 하고, $\frac{4}{4}$, $\frac{5}{4}$와 같이 분자가 분모와 같거나 큰 분수를 **가분수**라 합니다.

- $2\frac{1}{4}$과 같이 정수와 분수로 이루어진 수를 **대분수**라고 합니다.

2. 초등학교 4학년 나 – 2. 소수

- 이 단원의 목표는 분수의 여러 가지 의미를 이해하고, 소수에 대한 이해를 바탕으로 소수의 덧셈과 뺄셈을 할 수 있으며, 분수와 소수의 크기를 비교하는 것입니다.

내용 정리

- **소수의 크기 비교** : 자연수, 소수 첫째 자리 수, 소수 둘째 자리 수, 소수 셋째 자리 수 순서로 비교합니다.
- 0.10과 0.1은 같은 수입니다. (끝자리 0은 생략하여 나타낼 수 있습니다.)

3. 중학교 1학년 가 – 2. 정수와 유리수

- 이 단원의 목표는 정수와 유리수의 개념을 이해하고, 정수와 유리수의 사칙계산을 하는 것입니다.

내용 정리

- +는 양의 부호, −는 음의 부호라고 하며, +a, −a를 각각 플러스 a, 마이너스 a라고 읽습니다.
- +1, +2, +3,……과 같이 자연수에 양의 부호 '+'가 붙은 수를 **양의 정수**라고 합니다.
- −1, −2, −3,……과 같이 자연수에 음의 부호 '−'가 붙은 수를 **음의 정수**라고 합니다.
- 0과 양의 정수, 음의 정수를 통틀어 **정수**라고 합니다. 한편, 양의 정수는 '+'를 생략하여 나타낼 수 있으므로 자연수와 같습니다.

4. 중학교 2학년 가 - 1. 유리수와 근사값

- 이 단원의 목표는 유리수를 소수로 표현하고, 이들 사이의 관계를 알아보며, 근사값의 기본 개념을 이해하고, 근사값의 덧셈과 뺄셈을 하는 것을 목표입니다.

내용 정리

- a, b가 정수이고 $b \neq 0$일 때, 분수 $\frac{a}{b}$로 나타낼 수 있는 수가 **유리수**입니다.
- 유리수를 소수로 나타내었을 때 $\frac{3}{10}=0.3$, $\frac{3}{4}=0.75$와 같이 소수점 아래의 0이 아닌 숫자가 유한 개인 소수를 **유한소수**라 하고, $\frac{2}{3}=0.666\cdots$ $\frac{4}{11}=0.3636\cdots$ 과 같이 소수점 아래의 0이 아닌 숫자가 무한히 많은 소수를 **무한소수**라고 합니다.

5. 중학교 3학년 가 - 1. 실수와 그 계산

- 이 단원의 목표는 제곱근의 뜻을 알고, 근호를 포함한 식의 계산을 하는 것을 목표로 합니다.

내용 정리

- 유리수가 아닌 수를 **무리수**라고 합니다. 즉, 무리수는 순환하지 않는 무한소수로 나타낼 수 있는 수입니다.

과학자들이 들려주는 과학 이야기 79

슈뢰딩거가 들려주는
양자물리학 이야기

책에서 배우는 수학 개념

양자물리학과 관련되는 개념 및 용어들

교육과정과의 연계

구분	과목명	학년	단원	연계되는 개념 및 원리
중학교	과학	3학년	3. 물질의 구성	원자, 전자
고등학교	물리 I	2학년	3. 파동과 입자	파동의 전파
	물리 II	3학년	3. 원자와 원자핵	전자, 원자핵

책 소개

《슈뢰딩거가 들려주는 양자물리학 이야기》는 양자물리학의 핵심을 추려서 누구나 쉽게 이해하도록 하였습니다. 이 책을 통해 자연과학과 현대과학에 관심이 많은 학생들은 양자물리학의 기본적인 개념을 접하게 됩니다. 슈뢰딩거 선생님은 학생들과의 아홉 번의 만남을 통해 양자물리학의 길잡이가 되어 주십니다.

이 책의 장점

1. 초등학생들에게는 다소 어려운 양자물리학에 대해 쉽게 접할 수 있도록 동화 같은 이야기를 곁들였습니다.
2. 중·고등학생들은 이 책을 통해 현대물리학에 대한 선입견을 없애고 자연과학과 현대과학에 흥미를 갖게 될 것입니다.
3. 중학교에서 배우는 물질의 구성, 고등학교에서 배우는 파동과 입자, 원자와 원자핵과 연계하여 학습할 수 있습니다.

각 차시별 소개되는 과학적 개념

1. 첫 번째 수업 _ 양자물리학
   - 원자보다 작은 세계에서 일어나는 일들을 밝혀내는 학문입니다.
2. 두 번째 수업 _ 원자
   - 더 이상 쪼개질 수 없는 가장 작은 알갱이, 물질을 구성하는 기본

입자입니다.

3. 세 번째 수업 _ 뉴턴역학
   - '자연은 일정한 법칙에 따라 운동하는 복잡하고 거대한 기계'라는 기계론적 세계관을 가지고 물리의 현상을 설명하는 것입니다.

4. 네 번째 수업 _ 광전효과 실험
   - 금속에 빛을 비추면서 그때 튀어나오는 전자의 수와 전자가 가지고 있는 에너지를 알아보는 실험입니다.

5. 다섯 번째 수업 _ 새 나라와 짐승 나라의 전쟁
   - 새 나라와 짐승 나라 사이에서 갈등하는 박쥐의 일화를 통해 빛의 이중성을 암시합니다.

6. 여섯 번째 수업 _ 슈뢰딩거 방정식
   - 전자를 파동으로 다루어 전자가 가질 수 있는 에너지 알갱이의 크기를 계산해 내는 식입니다.

7. 일곱 번째 수업 _ 슈뢰딩거 방정식과 확률
   - 전자의 상태를 슈뢰딩거 방정식으로 풀어보면 답이 하나가 아니라 여러 개의 답이 확률적으로 번갈아가며 나오게 됩니다.

8. 여덟 번째 수업 _ 양자물리학과 확률
   - 양자물리학은 불연속적인 물리량을 파동방정식인 슈뢰딩거 방정식을 이용하여 다루고 그 결과를 확률적으로 해석하는 물리학입니다.

9. 아홉 번째 수업 _ 불확정성 원리
   - 아주 작은 세계에서 측정된 물리량이 정확하지 않다는 뜻입니다.

아무리 정확하게 측정해도 피할 수 없는 오차가 있어 그런 물리량을 정확하다고 할 수 없기 때문입니다.

이 책이 도움을 주는 관련 교과서 단원

슈뢰딩거의 양자물리학 이야기와 관련되는 교과서에 등장하는 용어와 개념들입니다.

1. 중학교 3학년 - 3. 물질의 구성

- 이 단원의 목표는 라부아지에, 돌턴, 아보가드로 등에 의해 화학 변화의 양적 관계를 설명하는 여러 가지 법칙이 밝혀지는 과정에서 물질의 입자 개념이 형성되었음을 인식하고, 원소기호를 이용하여 간단한 분자를 화학식으로 나타내는 것입니다.

내용 정리

- **원자모형의 변천**
    - **돌턴** : 단단하고 쪼갤 수 없는 속이 찬 공과 같습니다.
    - **톰슨** : 양전하와 음전하가 고르게 분포되어 있습니다.
    - **러더퍼드** : 중심에 원자핵이 있고, 그 주위에 전자가 있습니다.
    - **보어** : 전자가 원자핵 주위의 일정한 궤도를 돌고 있습니다.
    - **현대** : 전자가 원자핵 주위에 구름처럼 퍼져 운동하고 있습니다.
- 원자는 양성자와 중성자가 모여 있는 원자핵과 원자핵을 둘러싸고 있는 전자로 구성되어 있습니다. 원자핵 속의 양성자는 양(+)전하

를 띠며, 전자는 음(−)전하를 띠고 있는데, 양성자와 전자의 전기량은 똑같기 때문에 원자는 전기적으로 중성을 나타냅니다.
- 원소기호를 사용하여 물질의 조성을 나타낸 것을 **화학식**이라고 하며 화학식에는 분자식, 실험식, 시성식 등이 있습니다.
  - **분자식** : 분자로 되어 있는 물질의 경우 분자 1개의 구성 원자의 종류와 개수를 나타낸 식입니다.
  - **실험식** : 이온성 화합물과 같이 결정 속에서 분자를 찾아 낼 수 없는 경우에 화합물 중 원자의 종류와 원자 수를 가장 간단한 정수비로 나타낸 식입니다.
  - **시성식** : 분자의 성질을 나타낼 수 있는 작용기를 사용하여 나타낸 식입니다.

과학자들이 들려주는 과학 이야기 80

빈이 들려주는 기후 이야기

책에서 배우는 수학 개념

기후와 관련되는 개념 및 용어들

교육과정과의 연계

구분	과목명	학년	단원	연계되는 개념 및 원리
초등학교	과학	3학년	5. 날씨와 우리 생활	기온 · 바람 · 구름 측정 및 기호로 나타내기
		5학년	3. 기온과 바람 8. 물의 여행	안개와 이슬 발생 실험, 비가 내리는 과정
		6학년	2. 일기예보 4. 계절의 변화	일기도, 우리나라의 계절별 날씨
중학교	과학	3학년	4. 물의 순환과 일기변화	기단, 기압, 순환하는 물, 구름, 비

구분	과목명	학년	단원	연계되는 개념 및 원리
고등학교	지구과학 I	2학년	2. 살아 있는 지구	일기의 변화, 대기, 비, 구름, 기단, 전선, 태풍
	지구과학 II	3학년	1. 대기의 운동과 순환	대기의 안정도, 대기운동, 순환

책 소개

《빈이 들려주는 기후 이야기》는 기후에 대한 모든 것을 이야기하듯이 들려줍니다. 이 책은 학생들에게 더불어 사는 지구의 소중함과 다양한 기후에 대한 지식을 쌓게 해 줍니다. 학생들은 빈 선생님과 열 번의 만남을 통해 계절과 기후에 대한 새로운 상식들을 배우게 됩니다.

이 책의 장점

1. 변화하는 계절과 기후에 대한 학생들의 궁금증을 시원하게 해결해 줍니다.
2. 기후가 생활과 얼마나 밀접한 관련이 있는지 스스로 깨닫게 해 줍니다.
3. 초등학교 3~6학년 과학과 교육과정에서 배우는 내용과 중학교에서 배우는 물의 순환과 일기변화, 고등학교에서 배우는 살아 있는 지구, 대기의 운동과 순환과 연계하여 학습할 수 있습니다.

각 차시별 소개되는 과학적 개념

1. 첫 번째 수업 _ 빈의 법칙
- 온도와 파장 사이의 관계를 밝힌 법칙으로 강도가 최대인 열스펙트럼의 파장 $\lambda peak$(단위 : nanometer)가 온도(단위 : K)와 [$\lambda peak = 2.9 * 10^6 /$온도]의 관계가 있다는 것입니다.

2. 두 번째 수업 _ 날씨와 기후
- **날씨** : 하루하루의 기상 상태 등을 말합니다.
- **기후** : 지구상의 특정한 장소에서 매년 순서를 따라 반복되는 대기 현상을 종합한 것입니다.

3. 세 번째 수업 _ 기단과 전선
- **기단** : 넓게 퍼진 공기층이 지표와 비슷한 성질의 공기 덩어리로 성장한 것입니다.
- **전선** : 찬 공기와 더운 공기가 만나는 면이 지면과 연결된 선이 전선입니다.

4. 네 번째 수업 _ 전향력(=코리올리의 힘)
- 지구의 자전에 의해서 어떤 장소의 방향이 변하기 때문에 생기는 운동방향과 직각방향으로 작용하는 가상적인 힘을 말합니다.

5. 다섯 번째 수업 _ 쾨펜의 기후 구분법
- 세계 기후를 A, B, C, D, E로 구분했으며, B를 제외한 다른 기후형은 기온에 따라 구분했습니다. B형은 건조도에 의해 구분되었는데, 건조도는 식생에 수분을 공급하는 강수량과 증발에 의한 손실량에 의해 결정됩니다. 기온-강수량 지표에 의해 건조(BW)와

반건조(BS) 기후로 세분되었으며, 다시 온난·한랭의 정도에 따라 h와 k로 세분되었습니다. A, C, D형 기후는 연중 강수량 분포에 따라 다시 세분되었으며, 온난·한랭 정도에 의해 세 번째로 세분되었습니다. E형 기후는 식생이 자랄 수 있는지에 따라 툰드라(ET)와 빙설(EF) 기후로 구분되었습니다.

6. 여섯 번째 수업 _ 북극과 남극
- 북극은 온도가 낮아 바다가 얼어서 생긴 얼음이고, 남극은 하나의 커다란 땅덩어리입니다.

7. 일곱 번째 수업 _ 기후와 사람
- 기후에 따라 인간과 체격, 체질 등이 다양하게 나타나고 심리, 성격, 지능의 발달 등에도 적지 않은 영향을 줍니다.

8. 여덟 번째 수업 _ 이상기후 또는 기상이변
- 어느 특정한 달에 기후를 구성하는 요소들이 30년 동안의 평균값과 큰 차이가 날 때를 말합니다.

9. 아홉 번째 수업 _ 온실효과
- 수증기, 이산화탄소 등의 대기 중의 성분들이 온실의 유리처럼 지표면이 방출하는 지구복사의 일부를 다시 지면으로 보냄으로써 지표면과 대류권의 온도를 높이는 것입니다.

10. 열 번째 수업 _ 사막화
- 토지의 잠재된 생물 생산력이 저하되거나 파괴돼 그 결과 사막으로 변해 가는 현상을 말합니다.

이 책이 도움을 주는 관련 교과서 단원

빈의 기후 이야기와 관련되는 교과서에 등장하는 용어와 개념들입니다.

1. 초등학교 3학년 1학기 – 5. 날씨와 우리 생활

- 이 단원의 목표는 장소별·시간대별로 기온을 측정하여 비교하고, 구름의 양을 관찰하여 기호로 표시하며, 간이 풍향·풍속계를 사용하여 바람의 세기와 방향을 측정하여 그림이나 기호로 나타내는 것입니다.

내용 정리

- **바람의 방향을 나타내는 방법**
  - 바람이 불어오는 쪽의 방향으로 나타냅니다.
    (예) 동쪽에서 불어오면 동풍입니다.
  - 바람이 불어가는 쪽에 화살표를 그립니다.
    (예) 동풍 : 동→서(동쪽에서 서쪽으로 분다)

2. 초등학교 5학년 1학기 – 8. 물의 여행

- 이 단원의 목표는 습도계로 공기 중의 습도를 측정하고, 안개와 이슬 발생 실험을 통하여 공기 중에도 물이 있음을 발견하는 것입니다. 또한 구름 발생 모형실험을 통하여 공기 중의 수증기 일부가 구름이 되고 비가 되어 내리는 과정을 이해하는 것입니다.

내용 정리

- 물기가 마르면 공기 중으로 갑니다.
- 물기는 수증기(기체) 상태로 공기 속에 있습니다.
- 비가 오거나 장마철에는 습기가 많아 곰팡이가 잘 생기고, 빨래가 잘 마르지 않습니다.
- 습기가 적으면 빨래는 잘 마르나 불이 나기 쉽고 감기에 걸리기 쉽습니다.

3. 초등학교 6학년 2학기 - 2. 일기예보

- 이 단원의 목표는 견학 및 통신 등을 통하여 기상청에서 하는 일을 조사하고, 일기도에 사용하는 여러 가지 기호와 일기 예보하는 과정을 알아보는 것입니다. 또한 일기도를 보고 우리나라의 날씨를 계절별로 조사하여 알아보는 것입니다.

내용 정리

- **일기도의 뜻**
  - 넓은 범위에 걸쳐 일정한 시각의 날씨 상태를 숫자, 기호 등을 사용하여 나타낸 지도
  - 특정한 날씨는 나타내고자 하는 목적에 따라 여러 종류의 일기도로 나눌 수 있습니다(강수량, 구름의 양, 태풍의 진로 및 영향권, 바람의 세기 등).
- 고기압과 저기압은 상대적인 것입니다.

- 주위보다 기압이 높으면 고기압이라 합니다.
- 주위보다 기압이 낮으면 저기압이라 합니다.
- 공기가 이동하는 것을 바람이라고 하는데, 바람은 고기압에서 저기압 쪽으로 붑니다.

4. 중학교 3학년 - 4. 물의 순환과 일기변화
- 이 단원의 목표는 기압의 개념을 통하여 기압 분포와 바람을 관련짓고, 고기압, 저기압, 기단, 전선에서 나타나는 기상 현상을 설명하여 이를 날씨 변화와 관련짓는 것을 목표로 합니다.

내용 정리

- **물의 순환** : 지구상의 물은 기체, 액체, 고체로 그 상태를 바꾸면서 지표와 대기 사이를 끊임없이 돌고 있는데, 이것을 물의 순환이라고 합니다.
- **물의 순환 과정**
  - **증발** : 바다나 호수, 하천 등에서 증발한 물은 수증기가 되어 대기 중으로 들어갑니다.
  - **응결** : 이 수증기는 대기와 함께 이동하며, 그 일부는 응결하여 구름이 됩니다.
  - **강수** : 구름은 비나 눈이 되어 지표로 되돌아오며, 그 중 일부는 다시 증발하여 대기 중으로 돌아가는 순환을 되풀이합니다.

과학자들이 들려주는 과학 이야기 81

라부아지에가 들려주는
물질변화 규칙 이야기

책에서 배우는 과학 개념

물질과 관련된 과학 개념과 용어

교육과정과의 연계

구분	과목명	학년	단원	연계되는 개념 및 원리
초등학교	과학	3학년 1학기	1. 우리 주위의 물질	물질, 고체, 액체과학
		6학년 1학기	6. 여러 가지 기체	기체
		6학년 2학기	5. 연소와 소화	연소, 발화점
중학교	과학	1학년	4. 물질의 세 가지 성질	분자, 상태 변화
		3학년	3. 물질의 구성	원자, 양성자, 중성자, 돌턴의 원자설, 아보가드로의 법칙

구분	과목명	학년	단원	연계되는 개념 및 원리
중학교	과학	3학년	5. 물질 변화의 규칙성	질량보존의 법칙, 일정 성분비의 법칙
고등학교	화학 II	3학년	1. 물질의 상태와 용액	보일의 법칙, 샤를의 법칙

책 소개

《라부아지에가 들려주는 물질변화 규칙 이야기》는 라부아지에가 물질 변화에 대한 내용과 과학자들의 연구 과정을 설명하는 방식으로 이루어진 책입니다. 물질들은 화학반응을 일으킬 때, 어떤 기본적인 규칙을 갖고 움직입니다. 이러한 움직임들을 토대로 과학자들은 여러 가지 가설과 법칙을 만들었습니다. 이 책에는 물질을 이루는 기본 성분과 입자에 대한 개념부터 여러 가지 물질 변화에 관한 가설과 법칙들을 쉽고, 재미있게 설명하고 있습니다.

이 책의 장점

1. 초등학생들에게는 과학적 사고력 확장과 창의력 개발에 도움을 주고, 중학생들에게는 중간·기말고사를 대비하는 데 도움이 되며, 고등학생들에게 12년간 과학 교과의 총정리가 될 것입니다.
2. 우리 생활 주변의 일들을 통해 과학적 지식을 단순 암기가 아닌 이해, 습득의 기회를 제공합니다.
3. 초등학교 3학년 교육과정부터 고등학교 화학 II까지 나오는 여러

가지 물질과 관련된 단원을 다루어 물질변화 규칙에 관한 학습이 자연스럽게 연계할 수 있도록 하였습니다.

각 차시별 소개되는 과학적 개념

1. 첫 번째 수업 _ 원소
- 물질을 구성하는 기본 성분을 원소라고 하며, 현재까지 알려진 원소는 100여 가지가 넘습니다.

2. 두 번째 수업 _ 원자
- 물질을 이루는 기본 입자는 원자입니다. 원자가 모여서 물질을 이루고, 이 물질은 우리 생활 속에서 물리변화나 화학변화를 일으킵니다.

3. 세 번째 수업 _ 연소
- 물질이 산소와 화합하는 것을 산화라고 합니다. 산화 반응 중에서 열과 빛을 발생하며 빠르게 일어나는 반응을 연소라고 합니다. 이 연소에는 산소가 필요합니다.

4. 네 번째 수업 _ 질량보존의 법칙
- 반응물과 생성물의 원자 배열상태가 변화하는 것을 화학변화라고 합니다. 어떤 물질이 화학변화를 일으킬 때, 반응물질과 생성물질의 질량의 총합은 같습니다.

5. 다섯 번째 수업 _ 일정성분비의 법칙
- 물질들이 결합하여 새로운 물질을 생성할 때, 반응하는 물질들의

질량 사이에는 일정한 정수비가 성립합니다.

6. 여섯 번째 수업 _ 돌턴의 원자설
   - 돌턴은 물질은 더 이상 쪼갤 수 없는 원자로 이루어져 있으며 같은 원소의 원자는 모양, 크기, 질량이 같고, 다른 원소의 원자는 모양, 크기, 질량이 다르다고 주장하였습니다. 그리고 화학변화를 할 때 원자들은 생성, 소멸하지 않으며 화합물을 형성할 때 원자들은 정해진 수의 비율로 결합한다고 하였습니다.

7. 일곱 번째 수업 _ 배수비례의 법칙
   - 두 가지 이상의 원소가 화합하여 두 가지 이상의 화합물을 형성할 때, 한 원소의 일정량과 결합하는 다른 원소의 질량비는 항상 간단한 정수비가 성립합니다.

8. 여덟 번째 수업 _ 기체반응의 법칙
   - 화학반응에서 반응물과 생성물이 기체일 때, 같은 온도와 압력에서는 기체들의 부피 사이에 항상 간단한 정수비가 성립합니다.

9. 아홉 번째 수업 _ 아보가드로의 분자설
   - 물질은 분자라는 작은 입자로 되어 있고 원자의 집합체이며 물질의 특성을 갖습니다. 분자는 몇 개의 원자로 쪼개질 수 있는데, 원자로 나누어지면 물질의 특성을 잃게 됩니다.

10. 열 번째 수업 _ 아보가드로의 법칙
    - 온도와 압력이 일정할 때, 모든 기체는 기체의 종류에 상관없이 같은 부피 속에 같은 분자수를 포함합니다.

이 책이 도움을 주는 관련 교과서 단원

라부아지에의 물질 변화 이야기와 관련되는 교과서에 등장하는 용어와 개념들입니다.

1. 초등학교 3학년 1학기 - 1. 우리 주위의 물질

- 이 단원의 목표는 우리 주위에 있는 물체의 구성을 알아보고, 물질을 고체, 액체로 분류해 보는 것입니다. 또한 여러 방법을 이용하여 가루물질을 변화, 구별하여 보는 것입니다.

내용 정리

- 물질은 물체를 이루고 있는 재료(원료)가 되는 것을 말합니다.
- 고체는 딱딱하고 모양이 변하지 않으며, 액체는 담는 그릇에 따라 모양이 변합니다.
- 가루물질은 알갱이의 크기, 색깔, 촉감, 맛이 서로 다릅니다.

2. 초등학교 6학년 1학기 - 6. 여러 가지 기체

- 이 단원의 목표는 산소, 이산화탄소, 수소를 발생시켜 그 성질을 알아보고, 여러 기체가 일상생활에서 어떻게 활용되는지 학습하는 것입니다.

내용 정리

- 산소는 물에 녹지 않으며, 다른 물질을 잘 타게 도와주는 성질을 가지고 있습니다.

- 이산화탄소는 색깔과 냄새가 없고, 공기보다 무거우며 불을 끄는 성질이 있습니다. 또 물에 잘 녹지 않으며 석회수를 뿌옇게 흐리게 합니다.
- 수소는 스스로 타는 성질이 있고, 공기보다 가볍습니다. 공해가 없는 연료이기도 합니다.

3. 초등학교 6학년 2학기 – 5. 연소와 소화

- 이 단원의 목표는 연소와 소화의 개념과 원리에 대해서 학습하는 것입니다.

내용 정리

- 물질은 연소 전과 연소 후에 전혀 다른 물질을 생성합니다.
- 물질이 연소하려면 공기가 필요합니다.
- 물질이 열을 받아 타기 시작하는 온도를 **발화점**이라 하며, 이것은 물질에 따라 다릅니다.
- **연소의 조건** : 탈 물질과 공기가 있어야 하며, 발화점 이상의 온도로 높여 주어야 합니다.
- **소화의 조건** : 탈 물질을 제거하고, 공기를 차단해야 하며 발화점 이하로 낮춰 주어야 합니다.

4. 중학교 1학년 – 4. 물질의 세 가지 성질

- 이 단원의 목표는 기화, 액화, 응고, 융해, 승화와 같은 여러 가지

상태변화를 관찰하고, 이로부터 물질은 분자라는 기본 입자로 이루어져 있다는 것을 이해하는 것입니다. 또한 분자 모형으로 물질 상태를 표현하여 분자 배열의 차이를 비교합니다.

내용 정리

- 대부분의 물질은 온도에 따라 기체, 액체, 고체의 세 가지 상태로 존재하며, 가열하거나 냉각시키면 상태가 변합니다. 즉, 물질 그 자체는 변하지 않고, 온도의 변화에 따라 고체, 액체, 기체로 그 외형만 변하는 것을 **상태변화**라고 합니다.

- 고체가 액체로 변하는 현상을 **융해**라 하고, 이때의 온도를 **녹는점**이라고 합니다.

- 액체가 고체로 변하는 현상을 **응고**라 하고, 이때의 온도를 **어는점**이라고 합니다.

- 액체가 기체로 변하는 현상을 **기화**, 반대로 기체가 액체로 변하는 현상을 **액화**라고 하며, 기화가 일어나는 온도를 **끓는점**이라고 합니다.

- 분자는 그 물질의 성질을 가진 가장 작은 알갱이입니다. 분자는 더 작은 알갱이인 원자로 나누어질 수 있으나, 그러면 물질의 고유한 성질을 잃게 됩니다.

- 상태변화가 일어날 때 부피가 변하는 이유는 고체 → 액체 → 기체가 될수록 분자 사이의 간격이 넓어지기 때문입니다.

5. 중학교 3학년 – 3. 물질의 구성

- 이 단원의 목표는 물질의 입자 개념을 알고, 다양한 종류의 원소를 원소기호로 표현하고, 원소기호를 이용하여 간단한 분자를 화학식으로 나타내는 것입니다. 또한 원자 모형을 이용하여 간단한 화합물을 나타내고, 화합물에서 원자의 공간 배열을 정성적으로 이해합니다.

내용 정리

- **원자**는 양성자와 중성자가 모여 있는 원자핵과 원자핵을 둘러싸고 있는 전자로 구성되어 있습니다.
- **원자핵** 속의 양성자는 양(+)전하를 띠며, 전자는 음(-)전하를 띠고 있는데, 양성자와 전자의 전기량은 똑같으므로 원자는 전기적으로 중성을 나타냅니다.
- **돌턴의 원자설** : 원자는 더 이상 쪼갤 수 없으며, 원자에 따라 질량과 부피는 다릅니다. 한 원소의 원자는 다른 원소의 원자로 바뀌거나, 없어지거나, 새로 생성되지 않습니다. 화합물은 한 원자와 다른 원자가 정하여진 수의 비율로 결합함으로써 이루어집니다.
- **아보가드로의 법칙** : 온도와 압력이 같으면 모든 기체는 같은 부피 속에 항상 같은 수의 분자를 포함합니다.
- **기체 반응의 법칙** : 온도와 압력이 같을 때 반응하는 기체와 생성되는 기체의 부피 사이에는 언제나 간단한 정수비가 성립됩니다.

6. 중학교 3학년 - 5. 물질 변화의 규칙성

- 이 단원의 목표는 화학반응 실험을 통하여 반응물질과 생성물질을 알아보고, 물리변화와의 차이를 아는 것입니다. 또한 화학 반응 전과 후에 질량이 보존된다는 것과 일정 성분비의 법칙이 성립하는 것을 물질의 입자 모형으로 학습합니다.

> **내용 정리**
>
> - **질량 보존의 법칙** : 반응을 일으키기 전의 물질의 총 질량은 화학 반응을 일으킨 후에 생성된 물질의 총 질량과 같습니다.
> - **일정성분비의 법칙** : 두 물질이 화합하여 한 화합물을 만들 때, 그 화합물을 구성하는 성분 물질의 질량 사이에는 일정한 비가 성립합니다.

7. 고등학교 - 1. 물질의 상태와 용액

- 이 단원의 목표는 몰 개념을 도입한 후 기체의 부피, 압력, 온도의 관계를 상태 방정식으로 나타내고, 기체 분자의 확산 속도와 분자량 사이의 정량적인 관계를 이해하는 것입니다.

내용 정리

- **보일의 법칙** : 일정한 온도에서 일정량의 기체의 부피는 압력에 반비례합니다.
- **샤를의 법칙** : 일정한 압력에서 일정량의 기체의 부피는 온도가 1 ℃씩 오를 때마다 0℃ 때 부피만큼씩 증가합니다.
- **보일-샤를의 법칙** : 일정량의 기체의 부피는 압력에 반비례하고, 절대온도에 비례합니다.

과학자들이 들려주는 과학 이야기 82

켈빈이 들려주는 온도 이야기

책에서 배우는 과학 개념

온도와 관련되는 개념 및 용어들

교육과정과의 연계

구분	과목명	학년	단원	연계되는 개념 및 원리
초등학교	과학	4학년 2학기	5. 열에 의한 물체의 부피 변화	물질은 가열하거나 식히면 부피가 변함
			8. 열의 이동과 우리 생활	열전도, 열평형
		5학년 1학기	3. 기온과 바람	대류
중학교	과학	1학년	4. 물질의 세 가지 상태	상태 변화, 녹는점, 어는점, 기화, 액화, 융해, 응고, 끓는점

구분	과목명	학년	단원	연계되는 개념 및 원리
중학교	과학	1학년	7. 상태 변화와 에너지	융해(고체→액체), 응고(액체→고체), 기화(액체→기체), 액화(기체→액체)
고등학교	화학Ⅱ	3학년	3. 화학반응	발열반응, 흡열반응

책 소개

우리는 일상생활에서 온도와 관련된 이야기를 많이 접하고 있습니다. 여름에는 그날의 최고 기온을, 겨울에는 체감온도라는 말을 자주 듣습니다. 《켈빈이 들려주는 온도 이야기》는 우리가 일상에서 흔히 쓰는 온도에 관한 이야기에서부터 과학의 원리가 담긴 온도 이야기까지 쉽고, 재미있게 설명하고 있습니다. 온도에 대해 익히 알고 있었던 지식들을 재미난 강의를 통해 다시 확인하고, 숨겨진 과학 이야기로 한층 더 재미있는 학습이 될 수 있도록 구성하였습니다.

이 책의 장점

1. 초등학생들에게는 온도와 관련하여 깊이 있는 지식을 탐구할 수 있는 기회를 제공하며, 중·고등학생들에게 물질과 상태변화에 대해 학습하는 데 도움을 줍니다.
2. 온도는 생활과 밀접한 관련이 있는 과학 개념입니다. 과학적 지식으로 암기하기 이전에 재미난 이야기를 통해 생활 속에서 이해할 수 있도록 구성하였습니다.

3. 초등학교의 열, 기온에 대한 단원과 중학교의 상태변화 단원, 고등학교의 화학반응 대한 단원까지 연계하여 학습할 수 있도록 하였습니다.

각 차시별 소개되는 과학적 개념

1. 첫 번째 수업 _ 온도
- 온도는 물체의 따뜻함과 차가움의 정도를 수량적으로 나타낸 것입니다.

2. 두 번째 수업 _ 온도와 열
- 온도는 원자나 분자가 열운동하는 정도를 나타내고, 열은 물질을 구성하는 원자나 분자의 열운동으로부터 발생됩니다. 때문에 온도가 높으면 열운동은 활발해지고, 온도가 낮으면 열운동은 위축됩니다.

3. 세 번째 수업 _ 온도계와 온도눈금
- 온도계는 보이지 않는 열의 존재를 눈으로 보여주는 도구이며, 온도에 따라 변하는 물질의 성질을 이용하여 만든 것입니다. 온도눈금은 물질의 끓는점과 어는점의 압력이 일정할 때 불변하다는 성질을 이용하여 나누었습니다.

4. 네 번째 수업 _ 절대온도, 온도의 상한과 하한
- 이론적으로 모든 분자운동이 정지하는 영하 273.16℃를 온도의 하한선이라고 보고 있으며, 이 온도를 0℃로 하는 온도눈금을 정

해 사용하는 것이 절대온도(켈빈온도, 열역학적 온도)라고 합니다. 하지만 온도의 상한선은 없는 것으로 보고 있습니다.

5. 다섯 번째 수업 _ 온도와 열전달
- 열이 전달되는 방법에는 물체간의 직접 접촉을 통해 전달되는 전도, 열에너지를 가진 분자들이 직접 이동하는 대류, 열을 전달하는 매개물질 없이 순간적으로 열이 전달되는 복사가 있습니다.

6. 여섯 번째 수업 _ 온도에 따라 달라지는 물질의 성질
- 온도가 올라가면서 물체의 길이나 부피가 늘어나는 현상을 열팽창이라고 합니다. 같은 질량의 물질에 대해서 열을 가했을 때 빨리 뜨거워지는 정도를 비교하는 양을 비열이라고 합니다.

7. 일곱 번째 수업 _ 여러 가지 온도계
- 역학적 온도계는 물질의 역학적 성질이 변하는 것을 이용하여 만든 것입니다. 전기적 온도계는 열전효과나 전기저항이 변하는 것을 이용합니다. 복사선이 변하는 것을 이용한 복사 온도계도 있으며 이 밖에 다양한 온도계가 있습니다.

8. 여덟 번째 수업 _ 온도와 상변화
- 물질은 온도에 따라 상태가 변화합니다.

9. 아홉 번째 수업 _ 온도와 생물
- 동물은 체온조절 기구의 발달 여부에 따라 변온동물과 정온동물로 나누어집니다. 체온조절 기관이 있는 정온동물은 변온동물에 비해 생존에 유리합니다.

이 책이 도움을 주는 관련 교과서 단원

켈빈의 온도 이야기와 관련되는 교과서에 등장하는 용어와 개념들입니다.

1. 초등학교 4학년 2학기 - 5. 열에 의한 물체의 부피변화

- 이 단원의 목표는 고체, 액체, 기체에 열을 가했을 때의 상태변화를 알아보고, 이를 실생활에 이용한 예를 찾아보는 것입니다.

내용 정리

- 고체, 액체, 기체는 가열하면 부피가 늘어나고, 식히면 부피가 줄어듭니다.

2. 초등학교 4학년 2학기 - 8. 열의 이동과 우리 생활

- 이 단원의 목표는 열에 대해 알아보고, 고체, 액체, 기체에서의 열의 이동에 대해서 알아보는 것입니다.

내용 정리

- 열은 온도가 높은 곳에서 낮은 곳으로 이동합니다. (열의 전도)
- 열이 한 곳에서 다른 곳으로 이동하는 경우, 양쪽의 열이 같아질 때까지 이동합니다. (열평형)
- 공기의 대류 현상에 의해 더운 공기는 위로 올라가고, 찬 공기는 아래로 내려옵니다.

3. 초등학교 5학년 1학기 – 3. 기온과 바람
- 이 단원의 목표는 기온의 변화를 알아보는 것입니다. 지면과 수면의 온도차를 통해 바람이 부는 까닭과 바람의 방향을 이해하는 것입니다.

내용 정리
- 모래가 물보다 더 빨리 가열되고, 빨리 식습니다.
- 바람이란 두 곳의 온도차가 있을 때, 공기가 찬 곳에서 따뜻한 곳으로 이동하는 현상입니다.

4. 중학교 1학년 – 4. 물질의 세 가지 상태
- 이 단원의 목표는 기화, 액화, 응고, 융해, 승화 같은 여러 가지 상태변화를 관찰하여 물질의 기본 입자가 분자로 이루어져 있다는 것을 이해하는 것입니다. 또한 분자 모형을 이용하여 물질의 상태를 표현하고, 물질의 상태에 따른 분자 배열의 차이를 비교합니다.

내용 정리
- 대부분의 물질은 온도에 따라 기체, 액체, 고체의 세 가지 상태로 존재하며, 가열하거나 냉각시키면 상태가 변합니다. 즉, 물질이 물질 그 자체는 변하지 않고 온도의 변화에 따라 고체, 액체, 기체 상태로 그 외형만 변하는 것을 **상태변화**라고 합니다.
- 고체가 액체로 변하는 현상을 **융해**라 하고, 이때의 온도를 **녹는점**

이라고 합니다.
- 액체가 고체로 변하는 현상을 **응고**라 하고, 이때의 온도를 **어는점**이라고 합니다.
- 액체가 기체로 변하는 현상을 **기화**, 반대로 기체가 액체로 변하는 현상을 **액화**라고 하며, 기화가 일어나는 온도를 끓는점이라고 합니다.

5. 중학교 1학년 – 7. 상태변화와 에너지
- 이 단원의 목표는 물질의 상태가 변할 때의 온도 변화를 측정하여 그래프로 나타내고, 상태변화와 열에너지의 관계를 이해하는 것입니다.

내용 정리
- 온도가 다른 두 물체가 접촉해 있거나 서로 섞일 때 높은 온도의 물질에서 낮은 온도의 물질로 열에너지가 이동합니다.
- 액체를 가열하면 온도가 올라가다가 액체가 끓는 동안에는 온도가 일정하게 유지될 때의 온도를 끓는점이라고 합니다.
- 액체가 끓는 동안 온도가 일정한 이유는 가해준 열이 모두 상태변화에 사용되기 때문입니다.
- 액체가 고체로 상태가 변하는 동안에는 온도가 일정하게 유지될 때의 온도를 어는점이라고 합니다.
- 상태가 변하는 동안 온도가 일정한 이유는 상태가 변할 때는 방출

되는 열이 외부에서 빼앗아 가는 열을 보충하기 때문입니다.
- 융해(고체→액체), 응고(액체→고체), 기화(액체→기체), 액화(기체→액체)

6. 고등학교 - 3. 화학반응

- 이 단원의 목표는 화학반응에 수반되는 열의 흐름에 엔탈피 변화로 나타내고, 실험을 통하여 헤스의 법칙을 확인하는 것입니다. 또한 열화학반응에서의 엔탈피 변화를 결합 에너지와 관련지어 이해하는 학습을 합니다.

내용 정리

- **반응열(Q)** : 화학반응이 일어날 때 방출되거나 흡수되는 열량을 말합니다.
- **발열 반응(Q>0)** : 반응물의 에너지가 생성물의 에너지보다 커서 반응이 일어날 때 열을 방출하는 반응을 말합니다.(반응 후 온도 상승).
- **흡열 반응(Q<0)** : 생성물의 에너지가 반응물의 에너지보다 커서 반응이 일어날 때 열을 흡수하는 반응을 말합니다.(반응 후 온도 하강).

과학자들이 들려주는 과학 이야기 83

퀴네가 들려주는 효소 이야기

책에서 배우는 과학 개념

효소와 관련되는 개념 및 용어들

교육과정과의 연계

구분	과목명	학년	단원	연계되는 개념 및 원리
초등학교	과학	5학년 2학기	8. 에너지	에너지
중학교	과학	1학년	7. 상태 변화와 에너지	상태 변화, 에너지의 흡수·방출
			8. 소화와 순환	소화 효소, 펩신, 이자액, 장액
고등학교	생물 II	3학년	1. 세포의 특성	활성화 에너지, 기질의 특이성

책 소개

우리는 매일 식사를 통해서 영양소를 얻고 그 영양소를 분해하여 활동할 수 있는 에너지를 얻습니다. 이런 영양소의 분해, 합성 과정은 모두 우리 몸속에서 일어나고 있는 화학반응입니다. 이 화학반응은 저절로 일어나는 것이 아니라 우리 몸속에서 열심히 일하고 있는 숨은 일꾼 '효소'에 의해서 일어납니다. 《퀴네가 들려주는 효소 이야기》에는 효소가 하는 일과 성질, 생활에서 어떻게 활용되는지 강의 형식으로 소개하고 있습니다. 이 책은 단순 암기하는 것이 아니라 선생님과 이야기하듯 편안하게 효소 공부를 할 수 있는 시간이 될 것입니다.

이 책의 장점

1. 초등학생들에게는 5학년 때 배우는 에너지 단원과 관련하여 효소를 학습하고, 중·고등학생들에게 과학과 교육과정에서 배운 내용을 다시 한 번 확인할 수 있는 기회를 마련합니다. 더불어 교과서에서 다루지 않는 내용까지 공부하게 됨으로써 과학에 대한 이해를 높일 수 있게 될 것입니다.
2. 생활 속 이야기를 통해 차근차근 풀어나감으로써 과학 지식을 외우지 않고도 쉽게 이해할 수 있도록 구성하였습니다.
3. 초등학교 5학년 과학과 교육과정에 있는 에너지 단원에서부터 중학교 과학을 거쳐 고등학교 생물 과정에 이르기까지 짜임새 있는 학습을 할 수 있도록 하였습니다.

각 차시별 소개되는 과학적 개념

1. 첫 번째 수업 _ 화학반응

- 두 가지 이상의 물질이 결합하여 전혀 다른 물질이 생겨나는 것을 화학반응이라고 합니다. 우리 몸속에서 일어나는 화학반응은 물질을 분해하는 '이화반응' 과 물질을 합성하는 '동화반응' 으로 나뉘며 이 둘을 합쳐 '물질대사' 라고 합니다.

2. 두 번째 수업 _ 활성화 에너지(에너지 언덕)

- 에너지 언덕(활성화 에너지)을 넘으면 물질의 화학반응이 시작되며, 효소는 우리 몸의 에너지 언덕을 낮추는 기능을 하고 있습니다.

3. 세 번째 수업 _ 효소

- 효소의 주성분은 단백질이며 효소는 화학반응 과정에서 없어지지 않습니다.

4. 네 번째 수업 _ 촉매반응

- 효소는 세포 안에 들어 있는 물에 있으며 체온과 1기압 정도의 조건에서 화학반응이 매우 신속하게 일어나게 해줍니다. 그러면서도 자신은 변하지 않습니다.

5. 다섯 번째 수업 _ 효소와 기질

- 효소와 만나는 물질을 기질이라고 합니다. 효소와 기질이 만나는 부위를 활성부위라고 합니다. 효소와 기질이 만나는 데 도움을 주는 효소를 '조효소' 라고 하며 주로 비타민이 이용됩니다.

6. 여섯 번째 수업 _ 효소의 조절

- 효소는 호르몬에 의해서 조절됩니다. 효소의 기능이 잘 조절되면

우리 몸의 체온도 일정하게 유지됩니다.

7. 일곱 번째 수업 _ 효소가 일을 잘 할 조건
   - 효소는 온도에 민감합니다. 효소는 한 가지의 기질하고만 반응하는 '기질의 특이성'을 가지고 있습니다. 효소는 열에 약하며 대부분의 효소는 중성에서 활발히 반응합니다.

8. 여덟 번째 수업 _ 음식과 효소
   - 효소를 이용해 만든 음식에는 여러 가지가 있습니다. 발효식품들이 이에 속하며 주스와 홍차, 식혜 등 마실 거리도 이를 이용한 것입니다.

9. 아홉 번째 수업 _ 생활과 효소
   - 효소가 생물체 밖에서도 활동할 수 있다는 것을 이용하여 생활의 많은 부분에서 효소를 응용하였습니다.

10. 열 번째 수업 _ 효소와 건강
    - 우유 소화 효소가 없는 것을 '유당 불내증'이라고 합니다. 술(알코올)을 분해하는 '알코올 탈수소효소'라는 것이 있습니다. 담배 연기가 폐에 들어오면 효소가 방출되는데, 이 효소가 폐 조직을 파괴합니다.

11. 열한 번째 수업 _ 바이오센서와 바이오리액터
    - 바이오센서는 안에 포도당을 산화하는 효소가 막에 고정되어 있어 이곳에 혈액을 채취하여 건강을 진단하는 데 쓰이고 있습니다.
    - 바이오리액터란 고정화시킨 효소를 이용하여 필요한 물질을 계속해서 만드는 생물 반응장치입니다.

12. 열두 번째 수업 _ 효소와 유전공학

- 풀과 가위 역할을 하는 제한효소와 DNA연결효소를 통해 DNA를 잘라 붙일 수 있으며, 세균을 DNA 속에 넣어주기도 합니다. 세균이 분열하는 성질을 통해 다량으로 인슐린을 만들기도 합니다.

13. 열세 번째 수업 _ 효소와 미래

- 미래에 효소는 먹을거리, 건강, 환경 등 다방면에서 활용될 수 있을 것입니다.

이 책이 도움을 주는 관련 교과서 단원

퀴네의 효소 이야기와 관련되는 교과서에 등장하는 용어와 개념들입니다.

1. 초등학교 5학년 2학기 - 8. 에너지

- 이 단원의 목표는 에너지가 무엇인지 알아보고, 다른 에너지를 열에너지, 운동에너지로 바꾸는 것에 대해서 알아보는 활동을 하는 것입니다. 그리고 여러 가지 에너지를 비교해 보고 생활에 활용해 보는 것이 목표입니다.

> **내용 정리**
> - **에너지** : 물체를 움직이게 하거나 물체에 어떤 변화를 주는 능력
> - 사람은 음식물을 먹고 신체를 구성하고, 운동 에너지로 전환시킵니다.

2. 중학교 1학년 – 7. 상태변화와 에너지

- 이 단원의 목표는 물질의 상태가 변할 때의 온도 변화를 측정하여 그래프로 나타내고, 상태변화와 열에너지와의 관계를 이해하는 것입니다.

> **내용 정리**
> - 상태변화가 일어날 때는 반드시 열에너지의 흡수 또는 방출이 일어납니다.

3. 중학교 1학년 – 8. 소화와 순환

- 이 단원의 목표는 우리 몸에 필요한 영양소의 종류와 작용을 조사하고, 음식물 속에 들어 있는 3대 영양소를 알아보는 것입니다. 또한 소화 기관과 관련지어 음식물 속의 영양소가 소화, 흡수되는 것을 학습합니다. 혈구를 관찰하고 혈액의 조성과 기능을 이해하며, 모형이나 표본을 이용하여 사람의 심장 구조를 관찰하고, 혈액의 흐름에 대해 공부합니다.

내용 정리

- 음식물 속에 들어 있는 영양소를 우리 몸이 흡수할 수 있을 정도의 작은 크기로 분해하는 과정을 **소화**라고 합니다.
- **소화 효소**란 생물체 내에서 일어나는 화학반응을 촉진시키는 촉매로써 단백질로 되어 있으며 체온 정도의 온도에서 작용이 가장 활발합니다.
- 위샘에서 분비된 위액 속에는 점액, 염산, 펩신이 들어 있으며, 이 중에서 **펩신**은 화학적 소화를 담당하는 효소입니다.
- 펩신은 위샘에서 분비될 때는 펩시노겐의 상태인데 염산과 반응하여 펩신으로 되며, 단백질을 펩톤으로 분해합니다. 펩신은 강한 산성 상태에서만 소화 작용을 나타냅니다.
- **이자액**은 이자에서 만들어져서 십이지장으로 분비되는 약한 염기성의 액체로, 트립신, 리파아제, 아밀라아제, 말타아제 등의 효소가 들어 있어 3대 영양소를 모두 분해합니다.
- **장액**은 소장의 융털 돌기 사이에 있는 장샘에서 분비되는 약한 염기성 액체로, 탄수화물과 단백질을 분해하는 효소들이 들어 있습니다.

4. 고등학교 – 1. 세포의 특성

- 이 단원의 목표는 세포의 전자 현미경의 구조와 그 기능을 간단히 이해하며, 확산, 삼투, 능동 수송 등 세포막을 통한 물질 출입 현상을 이해하는 것입니다. 또한 효소의 구성과 종류 및 특이성에 대해서도 공부합니다.

내용 정리

- 활성화 에너지는 분자들이 반응을 일으키는 데 필요한 최소한의 에너지를 말합니다.
- 화학반응에 효소가 작용하면, 활성화 에너지가 낮아지고 그 결과 반응 속도가 촉진됩니다.
- 효소는 종류에 따라 작용하는 기질의 종류가 정해져 있는데, 이를 **기질의 특이성**이라고 합니다.
- 효소는 적절한 pH범위에서 활성이 크게 나타나며 최적 pH는 효소마다 다릅니다.
- 무기 촉매에 의해 촉진되는 반응은 온도가 올라갈수록 반응 속도가 빨라지지만, 효소는 적절한 온도 범위에서만 활성을 나타냅니다.
- 효소는 35~40℃의 온도에서 최대의 활성을 나타냅니다. 70℃ 이상의 고온에서는 효소로서의 기능을 잃어버리게 되는데, 이는 효소의 성분이 단백질이기 때문에 고온에서는 변성, 응고로 불활성화되기 때문입니다.

과학자들이 들려주는 과학 이야기 84

제너가 들려주는 면역 이야기

책에서 배우는 과학 개념

면역과 관련되는 개념 및 용어들

교육과정과의 연계

구분	과목명	학년	단원	연계되는 개념 및 원리
초등학교	과학	6학년 1학기	3. 우리 몸의 생김새	감각기관, 피부
중학교	과학	1학년	8. 소화와 순환	백혈구, 적혈구, 혈장 식균작용, 면역작용
고등학교	생물 I	2학년	3. 순환	항원, 항체, B림프구, T림프구 면역, 알레르기

책 소개

면역이란 넓은 의미에서 자신에게 침입한 '자기가 아닌 것'을 알아보고, 그것으로부터 '자기를 지키는 능력'을 말합니다. 또 다른 의미로는 한 번 걸린 병에 잘 걸리지 않는 것도 면역이라고 합니다. 지금도 우리 몸에는 면역 작용이 일어나고 있습니다. 《제너가 들려주는 면역 이야기》는 천연두 예방접종을 발견한 제너가 들려주는 면역 이야기, 혈액형과 파스퇴르와 백신 개발, 독감과 알레르기, 에이즈와 암 등에 관한 내용을 다루고 있습니다. 이 책은 과학자가 질문을 던지고, 각자의 의견을 대답하는 형식으로 이루어져 어려운 이론을 쉽고, 재미있게 구성하였습니다.

이 책의 장점

1. 초등학생들에게는 우리 몸에서 일어나는 일에 대해서 흥미를 가질 수 있도록 하였으며, 중·고등학생들에게 소화와 순환과 관련하여 깊이 있게 학습할 수 있도록 하였습니다.
2. 면역에 대한 과학적 지식을 나열하는 것이 아니라, 역사적으로 어떻게 면역에 대한 연구가 발달했는지를 이야기를 통해서 재미나게 풀어나감으로써 학생들은 암기하지 않고 자연스럽게 면역에 대해 학습할 수 있습니다.
3. 초등학교부터 고등학교 과정까지 우리 몸, 소화, 순환과 관련된 단원 학습이 유기적으로 연계 학습할 수 있도록 구성하였습니다.

각 차시별 소개되는 과학적 개념

1. 첫 번째 수업 _ 우리 몸은 전쟁터
- 피부와 점액 등의 외부로부터 적의 침입을 막는 장치를 1차 방어선이라고 합니다.

2. 두 번째 수업 _ 백혈구
- 우리 몸을 지키기 위해 싸우는 것은 백혈구인데 골수에서 만들어집니다.
- T림프구는 적이 침입하는지 살피고, 대식세포나 호중성 백혈구는 적을 잡아먹고, B림프구는 항체를 만들어냅니다.

3. 세 번째 수업 _ 2차 방어선의 용맹한 전사
- 호중성 백혈구와 대식세포는 우리 몸의 2차 방어선을 담당합니다.
- 호중성 백혈구는 아메바처럼 움직이며 균을 잡아먹고, 혈관 밖으로 나가기도 합니다.
- 대식세포는 세포를 죽이는 커다란 세포로, 식균 작용을 담당합니다.

4. 네 번째 수업 _ 적을 알아보기
- 균을 먹은 대식세포는 그것을 분해하여 표지가 될 만한 조각을 자신의 몸에 매답니다. 이것을 '항원제시'라고 합니다. T림프구는 이것을 알아보고 적에게 감염된 병든 세포를 죽이도록 명령합니다. 그리고 B림프구에게 항체를 만들라고 합니다.

5. 다섯 번째 수업 _ 사령관 T림프구

- T림프구는 흉선에서 '나'와 '적'을 알아보는 교육을 받습니다. T림프구는 킬러, 헬퍼, 억제 T림프구로 나뉩니다.
- 보조 T림프구는 제시된 항원을 자신의 몸에 돌출된 장치에 대어 보고 적인지 아닌지를 분별합니다.

6. 여섯 번째 수업 _ 적과의 전쟁

- 적과 싸우기 위해서 신호물질을 분비하여 서로 연락을 취하는데, 이를 '시토키닌'이라고 합니다. 신호물질 시토키닌은 영양소 분해, 항체 만들기, 수면촉진, 혈액 순환 촉진 등 여러 가지 역할을 하기도 합니다.
- B림프구는 침입한 항원에 대항하는 항체를 만듭니다. 항체는 식균 작용을 돕습니다.

7. 일곱 번째 수업 _ 혈액형

- 혈액형마다 적혈구에 그 혈액형을 나타내는 표지가 있습니다. 다른 혈액형이 침입하게 되면 그것을 적(항원)으로 알아보고 항체가 생겨나 붙잡게 되는데, 이를 응집반응이라고 합니다.

8. 여덟 번째 수업 _ 천연두와의 전쟁

- 한 번 침입했던 균을 기억하는 림프구를 기억세포라고 합니다. 제너는 우두의 균을 미리 침투시켜 천연두를 죽일 수 있는 기억 세포를 활성화시켜 천연두를 예방하는 '종두법'을 만들어냈습니다.

9. 아홉 번째 수업 _ 파스퇴르와 백신 개발

- 백신이란 죽이거나 약화시킨 병원체입니다. 백신을 맞으면 병에 걸리지는 않지만 백신을 통해 들어온 병원체를 기억할 수 있게 됩니다. 파스퇴르는 닭 콜레라, 탄저병, 광견병에 관한 백신을 개발했습니다.

10. 열 번째 수업 _ 알레르기

- 항체 중에 알레르기를 일으키는 IgE라는 항체가 있습니다. 병원균이 침입했을 때 몸에서 IgE라는 항체가 생기고, 이는 비만 세포에 달라붙습니다. 다음에 알레르기 물질이 들어오면 그 항체와 결합하여 비만세포에서 히스타민을 다량 분비하게 합니다.

11. 열한 번째 수업 _ 독감과 조류 독감

- 감기와 독감은 증상과 원인 바이러스가 다릅니다. 사람에게 독감을 일으키는 바이러스와 조류에게 독감을 일으키는 바이러스는 유사한데 조류에게서 돼지로, 돼지에게서 사람으로 옮겨져 독감이 발병한 것으로 추정하고 있습니다.

12. 마지막 수업 _ AIDS와 암

- 에이즈(AIDS)는 후천성 면역결핍증인데, HIV 바이러스가 보조 T 림프구를 공격하여 면역력을 없앱니다.
- 암은 분열을 멈추지 않는 세포입니다. 또한 다른 곳으로 옮겨지는데, 이를 '전이'라고 합니다.
- 암을 죽이는 세포는 NK세포(Natural Killer, 자연살해세포)입니다.

이 책이 도움을 주는 관련 교과서 단원

제너의 면역 이야기와 관련되는 교과서에 등장하는 용어와 개념들입니다.

1. 초등학교 6학년 1학기 – 3. 우리 몸의 생김새
- 이 단원의 목표는 우리 몸의 생김새를 학습하는 것입니다. 뼈와 근육, 호흡, 심장, 소화, 배설, 자극 반응, 내장 기관 등에 대해 알아보고, 우리 몸을 건강하기 위해 어떻게 해야 할 것인지에 대해 공부합니다.

내용 정리
- 우리 몸속의 기관의 종류에는 호흡 기관, 순환 기관, 소화 기관, 배설 기관, 그 밖에도 신경계와 뼈, 근육이 있습니다.
- 우리 몸속에 나쁜 병원균이 침입하여 여러 기관을 병들게 하기도 합니다.

2. 중학교 1학년 – 8. 소화와 순환
- 이 단원의 목표는 우리 몸에 필요한 영양소의 종류와 작용을 조사하고, 음식물 속에 들어 있는 3대 영양소를 알아보는 것입니다. 또한 소화 기관과 관련지어 음식물 속의 영양소가 소화, 흡수 되는 것을 학습합니다. 혈구를 관찰하고 혈액의 조성과 기능을 이해하며, 모형이나 표본을 이용하여 사람의 심장 구조를 관찰하고, 혈액의 흐름에 대해 공부합니다.

내용 정리

- 혈액은 온몸을 순환하면서 세포에 산소와 영양분을 공급하고, 세포에서 생긴 이산화탄소와 노폐물을 받아 운반하는 역할을 합니다.
- 혈액의 45%는 고형 성분인 혈구(적혈구, 백혈구, 혈소판)이고, 나머지 55%는 액체 성분인 혈장으로 되어 있습니다.
- 적혈구에는 헤모글로빈이라는 붉은 색소가 들어 있어서 붉게 보입니다.
- 헤모글로빈은 산소가 많은 곳(폐)에서는 산소와 쉽게 결합하고, 산소가 적은 곳(조직 세포)에서는 산소와 떨어지는 성질이 있어 산소를 운반합니다.
- 백혈구는 혈관 안팎을 드나들면서 몸속에 침입한 병균을 잡아먹습니다(식균 작용).
- 상처가 나면 혈소판이 파괴되어 혈액 응고 효소가 나와 혈액을 응고시킵니다.
- 혈장 내의 항체가 병원체에 대한 방어 작용을 합니다(면역 작용).

3. 고등학교 생물 I - 3. 순환

- 이 단원의 목표는 혈액과 림프의 구성 성분과 기능을 배우고, 혈액 순환과 관련된 심장과 혈관의 구조에 대하여 이해하는 것입니다. 그리고 심장병, 동맥 경화 등 순환기 장애의 원인과 인체의 면역 체계에 대하여 조사·토의하는 활동을 합니다.

내용 정리

- **항원**이란 독소, 병원체 같은 이질 단백질을 말하며, 비자기단백질로 우리 몸에 침투한 적입니다.
- **B림프구**(B_cell)는 초당 200개 항체를 생성하고, 일부는 기억세포로 전환됩니다.
- **항체**는 항원에 대해 반응하는 단백질입니다.
- **체액성면역**이란 골수에서 생성된 B림프구가 항원을 식별하여 항체를 생성하거나, 기억세포 되어 항체를 생산하는 것을 말합니다.
- **세포성면역**이란 흉선에서 생성된 T림프구가 직접항체 역할을 하는 것을 말합니다. 백혈구와는 달리 특정 항원만 공격합니다.
- **에이즈**(AIDS)란 HIV가 T림프구를 파괴하여 면역 기능이 현저히 떨어지는 병을 말합니다.
- **항원항체반응**에는 특이성이 있습니다.

- **항체의 종류**에는 응집소, 용혈소, 침강소, 항독소가 있습니다.
- **면역**이란 어떤 병원체에 대한 항체가 생성되어 그 병원체에 대해 방어 능력이 있는 상태를 말합니다.
- **알레르기**란 항원항체반응의 이상 예민 현상으로 세포에서 히스티딘이 방출되어 발열, 발진되는 현상을 말합니다.

과학자들이 들려주는 과학 이야기 85

스테빈이 들려주는 분수와 소수 이야기

책에서 배우는 과학 개념

분수, 소수와 관련된 수학적 개념과 용어

교육과정과의 연계

구분	과목명	학년	단원	연계되는 개념 및 원리
초등학교	수학	3학년 가	7. 분수	분수와 소수의 사칙연산에 관련되는 개념 및 원리 단위분수, 진분수, 가분수, 대분수, 통분, 약분, 기약분수
		4학년 나	1. 분수	
			2. 소수	
		5학년 가	5. 분수의 덧셈과 뺄셈	
			7. 분수의 곱셈	
		5학년 나	1. 소수의 곱셈	
			2. 분수의 나눗셈	
			4. 소수의 나눗셈	

구분	과목명	학년	단원	연계되는 개념 및 원리
초등학교	수학	6학년 가	1. 분수와 소수	분수와 소수의 사칙연산에 관련되는 개념 및 원리 단위분수, 진분수, 가분수, 대분수, 통분, 약분, 기약분수
		6학년 나	1. 분수의 나눗셈	
			3. 소수의 나눗셈	
			5. 분수와 소수의 계산	
중학교	수학	1학년 가	2. 정수와 유리수	정수, 유리수
		2학년 가	1. 유리수와 근사값	유한소수, 무한소수, 순환소수

책 소개

《스테빈이 들려주는 분수와 소수 이야기》는 세계 최초로 소수를 발명한 16세기 수학자 스테빈이 들려주는 분수와 소수 이야기로 분수의 개념과 탄생, 분수가 낳은 소수, 유리수의 세계 등의 내용을 담고 있습니다. 그동안 공식으로만 알아왔던 분수의 덧셈, 뺄셈, 곱셈, 나눗셈의 계산 방식을 흥미로운 과정을 통해서 재밌고 이해하기 쉽게 설명해주고 있습니다. 더불어 여러 가지 문제를 통해 수학적 문제 해결력을 키울 수 있도록 돕고 있습니다.

이 책의 장점

1. 분수와 소수는 수의 연산에서 중요한 위치를 차지합니다. 하지만 우리는 분수와 소수의 계산 과정을 단순하게 공식으로 암기하였습니다. 이 책은 분수와 소수의 계산 과정을 자세하게 풀이함으로써 수학적 사고력 확장과 문제 해결력 신장에 도움을 줄 것입니다.

2. 수학은 우리 생활과 밀접한 관련이 있습니다. 이 책을 통해서 분수와 소수가 생활과 얼마나 밀접한 관련이 있는지 깨닫고, 생활 속에서 분수와 소수를 활용하는 방법을 됩니다.
3. 초등학교 교과과정에서 분수와 소수에 관련된 모든 단원에 대한 총체적인 설명이 될 수 있으며, 중학교 수의 범위까지 연계하여 학습할 수 있도록 구성하였습니다.

각 차시별 소개되는 수학적 개념

1. 첫 번째 수업 _ 분수
- 분리량은 하나하나 따로 떨어져 있는 것으로 자연수로 정확히 셀 수 있는 양을 뜻합니다.
- 연속량은 하나하나 떨어져 있지 않고 연속되어 있는 것을 말합니다. 나누거나 합하여도 원래와 같은 성질을 가지는 것입니다.

2. 두 번째 수업 _ 단위분수
- 분자가 1인 분수를 단위분수라고 합니다.
- 분수는 전체에 대한 일부분을 나타내고, 기준량에 대해 비교하는 양의 비율을 나타내기 위해 2개의 수(분모, 분자)가 필요합니다.

3. 세 번째 수업 _ 분수의 종류(진분수, 가분수, 대분수)
- 진분수는 0보다 크기 1보다 작은 모든 분수를 말합니다.
- 가분수는 크기가 1과 같거나 1보다 큰 모든 분수를 말합니다.
- 대분수는 결합된 분수라는 뜻으로 자연수와 진분수가 결합된 분

수를 말합니다.
- 기약 분수란 분모와 분자가 어떠한 수로도 동시에 나누어지지 않는 분수를 말합니다.

4. 네 번째 수업 _ 분수의 사칙연산
- 분모가 다른 두 분수를 더하거나 뺄 때에는 '공통의 단위'를 만들어 주어야 합니다. 두 분모의 최소공배수를 이용하여 공통 단위를 만드는데 이를 '통분'이라고 합니다.

5. 다섯 번째 수업 _ 주어진 조건을 이용하여 분수 계산하기
- 분수에서 두 수를 더하거나 곱할 때, 같은 값을 가지는 수를 '서로 짝인 수'라고 합니다. 서로 짝인 수는 분자가 분모보다 1이 더 큰 수로 되어 있습니다.
- (분수)×(자연수)는 동수누가의 법칙을 적용하여 분수를 자연수만큼 더하라는 의미가 있습니다.
- (자연수)×(분수)는 자연수를 분모로 나눈 뒤 분자의 수만큼 취하는 것을 의미합니다.
- (분수)×(분수)는 전체를 1로 보고, 전체의 (분수) 중에서 그 다음 (분수)에 해당하는 부분을 의미합니다.
- 분수의 나눗셈은 분모가 같을 경우 포함제의 의미로 해석되어 분자끼리 나누어 계산할 수 있습니다. 분모가 다를 경우는 역연산의 과정 또는 통분하여 분자끼리 나누는 방법으로 계산할 수 있습니다.

6. 여섯 번째 수업 _ 재미있는 분수 이야기

- 아버지의 재산을 현명하게 분배한 3형제 이야기와 이집트 신화에 등장하는 태양신 호루스의 눈에 얽힌 신기하고 재미있는 분수 이야기가 있습니다.

7. 일곱 번째 수업 _ 소수
- 분모가 10, 100, 1000과 같이 10의 배수로 되어 있는 수를 소수점을 이용하여 소수로 나타냅니다. 이때 자리 값이 소수 아래일 경우 한 자리씩 숫자를 읽어 줍니다.

8. 여덟 번째 수업 _ 분수를 소수로 고칠 때 나타나는 규칙성
- 모든 분수는 소수로 나타낼 수 있습니다.
- 분수를 소수로 나타내면 유한개의 소수로 나타나거나 무한개의 소수로 나타납니다.
- 무한개의 소수로 나타나는 경우 반드시 같은 숫자가 반복되어 나타납니다.

9. 아홉 번째 수업 _ 분수와 소수
- 수의 크기를 비교하거나 덧셈, 뺄셈할 경우는 소수가 더 편리합니다.
- 곱셈, 나눗셈의 경우 분수가 더 편리합니다.

10. 열 번째 수업 _ 유리수
- 유리수는 자연수와 0, 음수, 분수와 소수를 포함하는 수를 말합니다.

11. 열한 번째 수업 _ 분수·소수와 관련된 재미있는 문제들
- 방정식을 사용하지 않고, 분수와 소수를 이용해 문제를 해결할 수

있습니다.

이 책이 도움을 주는 관련 교과서 단원

스테빈의 분수와 소수 이야기와 관련되는 교과서에 등장하는 용어와 개념들입니다.

1. 초등학교 3학년 가 - 7. 분수

- 이 단원의 목표는 수를 똑같이 나누어 보는 활동을 통해 전체와 부분의 크기를 알아보고 분수의 개념을 알아보는 것입니다.

내용 정리

- 전체를 똑같이 4로 나눈 것 중의 3입니다. 이것을 $\frac{3}{4}$이라 쓰고, 사분의 삼이라고 읽습니다.
- $\frac{1}{2}, \frac{1}{3}, \frac{3}{4}$과 같은 수를 **분수**라고 합니다.

2. 초등학교 4학년 나 - 1. 분수

- 이 단원의 목표는 분수를 어떻게 나타내는지 알아보고, 분수의 종류를 이해하여 분수의 덧셈과 뺄셈을 하는 것입니다.

내용 정리

- 18의 $\frac{5}{6}$는 18을 6묶음으로 나눈 것 중의 5묶음은 15개이므로, 18의 $\frac{5}{6}$는 15입니다.
- **분수**에서 가로선의 아래쪽에 있는 수를 **분모**라 하고, 위쪽에 있는 수를 **분자**라고 합니다.
- 분자가 분모보다 작은 분수를 **진분수**라 하고, 분자가 분모와 같거나 큰 분수를 **가분수**라 합니다. $2\frac{1}{4}$과 같은 분수를 **대분수**라고 합니다.
- 분모가 같은 진분수끼리의 덧셈·뺄셈은 '분자끼리만 더하고 빼면' 됩니다.
- 분모가 같은 대분수끼리의 덧셈·뺄셈은 '자연수는 자연수끼리, 분수는 분수끼리 더하거나 빼면' 됩니다.

3. 초등학교 4학년 나 – 2. 소수

- 이 단원의 목표는 소수 두 자리 수, 세 자리수를 알아보고 소수 사이의 관계를 알아보는 것입니다. 그리고 소수의 크기를 비교하는 활동을 합니다.

내용 정리

- 4.578에서 4는 일의 자리 숫자이고, 4를 나타내고, 5는 0.1의 자리 또는 소수 첫째 자리이고, 0.5(영점 오)를 나타냅니다. 7은 0.01의 자리 또는 소수 둘째 자리이고, 0.07(영점 영칠)을 나타내며, 8은 0.001의 자리 또는 소수 셋째 자리이고 0.008(영점영영팔)을 나타냅니다.
- 자연수, 소수 첫째 자리 수, 소수 둘째 자리 수, 소수 셋째 자리 수 순서로 비교합니다.

4. 초등학교 5학년 가 – 5. 분수의 덧셈과 뺄셈

- 이 단원의 목표는 통분을 통한 분수의 덧셈과 뺄셈입니다.

내용 정리

- $\dfrac{1}{4} - \dfrac{1}{6} = \dfrac{1 \times 1}{4 \times 3} - \dfrac{1 \times 1}{6 \times 2}$ (← 공통분모를 4와 6의 최소공배수인 12로 고칩니다)

  $= \dfrac{3}{12} - \dfrac{2}{12}$ (← 통분한 분모는 그대로 두고 분자끼리 빼줍니다)

- 자연수 부분을 분수 부분으로 받아내림한 후 자연수 부분은 자연수끼리, 분수 부분은 분수끼리 계산합니다.

  $3\dfrac{1}{2} - 1\dfrac{2}{5} = 3\dfrac{5}{10} - 1\dfrac{6}{10}$ (→ $\dfrac{5}{10}$ 에서 $\dfrac{6}{10}$ 을 빼지 못합니다)

  $= 2\dfrac{15}{10} - 1\dfrac{6}{10}$ (→ $3\dfrac{5}{10}$ 의 자연수 부분 중 1을 분수로 받아내려 나타냅니다)

  $= (2-1) + \left(\dfrac{15}{10} - \dfrac{6}{10} \right)$

  $= 1\dfrac{9}{10}$

5. 초등학교 5학년 가 – 7. 분수의 곱셈

- 이 단원의 목표는 분수의 곱셈을 하고 약분을 통해 분수를 간단히 하는 것입니다.

내용 정리

- 자연수와 분자는 분모와 약분을 통해 간단하게 곱셈을 할 수 있습니다.

6. 초등학교 5학년 나 – 1. 소수의 곱셈

- 이 단원의 목표는 소수 곱셈을 할 때 소수점 위치가 변하는 원리를 알고 소수의 곱셈을 하는 것입니다.

내용 정리

- 소수를 자연수로 생각하여 곱셈을 한 뒤 곱의 소수점 위치는 곱하는 소수와 곱해지는 소수의 소수점 아래의 자릿수의 합과 같게 합니다.

7. 초등학교 5학년 나 – 2. 분수의 나눗셈

- 이 단원의 목표는 분수 나눗셈의 여러 가지 방법을 알아보고, 분수를 역수로 바꾸어 계산하는 방법을 이해하고 익히는 것입니다.

> **내용 정리**
> - (자연수) ÷ (자연수)는 (자연수)× $\frac{1}{(자연수)}$ 로 나타냅니다.
> - (분수)÷(자연수)를 (분수)× $\frac{1}{(자연수)}$ 로 고친 후 약분할 수 있으면 약분하여 분자는 분자끼리, 분모는 분모끼리 곱합니다.

8. 초등학교 5학년 나 – 4. 소수의 나눗셈

- 이 단원의 목표는 소수의 나눗셈 원리를 이해하고 활용하는 것입니다.

> **내용 정리**
> - 소수를 분수로 고치고, (분수)÷(자연수)의 계산을 한 후, 분수를 소수로 고칩니다.
> - 세로 셈으로 계산할 경우, 나누는 수, 나눗셈 기호, 나누어지는 순서대로 씁니다. 자연수의 나눗셈과 같은 방법으로 계산하고, 몫의 소수점을 나누어지는 수의 소수점의 자리에 맞추어 찍습니다.

9. 초등학교 6학년 가 - 수학 1. 분수와 소수

- 이 단원의 목표는 분수를 소수로, 소수를 분수로 바꾸어 보는 활동을 하는 것입니다.

내용 정리

- 분수를 소수로 고칠 때 분자를 분모로 직접 나누거나, 분모가 10, 100, 1000인 분수로 고쳐서 분수를 소수로 나타냅니다.
- 소수를 분수로 고칠 때는 분모를 소수 자릿수에 맞춰 10, 100, 1000으로 고쳐주고, 기약분수로 고쳐서 나타냅니다.

10. 초등학교 6학년 나 - 1. 분수의 나눗셈

- 이 단원의 목표는 분수의 나눗셈을 하는 것입니다.

내용 정리

- 분모가 같은 분수의 나눗셈은 분자들의 나눗셈과 같습니다.
- 분모가 다른 진분수의 나눗셈은 나누는 수인 분수의 분모와 분자를 바꾸어서 곱하는 것과 같습니다.
- 분수의 계산은 나누는 수인 분수의 분자와 분모를 바꾸어(역수) 곱하여 계산합니다.

11. 초등학교 6학년 나 – 3. 소수의 나눗셈

• 이 단원의 목표는 소수의 나눗셈을 하는 것입니다.

내용 정리

• 나누는 수의 소수의 자리 수에 맞춰서 두 소수의 소수점을 오른쪽으로 한 자리씩 옮겨서 (소수)÷(자연수)로 바꾸어서 계산합니다. 만약 소수점을 이동할 자리가 없을 경우 0을 붙여가면서 이동시키면 됩니다.

12. 초등학교 6학년 나 – 5. 분수와 소수의 계산

• 이 단원의 목표는 분수와 소수의 혼합계산을 하는 것입니다.

내용 정리

• 분수와 소수의 혼합 계산에서는 자연수의 혼합 계산에서와 같은 계산 순서를 따릅니다.
• 곱셈, 나눗셈, 덧셈, 뺄셈이 섞여 있는 식에서는 곱셈, 나눗셈을 먼저 계산합니다.
• 곱셈과 나눗셈이 섞여 있는 식에서는 앞에서부터 차례로 계산합니다.
• 괄호가 있으면 괄호 안부터 먼저 계산합니다.

13. 중학교 1학년 가 - 2. 정수와 유리수

- 이 단원의 목표는 정수와 유리수의 개념을 이해하고, 정수와 유리수의 대소 관계, 사칙 계산을 이해하는 것입니다.

내용 정리

- 정수란 양의 정수(자연수), 0, 음의정수를 포함하는 개념입니다.
- 유리수는 두 정수 에 대하여 (단, $\frac{b}{a} \neq 0$)인 꼴로 나타낼 수 있는 수입니다.

14. 중학교 2학년 가 - 1. 유리수와 근사값

- 이 단원의 목표는 유리수를 순환소수로 나타내고, 유리수와 순환소수의 관계를 이해하는 것입니다.

내용 정리

- 유리수를 소수로 나타내었을 때 소수점 아래의 0이 아닌 숫자가 유한개인 소수를 **유한소수**라 하고, 소수점 아래의 0이 아닌 숫자가 무한히 많은 소수를 **무한소수**라고 합니다.
- 소수점 아래의 어떤 자리에서부터 일정한 숫자의 배열이 한없이 되풀이되는 무한소수를 순환소수라고 합니다.

과학자들이 들려주는 과학 이야기 86

에이크만이 들려주는 영양소 이야기

책에서 배우는 과학 개념

영양소와 관련되는 개념 및 용어들

교육과정과의 연계

구분	과목명	학년	단원	연계되는 개념 및 원리
중학교	과학	1학년	8. 소화와 순환	탄수화물, 지방, 단백질의 성분, 기능, 종류
고등학교	생물II	3학년	영양소와 소화	탄수화물, 지방, 단백질의 성분, 기능, 종류

책 소개

요즘은 그 전 세대와는 달리 비만이나 각종 피부염 등이 많이 발생하고 있습니다. 이는 영양소가 불균형을 이루고 있는 식사를 많이 하는 데서 비롯되기도 합니다. 《에이크만이 들려주는 영양소 이야기》는 노벨 생리·의학상 수상자인 에이크만이 영양소에 대한 개념과 칼로리와 6대 영양소에 관한 이야기를 이해하기 쉽게 설명하고 있습니다. 이를 통해서 우리는 영양소에 대해서 바르게 이해할 수 있으며, 더불어 우리의 건강에 관심을 갖는 계기를 마련할 수 있습니다.

이 책의 장점

1. 초등학생들에게는 음식물에 들어 있는 영양소에 대한 흥미로운 이야기를 제공해 주어 바른 식습관뿐만 아니라, 음식물과 영양소에 대해 과학적으로 탐구할 수 있는 기회를 제공해 줍니다. 중·고등학생들에게 영양과 소화에 관한 과학적 지식을 구체적이고 체계적으로 배울 수 있는 참고서적의 역할을 합니다.
2. 6대 영양소는 무엇이며, 칼로리는 어떻게 계산해야 되는지와 같은 지식들을 단편적으로 암기하지 않고 이야기를 통해 생활 속 지식을 습득하는 방식으로 공부할 수 있습니다.
3. 중·고등학교 교육과정에서 소화와 영양에 관한 단원을 연계하여 학습할 수 있도록 하였습니다. 중학생들에게는 영양소에 대한 심화 학습의 기회를 제공하고, 고등학생들에게 깊이 있고 자세한 설

명을 통해 수학능력시험에 도움이 될 수 있도록 하였습니다.

각 차시별 소개되는 과학적 개념

1. 첫 번째 수업 _ 영양소
- 영양소는 우리 몸의 성장을 촉진하고 필요한 에너지를 공급하는 물질입니다.
- 사람이 정상적으로 성장하고 건강을 유지하기 위해 필요한 6대 영양소는 탄수화물, 단백질, 지방, 무기질, 비타민, 물을 말합니다.

2. 두 번째 수업 _ 칼로리
- 식품의 영양가를 열량으로 환산하여 나타낸 단위를 칼로리라고 합니다.
- 하루에 필요한 총 에너지는 기초대사량에서 수면 시 대사 저하로 인한 열량(10%)을 빼고 활동대사량과 식이성 발열 효과를 더하여 산출합니다.

3. 세 번째 수업 _ 탄수화물
- 탄소와 물 분자로 이루어진 유기 화합물을 탄수화물이라고 합니다. 탄수화물은 에너지를 만들며 특히 뇌의 주요 에너지원으로 포도당이 이용됩니다.

4. 네 번째 수업 _ 단백질
- 단백질은 세포의 원형질을 구성하는 주성분으로, 3대 영양소 가운데 하나입니다. 단백질은 항체의 재료가 되어 면역 작용이 활발

하게 일어나도록 하며, 혈액, 효소, 호르몬도 단백질로 구성되어 있습니다.

5. 다섯 번째 수업 _ 지방
- 지방산과 글리세롤이 결합한 유기 화합물을 지방이라고 합니다. 지방의 종류는 지방산, 중성지방, 인지질, 콜레스테롤이 있습니다. 지방은 우리 몸에서 열량을 내는 역할을 하지만 과다 섭취 시에는 비만의 원인이 되기도 합니다.

6. 여섯 번째 이야기 _ 비타민
- 비타민은 주 영양소는 아니지만 정상적인 발육과 영양을 유지하는데 없어서는 안 되는 유기 화합물입니다. 비타민은 물에 녹는 성질에 따라 수용성 비타민과 지용성 비타민으로 나눕니다.

7. 일곱 번째 수업 _ 무기질
- 무기질은 생물체를 구성하는 원소 중에서 탄소, 수소, 산소 등 3원소를 제외한 생물체의 무기적 구성 요소로서, 광물질이라고도 합니다. 무기질은 생체 유지에 없어서는 안 되는 영양소이며, 특히 뼈와 치아 조직을 만드는 데 중요한 역할을 합니다.

8. 마지막 수업 _ 수분
- 수분은 우리 몸에서 가장 큰 비중을 차지하는 영양소입니다. 노폐물을 배출하기도 하고, 영양소를 온몸으로 골고루 보내주기도 합니다. 또한 장기를 보호하기도 하고, 체온을 유지하기도 하는 등 많은 역할을 합니다.

이 책이 도움을 주는 관련 교과서 단원

에이크만의 영양소 이야기와 관련되는 교과서에 등장하는 용어와 개념들입니다.

1. 중학교 1학년 - 8. 소화와 순환

- 이 단원의 목표는 우리 몸에 필요한 영양소의 종류와 작용을 알고, 음식물 속에 들어 있는 3대 영양소를 확인하는 것입니다. 또한 소화 기관과 관련지어 음식물 속의 영양소가 소화, 흡수됨을 이해하는 학습을 합니다.

내용 정리

- 탄수화물, 지방, 단백질은 우리 몸에서 많은 양을 필요로 하므로 **3대 영양소**라고 합니다.
- **탄수화물**은 탄소(C), 수소(H), 산소(O)로 구성되어 있습니다. 주로 에너지원(4kcal/g)으로 쓰이며, 쓰고 남은 것은 간이나 근육에 글리코겐으로 저장됩니다. 분자의 크기에 따라 단당류, 이당류, 다당류로 구분합니다.
- **지방**은 탄소(C), 수소(H), 산소(O)로 구성되어 있습니다. 주로 에너지원(9kcal/g)으로 쓰이며, 동물의 몸을 구성하기도 합니다. 불에 잘 타며, 물보다 밀도가 낮아서 물에 뜬다. 물에 녹지 않으며, 벤젠이나 에테르 등과 같은 유기 용매에 잘 녹습니다. 분해되면 지방산과 글리세롤로 됩니다.

- **단백질**은 여러 가지 아미노산 분자가 결합되어 이루어집니다. 탄소(C), 수소(H), 산소(O), 질소(N) 이외에 황(S), 인(P) 등을 포함합니다. 주로 몸의 세포를 이루는 원형질의 주성분이 되며, 에너지원(4kcal/g)으로 쓰이기도 합니다. 이밖에 효소, 호르몬, 헤모글로빈, 세포막의 성분이 됩니다. 물에 녹으며, 열을 받으면 굳어서 변성됩니다.

2. 고등학교 - 2. 영양소와 소화

- 이 단원의 목표는 사람이 먹는 음식물 속에 포함된 주요 영양소의 종류와 기능을 알고, 음식물이 소화 기관을 통하여 소화되고 흡수되는 과정을 이해하는 것입니다.

내용 정리

- **탄수화물**은 분자의 크기에 따라 단당류, 이당류, 다당류로 나뉩니다. 주로 호흡 기질(에너지원:4kcal/g)과 다른 유기물의 원료로 이용됩니다.
- **지방**은 C, H, O의 3가지 원소로 구성되어 있으며 중성 지방, 인지질, 스테로이드 등의 지방이 있습니다. 중요한 에너지원(9kcal/g)이며 체온 유지에 중요한 역할을 하고 몸을 구성하는 성분이 되기도 하며, 특히 인지질은 세포막이나 핵막 등 생체막의 중요한 구성 성분이 됩니다.
- **단백질**은 C, H, O, N의 원소로 구성되어 있습니다. 에너지원

(4kcal/g)으로 쓰이며 원형질의 중요한 성분이며 또 효소, 호르몬, 항체 등의 주요 성분입니다.

- **필수 아미노산**이란 체내에서 합성되지 않기 때문에 반드시 음식물을 통해 섭취해야 하는 아미노산을 말합니다.

과학자들이 들려주는 과학 이야기 87

홉킨스가 들려주는 비타민 이야기

책에서 배우는 과학 개념

비타민과 관련되는 개념 및 용어들

교육과정과의 연계

구분	과목명	학년	단원	연계되는 개념 및 원리
중학교	과학	1학년	8. 소화와 순환	지용성, 수용성 비타민 비타민 결핍증
고등학교	생물 I	2학년	2. 영양소와 소화	프로비타민

책 소개

대부분의 사람들이 비타민에 대해 알고 있는 것은 단백질, 탄수화물, 지방, 물, 무기질과 함께 비타민이 필수 영양소에 속한다는 정도입니다. 비타민이 영양소라는 사실이 알려진 것도 100여 년이 조금 넘었을 뿐, 아직까지 활발하게 연구되는 있는 분야입니다. 《홉킨스가 들려주는 비타민 이야기》는 노벨 생리의학상을 받은 홉킨스가 들려주는 비타민에 관한 내용으로 비타민의 발견과 연구과정, 종류, 쓰임새 등 비타민에 관한 전반적인 내용을 설명하고 있습니다. 비타민이 존재를 처음으로 예견하고 연구하여 노벨상을 받은 홉킨스의 설명으로 비타민에 대한 모든 것들을 단계적으로 쉽게 배울 수 있을 것입니다.

이 책의 장점

1. 초등학생들에게는 홉킨스의 어려웠던 탐구 과정을 통해서 과학적 탐구 정신의 위대함을 일깨워 줄 수 있을 뿐만 아니라, 교과와 관련된 개념을 학습할 수 있는 기회를 제공합니다. 중·고등학생들에게 영양, 소화와 관련된 단원 학습을 깊이 있게 할 수 있도록 도와줄 것입니다.
2. 비타민을 단순히 필수 영양소의 하나로 생각하고 암기했던 학습에서 벗어나 이야기를 통해서 자연스럽게 비타민의 종류, 쓰임새 등에 관한 전반적 내용을 배울 수 있을 것입니다.
3. 초·중·고등학교 교과 학습을 자연스럽게 연계하여 초등학생들에

게는 심화 학습의 기회를 제공하고, 중·고등학생들에게 학습과 관련된 이해를 돕는 참고서적으로 활용할 수 있도록 구성하였습니다.

각 차시별 소개되는 과학적 개념

1. 첫 번째 수업 _ 비타민
   - 비타민은 우리 몸의 여러 가지 기능을 담당하는 영양소로 매우 적은 양이며 반드시 음식을 섭취해서 얻어야 합니다. 사람에게 꼭 필요한 비타민이 다른 동물의 몸에서 만들어지기도 합니다.

2. 두 번째 수업 _ 비타민의 발견 1
   - 오랜 기간 동안 항해를 하는 선원들에게서 괴혈병이 발병하였습니다. 이후 그 병은 야채나 과일을 섭취함으로써 해결된다는 사실을 발견하였으나 받아들여지는 데는 오랜 시간이 걸렸습니다. 오늘날 괴혈병을 예방하는 것은 비타민 C로 밝혀졌습니다.

3. 세 번째 수업 _ 비타민의 발견 2
   - 에이크만은 19세기경 동아시아에 주로 유행하던 각기병의 원인을 밝혀내던 중 현미와 백미의 차이를 알고 각기병을 치료하였습니다. 그러나 현미 속의 성분을 발견은 다른 학자에 의해서였습니다.

4. 네 번째 수업 _ 비타민의 발견 3
   - 풍크는 음식에서 비타민 성분을 추출해 내고 비타민이라는 이름을 붙였습니다. 그 후 과학자들은 여러 가지 비타민을 발견하고 종류

에 따라 순서대로 A, B, C, D, E 등으로 이름을 붙였습니다.

5. **다섯 번째 수업 _ 비타민의 종류**
   - 비타민은 기름에 잘 녹는 지용성 비타민과 물에 잘 녹는 수용성 비타민으로 나누어 집니다. 이에 따라 소화 흡수되는 방식과 장소가 달라집니다.

6. **여섯 번째 수업 _ 비타민의 역할**
   - 비타민은 종류에 따라 섭취해야 할 양이 다 다릅니다. 이에 따라 부족하게 섭취할 경우는 결핍증이, 많이 섭취하게 되면 과다증이 나타납니다.

7. **마지막 수업 _ 비타민의 쓰임**
   - 비타민은 기능성 음료, 화장품 등 여러 분야에서 많이 쓰이고 있습니다.

이 책이 도움을 주는 관련 교과서 단원

홉킨스의 비타민 이야기와 관련되는 교과서에 등장하는 용어와 개념들입니다.

1. 중학교 1학년 - 8. 소화와 순환
- 이 단원의 목표는 우리 몸에 필요한 영양소의 종류와 작용을 알고, 음식물 속에 들어 있는 3대 영양소를 확인하는 것입니다. 또한 소화 기관과 관련지어 음식물 속의 영양소가 소화, 흡수됨을

이해하는 학습을 합니다.

내용 정리

- 3대 영양소처럼 에너지는 내지 않지만 생물이 살아가는 데 꼭 필요한 무기 염류, 비타민, 물을 **3부 영양소**라고 합니다.
- 비타민은 에너지원이나 몸의 구성 물질은 아니지만 적은 양으로 몸의 여러 가지 작용을 조절합니다. 일반적으로 동물의 체내에서는 합성되지 않으므로 반드시 음식물로부터 섭취해야 하며, 섭취량이 부족하면 여러 가지 결핍증이 나타납니다.
- 비타민은 크게 기름에 잘 녹는 **지용성 비타민**과 물에 잘 녹는 **수용성 비타민**으로 구분합니다.
- 비타민의 종류와 결핍증

종류	성질	결핍증	종류	성질	결핍증	종류	성질	결핍증
A	지용성	야맹증	D	지용성	구루병	B_{12}	수용성	악성 빈혈
C	수용성	괴혈병	B_2	수용성	피부병	K	지용성	혈액 응고 지연
B_1	수용성	각기병	E	지용성	불임증			

2. 고등학교 – 2. 영양소와 소화

- 이 단원의 목표는 사람이 먹는 음식물 속에 포함된 주요 영양소의 종류와 기능을 알고, 음식물이 소화 기관을 통하여 소화되고 흡수되는 과정을 이해하는 것입니다.

내용 정리

- 비타민은 수용성(비타민B, 비타민C) 비타민과 지용성(비타민A, 비타민D, 비타민E, 비타민K)으로 나누어집니다. 물질 대사나 생리 기능을 조절하는 기능을 합니다. 체내에서 합성되지 않아 음식물로 섭취해야 하지만, 적은 양으로도 충분히 기능을 발휘합니다.
- 프로비타민은 비타민은 아니지만 체내에서 비타민으로 전환되는 물질을 말합니다.
  (예) 카로틴 → 비타민A, 에르고스테롤 → 비타민D

과학자들이 들려주는 과학 이야기 88

게이뤼삭이 들려주는 물 이야기

책에서 배우는 과학 개념

물과 관련되는 개념 및 용어들

교육과정과의 연계

구분	과목명	학년	단원	연계되는 개념 및 원리
초등학교	과학	4학년 1학기	2. 용해와 용액	용액, 용해
			7. 강과 바다	침식, 퇴적, 운반 작용
		4학년 2학기	7. 모습을 바꾸는 물	수증기, 끓는다. 언다. 녹는다
		5학년 1학기	8. 물의 여행	구름, 이슬의 생성 원리
중학교	과학	1학년	4. 물질의 세 가지 상태	융해, 응고, 기화, 액화, 승화
			11. 해수의 성분과 운동	해수의 성분
		3학년	물의 순환과 날씨	변화이슬점, 포화 수증기량, 상대 습도, 기압
고등학교	화학 I	2학년	1. 주변의 물질	표면 장력, 공유결합, 수소결합

책 소개

물은 우리 생활 곳곳에서 만날 수 있습니다. 지구의 약 70%는 바다로 이루어져 있으며, 인체의 약 66% 정도는 물로 이루어져 있습니다. 사람뿐만 아니라 동물들이나 식물들 또한 물로 이루어져 있습니다. 물은 곳곳에서 볼 수 있으며, 또 여러 가지 형태의 모습으로 존재합니다. 우리는 이 책에서 기체 반응의 법칙을 발견한 물리학자인 게이뤼삭과 함께 물의 순환에 대한 내용을 학습합니다. 《게이뤼삭이 들려주는 물 이야기》는 우리의 생활과 물이 어떤 상호작용을 하는지, 물의 성질은 어떠한지에 대해 쉽고, 흥미롭게 풀어내고 있습니다.

이 책의 장점

1. 생활에서 쉽게 만날 수 있는 물을 과학적으로 접근하여 탐구하고 학습할 수 있도록 구성하였습니다. 초등학생들에게는 물이 하는 일, 물의 순환에 관한 학습에 많은 도움을 줄 것이며, 중·고등학생들에게 물의 상태변화, 구조에 대한 학습까지 이루어질 수 있도록 구성하였습니다.
2. 과학적 지식을 단순히 결과만 나타내는 것이 아니라 그 결과를 얻기까지의 과정을 재미난 이야기를 통해 풀어가기 때문에 책을 읽다보면 어느새 과학적 지식을 머릿속에 담게 됩니다.
3. 초등학교부터 중학교를 거쳐 고등학교 교육과정에 나오는 물과 상태변화에 관한 단원을 연계하여 공부할 수 있도록 구성하였습니다.

각 차시별 소개되는 과학적 개념

1. 첫 번째 수업 _ 우리의 생활 속에 함께 있는 물

- 물은 수증기로 변하여 공기 중으로 증발되며 증발된 물은 하늘 높이 올라가 응결되어 구름이 됩니다. 구름은 비가 되어 다시 지표면으로 내려오고 다시 수증기로 변하여 증발됩니다. 이렇게 물은 순환합니다.
- 하늘에서 내리는 물의 양을 강수량이라 하고, 지구 표면에서 증발이 일어나는 물의 양을 증발량이라고 합니다.

2. 두 번째 수업 _ 기상현상을 일으키는 물

- 기상현상은 대류권에서만 일어납니다. 증발은 물의 표면에서 물이 수증기로 되는 현상입니다. 응결은 수증기가 다시 물로 되는 현상입니다. 물이 표면에서 증발되어 수증기로 머물다가 하늘 높이 올라가 기온이 낮아지게 되면 다시 응결됩니다.

3. 세 번째 수업 _ 지표를 변화시키는 물

- 물은 풍화작용, 운반작용, 침식과 퇴적작용을 합니다. 상류 지역에서의 물은 흐르는 속력에 의해서 주변을 깎는 작용을 하는데 이를 침식 작용이라고 합니다. 하류 지역에서의 물은 속력이 느려져 운반하던 알갱이들을 내려놓게 되는데 이를 퇴적 작용이라고 합니다.

4. 네 번째 수업 _ 물을 마시는 생물

- 식물은 뿌리를 통해 물을 흡수하며 광합성의 원료로 쓰입니다. 또 인체의 65% 이상이 물로 구성되어 있으며 여러 가지 생명유지 기

능을 합니다.

5. 다섯 번째 수업 _ 물의 상태변화
- 고체, 액체, 기체는 분자의 배열 상태에 따라 나뉘며 고체 쪽으로 갈수록 분자 간격이 일정하고 가까우며, 열을 많이 얻어 에너지가 많은 기체 쪽으로 갈수록 분자 운동이 활발하여 간격이 넓습니다.
- 고체가 액체가 되는 것을 융해, 액체가 기체가 되는 것을 기화, 기체가 고체가 되는 것을 승화라고 합니다. 그 반대로 기체가 액체가 되는 것을 액화, 액체가 고체로 되는 것을 응고라고 합니다. 승화는 고체와 기체 사이의 상태변화에서 같은 용어로 쓰입니다.

6. 여섯 번째 수업 _ 얼음, 물, 수증기로의 변신
- 물질이 끓는 온도를 끓는점이라고 합니다. 물의 끓는점은 100℃ 입니다. 이때 액체에서 기체로의 상태변화가 일어납니다.
- 녹는점은 얼음이 물로 융해되는 온도이고, 어는점은 물이 얼음으로 응고되는 온도로 0℃에서 이루어집니다.

7. 일곱 번째 수업 _ 물의 구성
- 물은 산소원자 1개와 수소원자 2개로 이루어져 있어 원소기호로 H_2O라고 씁니다. 원자를 둘러싼 원자가전자(최외각전자)를 8개를 만들려는 것을 옥테트 규칙이라고 합니다. 수소는 원자가전가가 1개이고, 산소는 6개입니다. 물은 수소와 산소가 서로 부족한 전자를 공유하여 결합합니다(공유결합).
- 물 분자를 이루는 2개의 수소 원자는 부분적으로 (+) 전하를 띠고 산소 원자는 (-)전하를 띠는 굽은 형 구조입니다. 이웃하는 물 분

자의 산소와 수소 원자는 강한 정전기적 인력에 의해 결합이 형성되는데, 이를 수소결합이라고 합니다.

8. 여덟 번째 수업 _ 물의 성질
    - 밀도는 단위 부피에 해당하는 질량을 의미하는 것으로 물의 밀도는 1g/cm³입니다.
    - 비열은 어떤 물질 1g을 1℃ 상승시키기 위해 필요한 열량을 의미하는 것으로 단위는 cal/g℃입니다. 물은 비열이 큰 편에 속합니다.
    - 물은 분자 간의 강한 인력 때문에 표면적을 최소화하려는 힘을 작용시키는데 이를 표면장력이라고 합니다. 이 때문에 물의 표면은 둥근 구(球) 형태가 됩니다.

9. 아홉 번째 수업 _ 물의 용해성
    - 녹는 물질을 용질, 녹이는 물질을 용매, 용질이 용매에 녹은 것을 용액이라고 하며 이 과정을 용해 과정이라고 합니다.
    - 물은 (+)입자와 (−)입자와 같은 극성을 갖는 용질을 잘 녹입니다.
    - 물 100g에 최대한 포화 상태로 녹을 수 있는 용질의 양을 용해도라고 합니다. 용해도는 물질마다 다르기 때문에 물질이 갖는 특성이 됩니다.
    - 농도는 용질/용액×100으로 단위는 %를 사용합니다.

10. 마지막 수업 _ 사용한 물을 자연으로 돌려줘
    - DO는 용존산소량으로서, 물속에 녹아 있는 산소량이 많을수록 수치가 높습니다.

- BOD는 생물학적 산소요구량으로서, 유기물에 대한 물의 오염정도를 나타냅니다.

이 책이 도움을 주는 관련 교과서 단원

게이뤼삭의 물 이야기와 관련되는 교과서에 등장하는 용어와 개념들입니다.

1. 초등학교 4학년 1학기 - 2. 용해와 용액

- 이 단원의 목표는 주위에 있는 여러 가지 액체의 흐름, 증발 현상 등을 관찰하고, 간단한 실험을 통하여 액체의 성질을 비교하는 것입니다. 그리고 여러 가지 액체를 물에 섞어보면서 물과 섞이는 액체와 섞이지 않는 액체를 구분하는 것입니다.

내용 정리

- 액체에 따라 맛, 냄새, 색깔이 모두 다르며, 가라앉는 속도, 번지는 속도도 다릅니다.
- 서로 다른 액체는 부피가 같아도 무게가 다를 수 있습니다.

2. 초등학교 4학년 1학기 – 7. 강과 바다

- 이 단원의 목표는 다양한 강의 모양을 지형 모형이나 사진 자료 등을 통해 관찰하여 그 특징을 비교하고, 흐르는 물에 의해 강의 생김새가 변화됨을 이해하는 것입니다. 또한 바다 밑의 모양과 깊이를 알기 위한 모형을 이용하여, 여러 곳의 깊이를 재어 그림으로 나타내고 바다 밑의 모양을 알아보는 활동을 합니다.

내용 정리

- 산골짜기는 경사가 급하기 때문에 물의 흐름이 빠르고, 넓은 들에서는 경사가 거의 없기 때문에 물의 흐름이 느려집니다.
- 상류에서는 경사가 심해 흙이나 모래가 대부분 빠른 물살에 휩쓸려 떠내려가고 바위나 모서리가 각진 큰 돌만 남게 됩니다. 또 바닥은 V자형으로 깊게 패여 골짜기를 이루고 있습니다.
- 하류에서는 위에서 물과 함께 떠내려 온 흙과 모래 등이 쌓여 넓은 평원을 이루고 있습니다.
- 물이 굽이쳐 흐르는 곳에서는 바깥쪽의 흐름이 안쪽의 흐름보다 빠릅니다. 따라서 바깥쪽은 흘러가는 물에 의한 침식 작용을 많이 받아 모래나 흙을 운반해 가는 운반 작용이 활발히 일어나고, 안쪽은 물의 흐름이 약해서 모래나 흙이 쌓이는 퇴적 작용이 활발히 일어납니다.

3. 초등학교 4학년 2학기 - 7. 모습을 바꾸는 물

• 이 단원의 목표는 물을 얼리는 실험을 통하여 물이 얼음으로 변할 때의 모습과 온도 변화를 관찰하는 것입니다. 또한 물을 가열하면서 온도 변화와 상태변화를 관찰하고, 증발과 끓음을 구분해 봅니다.

내용 정리

- 물을 가열함에 따라 물의 온도가 계속 올라가고, 물이 끓고 있는 동안에는 물을 계속 가열해도 물의 온도가 올라가지 않고 일정하게 유지됩니다.
- 액체인 물을 끓이면 눈에 보이지는 않지만 기체인 수증기로 변하게 됩니다.
- 물이 얼기 전에는 물을 냉각시킬수록 물의 온도가 계속 내려가고, 물이 얼기 시작하면 계속 냉각시켜도 물의 온도는 내려가지 않고 일정하게 유지됩니다.
- 온도가 계속 내려가면서 액체인 물이 고체인 얼음으로 변하는데 이것을 '언다' 라고 합니다.
- 물은 약 0℃에서 고체 상태로 변하는데 이를 '얼음' 이라고 합니다.
- 물을 얼리면 얼리기 전보다 부피가 늘어나는 것을 관찰할 수 있습니다.

4. 초등학교 5학년 1학기 - 8. 물의 여행

- 이 단원의 목표는 건습구 습도계로 공기 중의 습도를 측정하고, 안개와 이슬 발생 실험을 통하여 공기 중에도 물이 있음을 이해하는 것입니다. 그리고 구름 발생 모형실험을 통하여 공기 중에 있는 수증기의 일부가 구름이 되는 현상을 관찰하고, 구름을 이루는 작은 물방울이 커져 비가 내리는 과정을 이해하는 활동을 합니다.

내용 정리

- 공기 속의 수증기가 찬 물체에 닿아 생긴 것을 '**이슬**'이라고 합니다.
- 구름이나 안개는 공기 중의 수증기가 차갑게 식어 작은 물방울로 변해 생긴 것입니다.
- **안개**는 지표 가까운 부근에 생긴 것이고, **구름**은 지표 위 높은 공중에 생긴 것입니다.
- **수증기가 비가 되어 내리는 과정** : 지표 위의 물 → 공기 중으로 증발함 → 높은 하늘에서 차가워짐 → 물방울이 됨 → 점점 커져 비로 변해 내림

5. 중학교 1학년 - 4. 물질의 세 가지 상태

- 이 단원의 목표는 기화, 액화, 응고, 융해, 승화와 같은 여러 가지 상태변화와 이때 나타나는 현상을 실험을 통하여 관찰하고, 이로부터 물질은 분자라는 기본 입자로 이루어져 있다는 것을 이해하는 것입니다. 또, 생활 주위에서 여러 가지 상태변화의 예를 찾아봅니다.

내용 정리

- 고체가 액체로 변하는 현상을 **융해**라 하고, 이때의 온도를 **녹는점**이라고 합니다.
- 액체가 고체로 변하는 현상을 **응고**라 하고, 이때의 온도를 **어는점**이라고 합니다.
- 액체가 기체로 변하는 현상을 **기화**, 반대로 기체가 액체로 변하는 현상을 **액화**라고 하며, 기화가 일어나는 온도를 **끓는점**이라고 합니다.
- 고체가 직접 기체로 변하거나 기체가 직접 고체로 변하는 현상을 **승화**라고 합니다.

6. 중학교 1학년 - 11. 해수의 성분과 운동

- 이 단원의 목표는 해수에 녹아 있는 주요 성분을 질량의 크기 순서대로 열거하고, 그 성분비가 일정함을 설명하는 것입니다. 또한 해수의 운동을 이해하기 위하여 난류와 한류의 성질과 분포를 조사하

고, 밀물과 썰물에 의한 조류의 특징에 대해 학습합니다.

내용 정리

- 지표의 약 70%를 바다가 차지하고 있으며, 해수는 지구 전체 물의 약 97.2%를 차지합니다.
- 육지에 있는 물의 분포는 빙하가 가장 많고, 다음으로 지하수, 강·호수의 순입니다.
- 대기 중에 있는 수증기의 양은 0.001%로 그 양은 매우 적지만 기상 현상을 일으키는 데 중요한 역할을 합니다.

7. 중학교 3학년 - 4. 물의 순환과 날씨 변화

- 이 단원의 목표는 증발과 응결 현상을 통해 이슬점, 포화 수증기량, 상대 습도, 구름, 눈, 비의 개념에 대해서 학습하는 것입니다. 또한 기압의 개념을 통하여 기압 분포와 바람을 관련짓고, 고기압, 저기압, 기단, 전선에서 나타나는 기상현상을 설명하고, 이를 통해 날씨 변화를 설명하는 학습을 합니다. 그리고 일기도에 사용된 여러 가지 기호를 이해하고, 일기도를 보고 대기의 상태와 일기를 기술하는 방법에 대해 공부합니다.

내용 정리

- 지구상의 물은 기체, 액체, 고체로 그 상태를 바꾸면서 지표와 대기 사이를 끊임없이 돌고 있는데, 이것을 **물의 순환**이라고 합니다.

- 바다나 호수, 하천 등에서 증발한 물은 수증기가 되어 대기 중으로 들어갑니다. 이 수증기는 대기와 함께 이동하며, 그 일부는 응결하여 구름이 됩니다. 구름은 비나 눈이 되어 지표로 되돌아오며, 그 중 일부는 다시 증발하여 대기 중으로 돌아가는 순환을 되풀이합니다.
- 물의 순환에 따라 에너지도 이동하는데, 이러한 에너지의 근원은 **태양 복사 에너지**입니다.
- 물의 상태가 변할 때에는 반드시 에너지를 흡수하거나 방출합니다.
- 물이 증발하여 수증기로 될 때, 얼음이 녹아 물이 되거나 승화하여 바로 기체인 수증기가 될 때는 주위의 에너지를 흡수합니다.
- 물이 얼 때, 수증기가 응결하여 물방울이 되거나 승화하여 바로 고체인 얼음으로 변할 때는 에너지를 방출합니다.

8. 고등학교 - 1. 주변의 물질

- 이 단원의 목표는 물의 표면 장력, 상태변화에 따른 부피 변화, 끓는점, 녹는점 등을 조사하여 물이 다른 고유 결합 물질과 다르다는 것을 알고, 그 이유를 물 분자의 구조 및 수소결합과 관련지어 설명하는 것입니다. 또한 물의 특성으로 인하여 나타나는 자연 현상에 대하여 조사, 토의하는 활동을 합니다.

내용 정리

- 물은 수소원자 2개와 산소원자 1개로 이루어져 있습니다.
- 물의 결합 형태는 **공유 결합**(모양 : 굽은 형, V자형)이며, 산소 원자는 수소원자보다 공유전자쌍을 끌어당기는 힘의 세기가 크므로 전자쌍이 산소 쪽에 더 가까이 끌려 있습니다.
- 물 분자구조는 산소 쪽으로 전자쌍이 치우치므로 (-)전하를 띠고, 수소는 (+)전하를 띱니다. 이처럼 물 분자가 전하를 띠는 것을 **극성**이라고 합니다.
- 물 분자내의 수소원자는 (-)전하를 띠고 있어 (+)전하를 띤 산소원자와 정전기적인 인력이 크게 작용합니다. 수소 원자를 매개로 두 물 분자 사이에 강한 인력이 작용하는 것을 **수소결합**이라고 합니다.
- 전기음성도가 매우 큰 원소 F, O, N과 수소원자 사이에 결합이 형성될 때 분자와 분자 사이에는 수소결합이 형성됩니다.
- 수소결합은 무극성 분자간의 힘인 분산력이나 극성분자간의 힘인 이중극자보다 비교적 강한 분자간의 힘입니다.
- 수소결합이 있는 분자는 분자량이 비슷한 다른 분자들에 비해서 녹는점과 끓는점이 높습니다.
- **이합체**란 분자간의 수소결합으로 같은 분자가 2개 이상 뭉쳐 있는 현상을 말합니다.
- 물은 분자간의 결합이 수소결합으로 이루어져 있으므로 그렇지 않은 다른 물질에 비해서 녹는점, 끓는점이 높습니다.(물 : 녹는점 0

℃, 끓는점 100℃)

- 물 분자에서 부분적인 (−)전하를 띠는 산소는 이웃 분자의 부분적인 (+)전하를 띠는 수소에 강하게 끌려 물 분자 사이에는 강한 분자간 인력이 작용하게 되는데, 이 인력을 수소결합이라고 합니다. 수소결합은 한 물 분자 내의 수소 원자가 이웃 분자의 산소 원자를 연결하는 다리 역할을 합니다.
- 수소결합을 한 물은 다른 물질에 비해 안정한 분자배열을 하고, 다른 액체들에 비해 녹는점, 끓는점 및 비열이 큽니다. 그리고 다른 액체들에 비해 표면 장력이 큽니다.
- 물이 얼 때 육각 고리 모양의 입체적 배열을 하므로 분자 사이의 공간이 커져서 부피가 증가하고 밀도가 작아집니다.

과학자들이 들려주는 과학 이야기 89

가모브가 들려주는 우주론 이야기

책에서 배우는 과학 개념

우주의 탄생과 발전에 관련되는 개념 및 용어들

교육과정과의 연계

구분	과목명	학년	단원	연계되는 개념 및 원리
초등학교	과학	5학년 2학기	7. 태양의 가족	태양계, 행성
중학교	과학	2학년	3. 지구와 별	연주시차
		3학년	7. 태양계의 운동	거리 측정
고등학교	지구과학 I	2학년	3. 신비한 우주	은하, 전파 은하, 퀘이사, 우주 팽창

책 소개

사람들은 우주의 시작과 끝을 알기 위해 그동안 부단한 노력을 해왔습니다. 우주의 기원과 변화를 놓고 빅뱅우주론과 정상우주론이 대립을 벌이게 되었습니다. 그리고 관측 기술의 발달로 빅뱅우주론이 옳다고 증명되기 시작하였습니다. 이러한 시작점에 이 책을 쓴 저자 가모브가 있습니다. 《가모브가 들려주는 우주론 이야기》는 빅뱅우주론 창시자인 가모브가 우주의 탄생에서부터 현재에 이르기까지 상세하게 설명되어 있습니다.

이 책의 장점

1. 초등학생들에게는 우주에 대한 꿈을 심어주고 창의적인 세계를 펼칠 수 있는 기회를 제공하며, 중·고등학생들에게 우주의 탄생과 진화에 대한 깊이 있는 이해를 바탕으로 내신과 수능을 대비하는 데 도움이 됩니다.
2. 빅뱅우주론의 창시자인 가모브가 재미있고 알기 쉽게 설명하는 형식으로 구성되어 있어 과학적 지식을 단편적으로 암기하지 않고 이야기 속에서 이해하여 자연스럽게 습득할 수 있도록 하였습니다.
3. 초등학교부터 고등학교에 이르기까지 우주에 관한 단원을 연계하여 학습할 수 있도록 도움을 주고 있습니다.

각 차시별 소개되는 과학적 개념

1. 첫 번째 수업 _ 조지 가모브
- 우주가 팽창하며 진화한다는 빅뱅우주론은 가모브와 그의 동료들에 의해서 만들어졌습니다.

2. 두 번째 수업 _ 고대 우주론에서 현대 우주론으로
- 전통적 우주론은 우주가 변화하지 않고 영원하다는 주장입니다. 하지만 이는 우주가 팽창한다는 빅뱅이론의 반박을 받았습니다. 망원경의 발달로 우주가 팽창하고 있다는 것이 사실로 밝혀지게 되었습니다.

3. 세 번째 수업 _ 더 큰 망원경을 만들어라
- 성능 좋은 망원경을 만들어 관측함에 따라 우주의 신비는 많이 밝혀지게 되었습니다. 지구의 대기에 의해 생기는 관측의 부정확성을 방지하기 위해 사람들은 우주에 허블 망원경을 설치하였습니다. 이를 통해 우주 관측은 비약적으로 발전하게 되었습니다.

4. 네 번째 수업 _ 우주의 거리를 측정하라
- 연주시차는 지구가 1년 동안 공전하면서 별들을 관측할 때 별들의 위치가 달라져 보이는 것을 말합니다.
- 밝기가 변하는 별을 변광성이라고 하는데 이들은 주기를 가지고 있습니다. 세페이드변광성을 통해 리비트는 밝기는 거리의 제곱에 반비례해서 어두워진다는 것을 밝혀냈습니다.

5. 다섯 번째 수업 _ 우주가 팽창하고 있습니다
- 빛을 내는 물체나 관측자의 속도에 따라 빛이 다른 파장으로 관측

되는 것을 도플러 효과라고 합니다. 빛을 내는 천체가 우리에게 다가오는 경우 파장이 짧아지는 청색 방향으로 밀려나는데 이를 청색편이라고 합니다. 반대로 멀어지고 있으면 파장이 길어지는 붉은색 쪽으로 밀려나는데 이것을 적색편이라고 합니다. 빛의 스펙트럼을 이용하여 별의 원소, 온도, 속도까지 알아낼 수 있습니다.

- 은하까지의 거리와 은하가 멀어지는 속도는 반비례한다는 것이 허블법칙입니다.

6. 여섯 번째 수업 _ 빅뱅우주론의 등장

- 우주는 팽창하면서 온도가 낮아지기 시작했으며 그에 따라 입자들이 결합하여 원자핵, 원자들이 만들어졌습니다. 원자핵은 양성자 10개당 1개의 비율로 만들어졌으며, 원자가 형성되어 전자를 흡수하자 더 이상 빛이 반사되지 않고 떠돌게 되어 우주배경복사가 등장하게 되었습니다.

7. 일곱 번째 수업 _ 정상우주론

- 정상우주론은 우주가 팽창하고 있기는 하지만 영원하며 근본적으로 변하지 않다고 주장합니다. 팽창의 사실은 인정하면서도 창조의 순간은 없는 우주론입니다.

8. 마지막 수업 _ 우주배경복사

- 전자가 원자 속으로 흡수되자 빛은 방해 없이 우주를 떠돌게 되었습니다. 시간이 흘러 우주가 팽창함에 따라 파장이 늘어나 현재의 마이크로파가 되었고, 이를 우주배경복사라고 합니다. 우주배경

복사를 통해 빅뱅우주론이 옳다는 것이 증명되었습니다.

이 책이 도움을 주는 관련 교과서 단원

가모브의 우주론 이야기와 관련되는 교과서에 등장하는 용어와 개념들입니다.

1. 초등학교 5학년 2학기 – 7. 태양의 가족

- 이 단원의 목표는 여러 가지 기구를 이용하여 태양의 모양을 관찰하고, 사진이나 그림 자료 등을 이용하여 태양의 특성을 찾아보는 것입니다. 또한 태양계를 구성하고 있는 행성을 조사하고, 태양계 모형 등을 사용하여 행성의 크기와 태양으로부터의 거리를 비교합니다.

내용 정리

- 태양과 지구 사이에 있는 행성은 수성, 금성이 있고, 지구 밖에서 태양을 도는 행성은 화성, 목성, 토성, 천왕성, 해왕성, 명왕성이 있습니다.
- 태양과 지구 사이의 거리는 약 1억 5000만km 입니다.
- 태양은 지구상의 모든 생물이 살아갈 수 있는 에너지를 제공해 줍니다.
- 지구보다 작은 행성은 수성, 금성, 화성, 명왕성입니다. 지구보다 큰 행성은 목성, 토성, 천왕성, 해왕성입니다.

2. 중학교 2학년 - 3. 지구와 별

- 이 단원의 목표는 지구가 둥글다는 증거를 제시하고, 지구 모형을 이용하여 지구의 크기를 측정하는 것입니다. 그리고 태양과 행성의 특징을 조사하며, 별을 관측하고, 별의 밝기와 등급을 관련지어 보는 학습도 합니다. 우리 은하는 성단과 성운, 성간 물질로 이루어져 있음을 이해하고, 우리 은하의 특성을 설명해 보는 활동도 합니다.

내용 정리

- **광학 망원경**은 천체에서 오는 별빛을 모은 후 접안렌즈로 상을 확대하여 천체를 관측하는 망원경입니다.
- **굴절 망원경**은 대물렌즈와 접안렌즈 모두 볼록렌즈를 이용합니다.
- **반사 망원경**은 대물렌즈로는 오목 거울을 이용하고 접안렌즈로는 볼록렌즈를 이용합니다.
- **전파 망원경**은 천체에서 오는 전파를 받아서 관측하는 망원경으로, 안테나와 수신기, 기록 장치로 되어 있습니다. 전파 망원경을 사용하면 눈에 보이지 않는 천체도 발견할 수 있으며, 낮에도 관측할 수 있습니다.
- 지구로부터 별까지의 거리는 각각 다릅니다. 지구의 공전에 따라 관측자의 위치가 1년을 주기로 변화하기 때문에 별이 보이는 위치가 달라져서 별의 시차가 나타납니다.
- 지구와 별이 태양을 사이에 두고 서로 반대편의 위치에 있을 때,

별이 보이는 방향이 달라집니다. 이때 지구와 별이 이루는 각의 차이를 별의 **연주 시차**라고 합니다.
- 별의 거리는 연주 시차에 반비례합니다. 지구에서 멀리 있는 별의 연주 시차는 가까이 있는 별의 연주 시차보다 작습니다.
- 별의 거리(pc)=1÷연주 시차

3. 중학교 3학년 - 7. 태양계의 운동
- 이 단원의 목표는 천체의 일주운동과 지구 자전과의 관계를 알아보는 것과 태양의 연주운동을 이해하고 지구의 공전과 관련지어 보는 것입니다. 또한 달의 운동, 월식, 일식에 대해 알아보고, 각 행성의 공전 주기와 궤도에 대해 학습하는 것입니다.

내용 정리
- 금성까지의 거리는 금성에 전파를 보내어 되돌아오는 데 걸리는 시간과 전파의 속력을 이용하여 구합니다.
- 금성까지의 거리=$\frac{1}{2}$×전파 속력×전파가 되돌아오는 시간

4. 고등학교 - 3. 신비한 우주
- 이 단원의 목표는 태양계 구성원의 특징, 태양의 구조와 특징 및 별의 일반적인 성질을 설명하는 것입니다. 그리고 우리 은하의 형태와 은하의 구성원에 대하여 설명하고, 외부은하의 분류 및 공간적 분포를 통하여 우주의 광활함에 대해 학습합니다.

내용 정리

- 은하는 모양에 따라 다음과 같이 나뉩니다.
- **타원은하** : 성간 물질이 거의 없고, 온도가 낮은 늙은 별
- **나선은하** : 정상 나선 은하 (←우리 은하의 모습), 막대나선은하
- **불규칙은하** : 성간 물질이 많고, 온도가 높은 푸른색 별
- 특이한 외부 은하로는 외부 은하 중에서 강한 전파를 발사하는 전파은하와 매우 먼 거리에 있으며, 크기는 별 모양이지만 매우 큰 전파를 방출하는 **퀘이사**라는 은하가 있습니다.
- 은하들 사이의 거리는 서로 멀어지고 있으며, 우주 공간이 점점 넓어져서 우주가 팽창하고 있습니다. 팽창하는 우주에는 특별한 중심이 없습니다.

과학자들이 들려주는 과학 이야기 90

슈바르츠실트가 들려주는 블랙홀 이야기

책에서 배우는 과학 개념

블랙홀과 관련되는 개념 및 용어들

교육과정과의 연계

구분	과목명	학년	단원	연계되는 개념 및 원리
초등학교	과학	4학년 1학기	별자리를 찾아서	공전, 별자리 위치
고등학교	물리 I	2학년	3. 파동과 입자	핵분열, 핵융합
	지구과학 II	3학년	4. 천체와 우주	변광성, 적색편이 현상 우주팽창 이론

책 소개

우리는 이미 블랙홀이라는 용어를 어렴풋이나마 알고 사용하고 있습니다. 하지만 사람들은 블랙홀이 어떻게 탄생되며, 그 안에서 어떠한 현상이 일어나는지 정확히 알지는 못합니다. 《슈바르츠실트가 들려주는 블랙홀 이야기》는 천체의 사진 관측술을 개척한 슈바르츠실트가 블랙홀의 탄생과 발견, 블랙홀 안에서 일어나는 현상까지를 강의를 통해서 재미있게 풀어내고 있습니다. 슈바르츠실트는 이 책에서 블랙홀이 어떻게 존재하고 있는지, 블랙홀과 중성자별의 차이는 무엇인지, 확인 방법은 어떤 것들이 있는지 알려주고 있습니다.

이 책의 장점

1. 초등학생들에게는 블랙홀이라는 신비한 우주 현상에 대한 탐구의 기회를 제공할 수 있으며, 중·고등학생들에게 블랙홀의 탄생과 발견, 블랙홀 현상에 대한 이론을 이해할 수 있는 바탕을 마련해 줍니다.
2. 슈바르츠실트와 함께 수업하면서 블랙홀에 대한 궁금증을 해결하는 형식으로 구성되어 있어 블랙홀에 관한 과학적 지식을 외우지 않고도 생생하게 내 것으로 만들 수 있는 기회를 제공해 줍니다.
3. 초등학교부터 고등학교까지 천체와 관련된 단원을 연계하여 학습할 수 있으며 물리, 지구과학의 학습까지 함께 할 수 있습니다.

각 차시별 소개되는 과학적 개념

1. 첫 번째 수업 _ 블랙홀의 탄생

- 블랙홀에 관한 첫 번째 사고 실험은 다음과 같습니다. 탈출속도란 천체의 중력을 이기고 빠져나갈 수 있는 속도입니다. 탈출속도가 광속(초속 30만km) 이상이라면 그 천체는 빛이 빠져나오지 못하고 검게 보일 것입니다.
- 블랙홀에 대한 두 번째 사고실험은 중력이 천체를 눌러 찌부러뜨려서 블랙홀을 만드는 것입니다.

2. 두 번째 수업 _ 퀘이사

- 퀘이사는 강한 전파를 발생하는 수수께끼 천체입니다.
- 물체가 멀어지면 파장이 긴 적색 쪽으로 치우친 빛이 관측되는데 이것을 적색이동이라고 하며, 다가오면 파장이 짧은 청색 쪽으로 치우친 빛이 관측되는데 이것을 청색 이동이라고 합니다. 이러한 현상을 도플러효과라고 합니다.

3. 세 번째 수업 _ 퀘이사, 블랙홀

- 별은 중력 붕괴를 통해 끝없이 수축하며 중력 붕괴의 끝은 블랙홀이 됩니다. 은하 속의 별들이 블랙홀에 의해 부서질 때 그 별의 구성 물질은 달궈지며 빛 에너지를 방출하는데 이것이 바로 퀘이사가 방출하는 빛입니다.
- 블랙홀은 충돌하여 합쳐지는데, 합쳐진 블랙홀의 표면적은 유지되거나 증가할 수는 있어도 감소할 수는 없습니다. 이를 호킹의 블랙홀 표면적 증가의 법칙이라고 합니다.

4. 네 번째 수업 _ 중성자별

- 우주로부터 펄스(맥박처럼 일정한 시간 간격을 갖고 매우 짧은 주기로 발사되는 전파)가 우주로부터 감지되었습니다. 이를 통해 사람들은 외계의 존재를 가정하게 되었고 작은 녹색 인간(Little Green Man, LGM)을 상상하게 되었습니다. 이 특이전파는 펄스를 발하는 별(Pulsing Star)이란 뜻으로 펄사로 명명되었으며, 한국어로는 맥동별(맥박이 뛰듯 전파를 발사하는 별)이라고도 합니다.

5. 다섯 번째 수업 _ 펄사

- 펄사는 자전을 하며 그 주기가 초 단위로 매우 빠릅니다. 원심력을 고려할 때 이 회전을 견뎌낸다는 것은 중력이 아주 강하다는 뜻이며 중성자별로 생각할 수 있습니다. 매우 빠른 속도로 자전하기 때문에 전파가 주기적으로 지구에 도달하게 되는 것입니다.

6. 여섯 번째 수업 _ 블랙홀의 존재

- 별은 중력붕괴를 통해 중성자별이 됩니다. 이후 무한의 점을 향해 급속히 중력 붕괴를 이어가고 곧 블랙홀이 되는 데 1초도 걸리지 않습니다. 이 무한의 점은 크기는 없고 밀도는 무한대인 점을 가리키며 블랙홀의 중심으로 특이점이라고 부릅니다.

- 블랙홀은 어떠한 빛도 방출하지 않기 때문에 망원경을 통해서 발견할 수 없습니다. 대신 공전하는 별의 움직임을 통해 보이지 않는 블랙홀의 존재를 예측합니다.

7. 일곱 번째 수업 _ 블랙홀 확인 방법
   - X선을 내놓는 천체의 질량이 태양보다 5배 이상 무겁다면 블랙홀로 확신하게 됩니다.

8. 여덟 번째 수업 _ 우후루 발사와 블랙홀 검증
   - X선 방출 천체의 탐사를 위해 1970년에 우후루라는 인공위성이 발사되었습니다.
   - 백조자리 X-1의 빛 방출은 규칙적이지 않았으며, 짝을 이루는 별의 질량과 공전주기를 추정함으로써 질량이 5~8배가 된다는 것으로 밝혀졌습니다. 이후 X선보다 에너지가 큰 빛인 감마선을 감지함으로써 블랙홀로 인정받게 되었습니다.

9. 마지막 수업 _ 블랙홀의 성질
   - 원 평형점은 빛이 블랙홀 주변에서 원을 그리는 지점으로 불빛의 추락과 탈출을 가름하는 중요한 분기점입니다. 중력 반지름을 넘어 블랙홀 속으로 들어가면 어떠한 것도 빠져나올 수 없습니다.
   - 위치에 따라서 달리 받는 중력을 '차등중력'이라고 합니다. 블랙홀처럼 중력이 매우 강한 경우에 차등중력의 효과를 강력히 느낄 수 있습니다.

이 책이 도움을 주는 관련 교과서 단원

슈바르츠실트의 블랙홀 이야기와 관련되는 교과서에 등장하는 용어와 개념들입니다.

1. 초등학교 4학년 1학기 – 8. 별자리를 찾아서

• 이 단원의 목표는 일정한 시간 간격으로 북두칠성을 관찰하여 시각에 따른 움직임을 그려 보고, 이를 통해 하루 동안의 별의 움직임을 이해하는 것입니다. 그리고 각 계절마다 별자리를 관찰하여 그림으로 나타내고, 계절에 따라 별자리의 종류가 달라짐을 아는 것입니다.

내용 정리

• **계절에 따라 별자리가 달라지는 이유**는 지구가 태양을 중심으로 공전하기 때문입니다. 지구가 공전하게 되면 지구의 위치가 달라지므로 보는 위치도 달라져 별자리도 달라지는 것입니다.
• **공전**이란 지구가 일 년에 한 바퀴씩 태양의 둘레를 도는 것을 말합니다.

2. 고등학교 – 3. 파동과 입자

• 이 단원의 목표는 파동의 특성을 나타내는 요소를 알고, 이들 사이의 관계를 이해하는 것과 파동의 진행과 반사 현상을 조사하고, 실생활과 관련하여 이를 이해하는 것입니다.

내용 정리

- 핵분열이란 하나의 원자핵이 여러 개의 다른 원자핵으로 분열되는 현상입니다.
- 핵융합이란 질량이 작은 원자핵들이 반응하여 그보다 질량이 큰 원자핵으로 되는 현상입니다.

$$^{235}_{92}U + ^{1}_{0}n \rightarrow ^{139}_{56}Ba + ^{94}_{36}Kr + 3\,^{1}_{0}n + 약 200 MeV$$

3. 고등학교 - 4. 천체와 우주

- 이 단원의 목표는 별의 생성과 진화를 공부하고, 별의 에너지원이 중력 수축 에너지와 핵융합 에너지임을 설명하는 것입니다. 또한 천체의 적색 편이를 이용하여 허블 법칙을 설명하고, 이를 우주의 나이, 크기와 관련짓는 것도 공부합니다. 우주의 기원에 대한 여러 가지 이론을 조사하고, 우주의 미래에 대하여 예상하는 학습도 합니다.

내용 정리

- **식변광성**은 쌍성의 괘도가 지구와 같은 평면상에 있어서 식 현상이 일어나기 때문에 광도가 변하는 별이며, 이때 반성(어두운 별)이 주성(밝은 별)을 가릴 때를 '**주식**', 그 반대를 '**부식**'이라 합니다.
- 맥동변광성은 별의 내부 구조가 불안정하여 사람의 심장이 팽창과 수축을 반복하듯 맥동하여 광도가 주기적으로 변하는 별을 '맥동변광성'이라 하며, 이중 대략 1~40일의 일정한 주기를 가진 것을 '**세페이드**(Cepheid)**변광성**'이라 합니다. 세페이드변광성은 별까지의 거리를 측정하는 데 매우 중요합니다.
- **세페이드변광성** 중에는 변광주기가 0.5일 정도로 짧은 '거문고 자리 RR형 변광성'도 있으며, 그 주기가 긴 장주기 변광성도 있습니다. 맥동변광성은 팽창과 수축을 반복함으로써 반지름의 변화와 함께 표면 온도가 변하고 그에 따라 밝기가 변하게 됩니다.
- **폭발변광성**은 신성과 초신성과 같이 갑작스런 폭발에 의하여 물질을 방출함으로써 불과 며칠 사이에 급격한 밝기 변화를 보이는 변광성입니다.
- **허블**(Hubble)은 외부은하들의 적색편이 현상을 측정한 결과 외부

은하들의 후퇴속도는 은하의 거리에 비례한다는 '**허블의 법칙**'을 밝혀냈습니다. 즉, 먼 은하일수록 더 빠른 속도로 후퇴하고 있는데 마치 풍선을 불어 팽창시킬 때 그들 상호간의 거리가 멀어져 가는 것처럼 모든 은하들도 서로 멀어져 가고 있다는 것입니다. 이것은 결국 '우주의 팽창'을 의미하며, 그 옛날로 거슬러 올라갈수록 은하들 사이의 거리는 지금보다 훨씬 가까웠음을 의미합니다.

- 펜지아스(Penzias)와 월슨(Willson)은 3K 흑체에서 방출하는 약 7㎝ 파장의 전파가 우주 공간의 어디에서나 같은 세기로 관측된다는 사실로부터 우주의 평균 온도가 3K라는 사실을 얻었습니다. 이 3K복사를 '우주배경복사'라 하는데, 이것은 우주 초기의 강한 빛이 우주의 팽창에 따라 적색편이 되어 현재와 같은 긴 파장으로 바뀐 것으로 생각됩니다. 이러한 증거를 통해 우주 탄생 초기에는 모든 은하들이 한 점으로 모여 있었고, 온도와 밀도가 무한대인 상태에서 '대 폭발(Big Bang)'이 일어나 팽창하였다는 이론이 증거를 얻게 되었습니다.

과학자들이 들려주는 과학 이야기 91

핼리가 들려주는
이웃천체 이야기

책에서 배우는 과학 개념

만유인력과 관련되는 개념 및 용어들

교육과정과의 연계

구 분	과목명	학년	단원	연계되는 개념 및 원리
초등학교	과학	3학년 2학기	3. 지구와 달	달, 크레이터, 달의 특징
		5학년 2학기	7. 태양의 가족	위성, 소행성, 혜성, 태양계 행성
중학교	과학	2학년	3. 지구와 별	태양계 행성
		3학년	7. 태양계의 운동	태양
고등학교	과학	1학년	5. 지구	지구형·목성형 행성, 혜성
	지구과학 I	2학년	3. 신비한 우주	지구형·목성형 행성, 혜성
	지구과학 II	3학년	4. 천체와 우주	티티우스 보데의 법칙

책 소개

《핼리가 들려주는 이웃천체 이야기》는 핼리혜성을 발견한 천문학자 핼리가 태양계에서부터 외계 생명체에 이르기까지 이웃천체에 대한 이야기를 흥미롭게 풀어놓았습니다. 우리가 살고 있는 지구는 태양을 중심으로 움직이고 있습니다. 그리고 다른 행성들 역시 태양을 중심으로 돌고 있는데, 이를 태양계라고 합니다. 핼리는 태양이 왜 둥글고, 달은 어떻게 태어났는지를 쉽고 재미있는 풀이로 설명합니다. 이 책을 통해 천체에 관한 새로운 지식을 얻고, 우주로 꿈을 키워나갈 수 있는 기회를 갖게 될 것입니다.

이 책의 장점

1. 초등학교 과학 교과서에 등장하는 천체에 대해서 알아봄으로써 초등학생들도 흥미를 가지고 읽을 수 있도록 하였습니다. 그리고 중·고등학생들에게는 교과와 관련된 내용을 깊이 있게 이해할 수 있도록 구성하였습니다.
2. 천체에 관한 과학적 지식을 암기하여 학습하는 것이 아니라, 사고 실험을 통해서 논리적으로 이해함으로써 천체에 관한 내용을 쉽게 습득할 수 있는 기회를 마련합니다.
3. 초등학교의 지구와 달, 태양계에 관한 내용부터 고등학교 지구과학에 이르기까지 폭넓은 내용을 담고 있어 학생들이 천체에 대해

자연스럽게 연계하여 학습을 할 수 있도록 하였습니다.

각 차시별 소개되는 과학적 개념

1. 첫 번째 수업 _ 태양

- 태양은 태양계의 중심으로 높은 열을 사방으로 내보내며, 그기와 질량 또한 태양계에서 가장 큽니다. 태양은 다양한 광선을 뿜어내며 고온의 가스로 뒤덮여 있습니다.
- 태양은 가스를 중심으로 당기는 중력과 사방으로 빛을 방출하는 힘(열기)이 평형을 이루며 구의 형태를 유지하고 있습니다.
- 태양의 핵융합반응을 통해 태양열과 태양광의 에너지를 얻습니다.

2. 두 번째 수업 _ 달

- 달은 중력이 매우 약해서 대기를 잡아둘 수 없으므로 물도 자연히 사라지게 됩니다. 물이 없는 달에서는 생명체가 존재할 수 없습니다.
- 달의 기원설에는 지구에서 떨어져 나왔다는 분열설, 지구의 탄생과 함께 한 덩어리가 만들어졌다는 응집설, 지구에 접근한 달이 지구에 붙잡혔다는 포획설, 미지의 행성이 지구와 충돌하며 떨어져 나간 입자들이 뭉쳐 만들어졌다는 거대충돌설이 있습니다.

3. 세 번째 수업 _ 혜성, 카이퍼 띠

- 혜성은 운석, 얼음, 먼지가 응어리져서 형성된 천체입니다. 머리와 꼬리로 이루어져 있으며 머리는 핵과 코마(coma)로 나뉩니다.

태양열을 받은 핵 속의 얼음이 녹으면서 뿌연 구름처럼 공이나 타원형으로 변하는데 이것을 코마(coma)라고 합니다.
- 혜성의 꼬리는 혜성이 태양열을 받아 녹으면서 움직이는 것으로 반대쪽으로 뿌옇게 생기게 됩니다.
- 주기혜성은 타원과 포물선을 그리며 사라졌다가 다시 나타나는 혜성을 말하며, 비주기혜성은 쌍곡선으로 운행하며 한 번 보이고, 되돌아오지 않는 혜성입니다.
- 카이퍼 띠란 명왕성 바깥에 소규모 천체들이 기다란 띠를 형성하고 있는 것을 말합니다.

4. 네 번째 수업 _ 수성, 섭동 현상
- 섭동이란 천체의 운동에 주변 천체들이 영향을 미치는 현상을 말합니다. 처음 수성의 공전 궤도가 장미꽃 모양을 그렸을 때 천문학자들은 이를 섭동 현상으로 이해하고, 새로운 벌컨(vulcan)을 찾으려 하였으나 실패하였습니다. 이때 아인슈타인은 일반상대성이론을 통해 수성의 궤도가 수성 주변 시공간의 중력장에 의해 휘어졌기 때문이라고 설명하였습니다.

5. 다섯 번째 수업 _ 화성
- 화성의 토양은 대부분 규소(Si)와 철(Fe)로 이루어졌으며 산화 상태로 표면은 붉게 보입니다. 화성의 대기는 대부분 이산화탄소(CO_2)이며, 질량은 지구의 11%에 불과합니다. 화성에는 물이 풍부하지 않습니다.
- 드레이크방정식은 외계생명체의 수를 가늠해 보기 위해 고안된

것입니다.

6. 여섯 번째 수업 _ 목성의 위성

- 갈릴레이는 목성을 중심으로 돌고 있는 4개의 위성을 발견함으로써 지동설을 주장하게 됩니다. 또한 뢰머(Roemer)라는 학자는 이 위성 중 하나인 이오를 통해 광속을 측정하게 됩니다.

7. 마지막 수업 _ 티티우스-보데의 규칙, 케플러의 세 가지 법칙

- 티티우스-보데의 규칙은 $d=0.4+(0.3 \times 2$의 $n^2)$입니다. n은 행성에 부여한 숫자로 수성은 마이너스 무한대, 금성은 0, 지구는 1, 화성은 2, 목성은 4와 같이 순서대로 부여됩니다. 이를 통해 d라는 태양계와 행성 사이의 거리가 측정되는 것입니다. 3에 해당하는 행성은 없는 대신 소행성이 자리하고 있습니다. 하지만 이 계산법은 해왕성 이후 천체부터 오차가 심하게 나타납니다.
- 케플러의 세 가지 법칙은 타원궤도의 법칙(제1법칙 : 행성은 태양을 초점으로 하는 타원궤도를 그리며 회전), 면적 속도 일정의 법칙(제2법칙 : 행성이 동일 시간에 쓸고 지나가는 면적은 어느 위치에서나 일정), 조화의 법칙(제3법칙 : 공전주기의 제곱은 행성궤도 긴 반지름의 세제곱에 비례)으로 이루어져 있습니다.

이 책이 도움을 주는 관련 교과서 단원

헬리의 이웃천체 이야기와 관련되는 교과서에 등장하는 용어와 개념들입니다.

1. 초등학교 3학년 2학기 - 3. 지구와 달

- 이 단원의 목표는 지구의 생김새와 관련된 모형이나 인공위성 사진 자료 등의 관찰을 통하여 지구가 둥글다는 것을 이해하는 것과 하루 동안 시간에 따른 달의 위치와 매일 같은 시각에 달의 모양을 관찰하여 그림으로 나타내는 것입니다.

내용 정리

- 달에는 움푹 파인 수많은 자국이 있는데 이것을 '**크레이터** (crater)'라고 합니다.
- 달에는 구름이 없으므로 표면이 잘 보입니다.
- 달 사진에는 흰 부분과 푸른색 부분이 없으므로 공기와 물이 존재하지 않습니다.

2. 초등학교 5학년 2학기 - 7. 태양의 가족

- 이 단원의 목표는 여러 가지 기구를 이용하여 태양의 모양을 관찰하고, 사진이나 그림 자료 등을 이용하여 태양의 특성을 찾아보는 것입니다. 또한 태양계를 구성하고 있는 행성을 조사하고, 태양계 모형 등을 사용하여 행성의 크기와 태양으로부터의 거리를 비교하는 것입니다.

내용 정리

- 행성 주위를 공전하는 천체를 **위성**이라고 합니다.
- 목성, 토성, 천왕성, 해왕성에는 많은 위성이 있습니다.
- 소행성은 작고 어두운 행성으로 달의 $\frac{1}{3}$ 정도밖에 되지 않습니다.
- 소행성은 대부분 화성과 목성 사이에서 태양을 공전하고 있습니다.
- 약 1만 개 정도 발견이 되었고, 앞으로도 더 많이 발견될 것입니다.
- 혜성은 밤하늘에 긴 꼬리를 나타내는 천체로 **핼리혜성**이 유명합니다.
- 핼리혜성은 영국의 천문학자 핼리가 예언한 혜성으로 75~76년에 한 번 공전합니다.
- 1000개 이상의 혜성이 발견되었으나 아직 눈에 띄지 않은 것이 무려 수억 개나 될 것으로 추측됩니다.

3. 중학교 2학년 – 3. 지구와 별

- 이 단원의 목표는 지구가 둥글다는 증거를 제시하고, 지구 모형을 이용하여 지구의 크기를 측정하는 것입니다. 그리고 태양과 행성의 특징을 조사하며, 별을 관측하고, 별의 밝기와 등급을 관련지어 보는 학습도 합니다. 우리 은하는 성단과 성운, 성간 물질로 이루어져 있음을 이해하고, 우리 은하의 특성을 설명해 보는 활동도 합니다.

내용 정리

- **태양**은 표면 온도가 약 6000℃인 고온의 가스 덩어리로, 지구에서 가장 가까운 별이며, 태양계 내에서 스스로 빛을 내는 유일한 천체입니다.
- **수성** : 운석 충돌로 인한 구덩이가 있어 달의 표면과 흡사하고, 대기가 없으며, 낮에는 400℃까지 올라가고, 밤에는 −170℃까지 내려가 낮과 밤의 기온차가 큽니다.
- **금성** : 두꺼운 이산화탄소로 덮여 있으며, 대기압은 지구의 약 95배, 표면 온도는 이산화탄소의 영향으로 약 470℃에 이릅니다.
- **화성** : 붉은색 사막으로 많은 운석 구덩이가 있으며, 물이 흐른 흔적, 큰 협곡 등이 있으며, 양극에 물과 이산화탄소가 얼어붙은 흰색의 극관이 있고, 계절에 따라 그 크기가 변합니다.
- **목성** : 반지름이 약 70000km로 태양계에서 가장 큽니다. 또, 수

소, 헬륨, 암모니아 등의 기체로 구성되어 있으며, 대기의 대류 현상으로 생긴 가로줄 무늬와 대기의 소용돌이인 고리가 있습니다.

- **토성** : 암석과 얼음 부스러기로 이루어진 아름다운 고리가 있으며, 행성 중 가장 많은 위성을 가지고 있고, 목성과 같은 가로줄 무늬가 있습니다.
- **천왕성** : 1781년 허셜이 망원경으로 발견한 행성으로, 대기 중에 메탄이 많아서 청록색으로 보입니다. 자전축이 거의 공전 궤도면에 가깝게 98° 정도 기울어져 있으며, 15개의 위성이 있습니다.
- **해왕성** : 천왕성보다 더 푸른빛을 띠며, 수소(H)와 헬륨(He), 메탄(CH_4)으로 이루어진 대기를 가지고 있습니다. 남반구에 대흑점이라 불리는 검은색의 큰 점이 있으며, 8개의 위성과 고리를 가지고 있습니다.
- **명왕성** : 1930년 톰보가 별견한 행성으로, 질량과 반지름이 가장 작은 행성입니다. 태양계에서 가장 멀리 떨어져 있으며, 1개의 위성이 발견되었습니다.
- **혜성의 머리**는 수십km 이내의 크기로 얼음과 먼지로 되어 있습니다. 혜성은 긴 타원 궤도를 따라 운동하는데, 태양 근처에 오면 얼음이 녹아서 생긴 기체가 태양의 반대쪽으로 긴 꼬리를 만들며, 태양에 가까울수록 꼬리는 길어집니다.

4. 중학교 3학년 – 7. 태양계의 운동

- 이 단원의 목표는 천체의 일주운동과 지구 자전과의 관계, 태양의 연주운동을 이해하고, 지구의 공전과 관련지어 보는 것입니다.
  또한 달의 운동, 월식, 일식에 대해 알아보고, 각 행성의 공전 주기와 궤도에 대해 학습하는 것입니다.

내용 정리
- 달 표면을 관측하면, 밝고 어두운 무늬가 있습니다. 이 무늬는 달의 모양과 관계없이 항상 일정합니다. 이것은 달이 지구 둘레를 돌면서도 항상 같은 면만을 지구로 향하고 있기 때문입니다.

5. 고등학교 1학년 – 5. 지구

- 이 단원의 목표는 태양계 구성원의 특징, 태양의 구조와 특징 및 별의 일반적인 성질을 설명하는 것입니다. 또한 은하의 형태와 구성원에 대하여 알아보고, 외부은하 분류 및 외부은하의 공간적 분포를 통하여 우주의 광활함을 이해하는 것입니다.

내용 정리
- **태양** : 스스로 빛을 내는 항성으로, 태양계 총 질량의 99%이상을 차지합니다.
- **행성**은 태양의 둘레를 공전하는 천체이며, 위성은 행성의 둘레를 공전하는 천체입니다. 소행성은 태양의 둘레를 공전하는 작은 천

체로, 모양이 불규칙하며 화성과 목성 사이에 밀집해 있습니다.
- **지구형 행성**(규산염 행성) ⇒ 수성, 금성, 지구, 화성
- **목성형 행성**(수소 행성) ⇒ 목성, 토성, 천왕성, 해왕성

	반지름	밀도	질량	자전 주기	편평도	위성수	고리	대기 두께	대기 성분	주성분
지구형 행성	작다	크다	작다	길다	작다	적다	없다	얇다	CO_2, N_2, O_2	Fe, O, Si
목성형 행성	크다	작다	크다	짧다	크다	많다	있다	두껍다	H_2, He, NH_3, CH_4	H, He

6. 고등학교 - 3. 신비한 우주

- 이 단원의 목표는 태양계 구성원의 특징, 태양의 구조와 특징 및 별의 일반적인 성질을 설명하는 것입니다. 그리고 우리 은하의 형태와 은하의 구성원에 대하여 설명하고, 외부은하 분류 및 외부은하의 공간적 분포를 통하여 우주의 광활함에 대해 학습합니다.(위의 내용과 같음)

내용 정리

- 태양계 행성은 **지구형**과 **목성형**으로 분류됩니다. 지구형은 작고 단단한 돌덩어리로 천천히 자전하며, 수성, 금성, 지구, 화성이 있습니다. 목성형 행성은 크고 가벼운 기체와 액체덩어리로 이루어져 있으며 빨리 자전하고, 납작(편평도 큼)합니다. 테(고리)를 가지고 있고 위성이 많습니다. 밀도는 작으나 질량은 큽니다. 목성, 토성,

천왕성, 해왕성이 이에 해당합니다.
- 혜성의 머리는 얼음덩어리로 되어 있습니다. 태양에 가까워질수록 꼬리가 길어지며 태양의 반대쪽으로 꼬리가 날립니다.(태양풍이 압력이 있다는 증거)

7. 고등학교 - 4. 천체와 우주

- 이 단원의 목표는 별의 생성과 진화에 대해 공부하는 것과 별의 에너지원이 중력 수축 에너지와 핵융합 에너지임을 설명하는 것입니다. 또한 천체의 적색 편이를 이용하여 허블 법칙을 설명하고, 이를 우주의 나이, 크기와 관련짓는 것도 공부합니다. 우주의 기원에 대한 여러 가지 이론을 조사하고, 우주의 미래에 대하여 예상하는 학습도 합니다.

내용 정리

- **티티우스-보데의 법칙** : $d=0.4+0.3\times 2^n$ (AU)
- **이 식의 계수 n에 수성** : $n=-\infty$, 금성:$n=0$, 지구:$n=1$, 화성:$n=2$, 소행성:$n=3$, 목성:$n=4$, 토성:$n=5$를 대입하면 궤도 반지름을 구할 수 있습니다.

과학자들이 들려주는 과학 이야기 92

리히터가 들려주는 지진 이야기

책에서 배우는 과학 개념

지진과 관련되는 개념 및 용어들

교육과정과의 연계

구분	과목명	학년	단원	연계되는 개념 및 원리
초등학교	과학	6학년 1학기	2. 지진	지진, 습곡, 단층 수평, 수직 지진계
중학교	과학	1학년	1. 지구의 구조	지진파-P파, S파
		2학년	6. 지구의 역사와 지각변동	단층, 부정합, 역단층, 정단층
고등학교	지구과학 II	3학년	1. 지구의 물질과 지각변동	천발 지진, 중발 지진, 심발지진

책 소개

우리나라는 지진으로부터 안전한 지대가 아닙니다. 가까운 나라 일본 역시 지진으로 많은 피해를 입고 있습니다. 일본은 지진에 관한 연구와 대비가 철저한 반면 우리나라는 아직 지진에 대한 대비가 미흡합니다. 그렇다면 우리나라에서는 왜 지진이 많이 발생할까요? 그리고 지진이란 무엇일까요? 《리히터가 들려주는 지진 이야기》는 리히터지진계를 발명한 지진학자 리히터가 관찰한 지진의 크기와 종류, 위치 등을 알 수 있도록 구성하였습니다. 이 책은 여러 실험을 통해 지진의 움직임을 알고, '쓰나미'라는 구체적인 사례를 통해 지진 대비책에 대해서도 상세하게 설명하고 있습니다.

이 책의 장점

1. 초등학생들에게는 지진에 대해서 심화 학습할 수 있는 기회를 제공하고, 중·고등학생들에게 지각운동에 관한 여러 이론을 재미있고, 자세하게 설명하여 수업 내용을 좀 더 깊이 있게 이해할 수 있도록 도움을 줍니다.
2. 과학 지식을 암기하지 않고 다양한 이야기와 실제 사례, 설명 등을 통해서 쉽게 이해할 수 있습니다.
3. 초등학교 6학년 지진 단원과 중·고등학교 지각 운동에 관한 단원을 연계하여 학습할 수 있습니다.

각 차시별 소개되는 과학적 개념

1. 첫 번째 수업 _ 지진
- 지구 표면은 여러 판들로 덮여 있고, 이 판들은 서로 움직이면서 여러 현상을 일으킵니다. 그중 하나가 땅이 흔들리는 현상인 지진입니다.

2. 두 번째 수업 _ 지진 발생
- 판들의 상대운동으로 지각에 반대방향의 큰 힘이 작용합니다. 이때 큰 힘을 견디지 못하면 뒤틀리다 끊어지게 되는데, 이렇게 땅이 깨져 만들어진 모양을 단층이라고 합니다.
- 압축력이 작용하여 한쪽 땅이 다른 쪽 땅을 올라타게 되는 것을 역단층이라고 합니다.
- 인장력이 작용하여 한쪽이 아래로 멀리 떨어져간 모양을 정단층이라고 합니다.
- 땅이 좌우로 움직여 만들어지는 단층을 '수평이동 단층' 또는 '주향이동 단층' 이라고 합니다.

3. 세 번째 수업 _ 지진의 종류
- 지하에 있는 지진 발생 장소를 진원이라고 합니다.
- 진원이 얕은 경우 발생하는 지진을 천발지진이라 하고, 깊은 경우를 심발지진이라고 합니다.

4. 네 번째 수업 _ 지진 관측
- 흔들리는 땅을 기록하는 기계를 '지진계' 라고 합니다. 지진계는 땅의 진동에 대한 진폭과 주기를 측정합니다.

- 지진의 충격이 땅속을 퍼져나가는데, 이를 '지진파'라고 합니다. 지진파는 먼저 약하게 기록되는 P파와 나중에 크게 기록되는 S파로 나뉩니다.

5. 다섯 번째 수업 _ 지진 발생 장소
   - 진원 위쪽의 지표에 해당하는 지점을 '진앙'이라고 합니다. 관측소에 다르게 도착하는 P파와 S파의 도착 시간 차이를 통해 진원의 거리를 파악합니다.
   - 거리=(P파 속도)×(S파 속도)×(S파 도착 시간·P파 도착시간)÷(P파 속도·S파 속도)

6. 여섯 번째 수업 _ 진도
   - 지진이 발생하여 땅이 흔들리는 정도에 따라 크기를 나누는데, 이 지진의 크기를 '진도'라고 합니다.
   - S파의 최대 진폭과 주기를 통해 규모 M을 계산합니다. 진도는 정수로 표현되는 반면, 규모는 소수점 한자리까지 표현하고 있습니다.

7. 일곱 번째 수업 _ 쓰나미
   - 지진 때문에 육지로 밀려든 높은 파도로 인해 일어난 것을 '지진해일' 또는 '쓰나미'라고 합니다. 파도와 달리 바다 표면뿐만 아니라, 수면에서 해저까지 물 전체가 움직입니다.
   - 쓰나미의 속도는 수심과 관계가 깊습니다. ($V = \sqrt{g \times h}$ 중력인 g는 일정함. h는 수심)

8. 여덟 번째 수업 _ 지진 연구
   - 지진 예측은 지진의 역사를 살피는 것과 단층을 통해 지각의 암석

속에 축적된 힘의 크기를 자세하게 연구하는 것으로 나뉩니다.

9. 마지막 수업 _ 지진 대피 요령
- 탁자 아래로 피하기, 건물 밖으로 나가지 않기, 가스를 차단하여 화재 예방하기, 안내자의 지시에 따르기, 산에서 낮은 곳으로 대피하기 등 여러 지진 대피 요령이 있습니다.

이 책이 도움을 주는 관련 교과서 단원

리히터의 지진 이야기와 관련되는 교과서에 등장하는 용어와 개념들입니다.

1. 초등학교 6학년 1학기 - 2. 지진
- 이 단원의 목표는 대표적인 변성암과 화성암, 퇴적암을 비교하고, 모형실험을 통해 지층의 휘어짐과 끊어짐 모양을 관찰하여 지진 발생 과정을 이해하는 것입니다. 또한 최근 우리나라에서 발생한 대표적인 지진에 대하여 조사하는 것입니다.

내용 정리
- 지진은 태평양 연안, 지중해, 히말라야 산맥 등으로 연결되는 곳에서 주로 발생합니다.
- 지구 내부에서 작용하는 힘을 오랫동안 받으면 지층은 휘어집니다. 실제 휘어진 지층을 **습곡**이라고 합니다.
- 지구 내부에서 작용하는 압력에 의해 지층이 끊어질 때 **지진**이 발

생합니다. 지층에 작용하는 힘의 방향에 따라 단층의 모양이 달라
집니다.
- **지진계의 원리** : 지진이 발생했을 때 지상의 물체는 움직이지만, 어느 공간에 정지한 채 움직이지 않는 것이 있다면 그것을 기준으로 진동을 기록할 수 있습니다.
- **수평 지진계** : 지진이 발생해도 수평으로 움직임이 없게 한 바늘이 진동을 기록합니다.
- **수직 지진계** : 지진이 발생해도 수직으로 움직임이 없게 한 바늘이 진동을 기록합니다.

2. 중학교 1학년 – 1. 지구의 구조

- 이 단원의 목표는 대기권을 기온의 연직 분포에 따라 대류권, 성층권, 중간권, 열권 등으로 구분하고, 각 층에서 일어나는 변화의 특징과 주어진 지진파의 속도를 분포 곡선을 이용하여 지각을 포함한 지구 내부의 층상 구조를 이해하는 것입니다.

내용 정리

- 지구 내부에서 발생한 충격이 사방으로 전달되는 것으로 지진이 발생한 지점을 **진원**, 진원 바로 위의 지표면의 지점을 **진앙**이라고 합니다.
- 지진이 발생할 때 생기는 충격파로 성질이 다른 물질과 만나면 굴절하거나 반사됩니다.

- 지진파는 2가지 종류가 있습니다. **P파**는 속도가 빠르며, 고체, 액체, 기체를 모두 통과합니다. 진동 방향과 진행 방향이 같습니다(종파). **S파**는 속도가 느리며, 고체만 통과합니다. 진동 방향과 진행 방향이 서로 수직입니다(횡파).
- 성질이 서로 다른 각 층을 지나면서 지진파의 전달 모습이 바뀌게 됩니다.
- 일부 지역에서는 P파만 관측됩니다.

3. 중학교 2학년 – 6. 지구의 역사와 지각변동

- 이 단원의 목표는 퇴적물과 화석을 통해서 지질시대와 과거의 생물, 환경을 알아보는 것입니다. 그리고 모형실험을 통하여 부정합의 형성 과정을 이해하고, 습곡, 단층, 부정합의 구조를 지각 변동과 관련짓는 활동을 합니다. 지형에 나타나는 융기·침강의 증거를 찾아 조륙 운동을 설명하고, 습곡 산맥의 구조를 통하여 조산 운동을 이해하고, 판구조론과 대륙이동에 대해서 알아봅니다.

내용 정리

- **습곡**이란 지층이 수평 방향으로 서로 미는 힘을 받아 휘어진 구조를 말합니다.
- 지층의 구조는 습곡 구조에서 지층이 위로 휘어져 올라간 부분인 배사와 아래로 휘어져 내려간 부분인 향사로 이루어져 있습니다.
- 지층의 종류는 지층이 받는 압력의 크기와 방향, 암석의 성질에

따라 정습곡, 경사 습곡, 등사습곡, 횡와습곡 등이 있습니다.
- **단층**이란 지층이 힘을 받아 끊어져 서로 어긋난 구조를 말합니다.
- 단층에서 단층면의 윗부분을 상반이라고 하고, 아랫부분을 하반이라고 합니다.
- **정단층** : 장력을 받아서 상반이 내려간 단층입니다.
- **역단층** : 횡압력을 받아서 상반이 올라간 단층입니다.
- **부정합**이란 지층이 연속적으로 쌓이다가 퇴적이 오랫동안 중단된 후, 그 위에 새로운 지층이 쌓였을 때 위아래 두 지층 사이의 관계를 말합니다.
- **부정합의 생성 과정** : 퇴적 → 습곡 → 융기 → 침식 → 침강 → 퇴적
- 부정합면은 보통 역암으로 이루어져 있고, 상하 두 지층의 생성 시대와 암석의 성질에 큰 차이가 있습니다.

4. 고등학교 - 1. 지구의 물질과 지각변동

- 이 단원의 목표는 융기와 침강 운동에 의해 나타난 여러 가지 지형적 증거를 통하여 지각의 상하 운동이 있었음을 지각평형설을 도입하여 설명하는 것과 베게너의 대륙이동설부터 오늘날 판구조론이 대두되기까지의 과정과 이론을 뒷받침하였던 여러 가지 증거를 알아보는 것입니다. 그리고 화산, 지진 등의 지각 변동을 판구조론으로 설명하는 활동도 합니다.

내용 정리

- 지진이 자주 일어나는 곳을 **지진대**라 하는데, 환태평양 지진대와 지중해·히말라야 지진대, 해령 지진대 등이 있습니다. 이 지진대는 화산대나 조산대와 거의 일치하고 있습니다.
- 발생 원인에 따라 단층 지진, 화산 지진, 함락 지진, 인공 지진 등으로 나뉩니다.
- 발생 깊이에 따라 천발 지진, 중발 지진, 심발 지진으로 나뉩니다.

종류	특징
천발 지진	종진원이 지하 70km 미만의 얕은 지진류
중발 지진	진원이 지하 70~300km 사이의 지진
심발 지진	진원이 지하 300km 이상의 깊은 지진

- **지진파의 종류**

종류	속도	도착순	진폭	피해	파동	통과 물질
P 파	5~8km/s	첫째	작다	작다	종파	고체, 액체, 기체 통과
S 파	약 4km/s	둘째	중간	중간	횡파	고체만 통과
L파(표면파)	약 3km/s	셋째	크다	크다	혼합	지표면으로 전달

- 지진을 설명할 때 쓰이는 규모(매그니튜드, Magnitude)는 지진 자체의 크기를 측정하는 단위로 '**리히터 스케일**'이라고도 부릅니다.
- '**진도**'란 특정 지역에서 감지되는 진동의 세기를 말합니다. 즉, 하나의 지진은 규모는 같으나 진도는 장소에 따라 달라질 수 있습니다.

과학자들이 들려주는 과학 이야기 93

하비가 들려주는 혈액순환 이야기

책에서 배우는 과학 개념

혈액순환과 관련되는 개념 및 용어들

교육과정과의 연계

구분	과목명	학년	단원	연계되는 개념 및 원리
초등학교	과학	6학년 1학기	3. 우리 몸의 생김새	심장의 기능, 혈액 순환중학교
중학교	과학	1학년	8. 소화와 순환	심장의 구조, 체순환, 폐순환
고등학교	생물 I	2학년	3. 순환	혈관, 판막의 종류, 순환

책 소개

《하비가 들려주는 혈액순환 이야기》는 영국 생리학자이자 의학자인 하비가 하비학설의 탄생 배경과 심장의 역할, 동맥과 정맥의 차이, 해부학의 기원에서부터 모세혈관의 역할, 개방혈관계·폐쇄혈관계 동물, 체·폐순환의 원리 등에 관하여 흥미롭게 설명하고 있습니다. 하비의 설명을 통해 우리는 단순 암기에 불과했던 지식들을 생생하게 배울 수 있을 것입니다.

이 책의 장점

1. 초등학생들에게는 교과 과정의 학습 내용을 이야기를 통해 심화 학습할 수 있고, 중·고등학생들에게 학습에 대한 깊이 있는 이해를 도울 참고서 역할을 하며, 내신과 수학능력시험 준비에도 많은 도움을 줄 수 있을 것입니다.
2. 혈액순환은 우리 몸에서 끊임없이 일어나고 있는 과학적 현상으로 이에 관련된 과학적 원리를 단순 암기보다는 실험과정과 흥미로운 설명을 통해 배울 수 있는 기회가 될 것입니다.
3. 초등학교 6학년 과학과 교육 과정에 있는 '우리 몸의 생김새'에 대한 단원과 중·고등학교에서 배우는 소화와 순환과 관련된 학습을 자연스럽게 연계하여 쉽게 이해할 수 있도록 하였습니다.

각 차시별 소개되는 과학적 개념

1. 첫 번째 수업 _ 심장의 구조
- 심장은 좌심실, 우심실, 좌심방, 우심방으로 나뉘어져 있습니다. 그리고 좌심실은 대동맥, 우심방은 대정맥, 우심실은 폐동맥, 좌심방은 폐정맥이라는 혈관과 연결되어 있습니다. 판막은 혈액이 역류하는 현상을 막기 위해 있습니다.

2. 두 번째 수업 _ 해부학의 역사
- 고대부터 인체를 해부해왔으나 학문적 성과를 얻지는 못했습니다. 하지만 르네상스 시대에 유일하게 해부가 허용되었던 이탈리아에서는 해부를 통해 많은 해부학적 지식을 얻게 되었습니다.

3. 세 번째 수업 _ 혈액의 흐름에 관한 갈레노스의 주장
- 고대 그리스의 뛰어난 의사이자 철학자인 갈레노스는 심장의 기능과 역할에 대해서 설명하였고, 그 이론은 오랫동안 사실로 받아들여져 왔습니다.

4. 네 번째 수업 _ 갈레노스의 주장에 대한 반대 의견과 그 결과
- 세베테우스는 해부를 통해 혈액은 순환하며, 폐를 통해 이동하면서 산소를 얻는다는 사실을 발견하여 갈레노스의 주장이 잘못되었음을 밝혔습니다. 베살리우스는 심실 사이의 중간 벽에 구멍이 없다는 것을 확인했고, 심장에서 혈액이 다른 무엇으로 바뀐다는 갈레노스의 주장에 대해 반박하였습니다. 파도바 대학 학자들의 연구에 의해 소순환이 밝혀지고, 심장의 혈액순환에 대한 새로운 주장이 제기되었습니다.

5. 다섯 번째 수업 _ 하비의 혈액순환

- 하비는 실험을 통해 혈액은 심장이 수축할 때 오른쪽 동맥을 통해서 폐로, 왼쪽 동맥을 통해 사지와 내장으로 흘러들어가는 것을 확인했습니다. 또 심장의 심실을 분리하고 있는 중간 벽을 통해 혈액이 흐르지 않는다는 사실과 정맥의 판막은 혈액을 심장으로 되돌려 보내기 위한 것임을 증명하였습니다.

6. 여섯 번째 수업 _ 혈액순환 이론을 재정립한 하비의 발견

- 하비의 결찰사 실험이란 끈으로 팔뚝을 묶어 동맥과 정맥 혈액의 흐름을 설명한 것을 말합니다. 정맥 혈관에 철사를 넣어보면 더 이상 들어가지 않는 것을 발견하게 되는데, 이는 정맥에 있는 판막 때문입니다. 정맥의 판막은 우리 몸이 한쪽 방향으로만 혈액순환을 하고 있다는 것을 말해줍니다.

7. 일곱 번째 수업 _ 하비의 주장에 대한 반대 의견과 그 결과

- 혈액순환의 이유를 설명할 수 없었고, 순환과 호흡, 소화의 관련성을 찾지 못해 하비의 주장은 많은 반대에 부딪쳤습니다.

8. 여덟 번째 수업 _ 다양한 생물들의 혈액순환

- 개방혈관계의 동물들은 모든 세포가 산소와 영양분을 공급받기 위해 혈액 속에 있지만 폐쇄혈관계의 동물은 혈액이 혈관을 통해 이동하는 동물을 말합니다.

9. 마지막 수업 _ 혈액순환이 필요한 이유

- 혈액 순환은 체순환과 폐순환으로 나뉩니다. 우리는 체순환을 통해 세포에 산소와 영양분을 공급받고, 폐순환을 통해 이산화탄소

와 산소의 교환이 이루어지고, 이는 다시 체순환으로 반복됩니다.

이 책이 도움을 주는 관련 교과서 단원

하비의 혈액순환 이야기와 관련되는 교과서에 등장하는 용어와 개념들입니다.

1. 초등학교 6학년 1학기 - 3. 우리 몸의 생김새
- 이 단원의 목표는 우리 몸의 속 구조를 그림이나 모형을 통하여 관찰하고, 각 기관의 명칭과 기능을 조사하는 것입니다.

> **내용 정리**
> - **맥박**은 심장의 펌프 작용에 의한 압력이 동맥에 전달된 것입니다.
> - **혈액의 순환 과정** : 심장 → 동맥 → 모세혈관 → 정맥 → 심장
> - 혈액은 허파 ⇔ 심장 ⇔ 온몸(모세혈관)으로 순환합니다.

2. 중학교 1학년 - 8. 소화와 순환
- 이 단원의 목표는 소화 기관과 관련지어 음식물 속 영양소의 소화, 흡수를 이해하고, 혈구를 통해 혈액의 구성과 기능, 모형이나 표본을 통해 사람의 심장 구조를 관찰하고, 혈액의 흐름을 이해하는 것입니다.

내용 정리

- 심장의 구조는 **2심방 2심실**입니다.
- **심방**은 심장으로 혈액을 받아들이는 곳으로, 심실보다 크기가 작고 벽도 얇습니다.
- **우심방**은 온몸을 돌고 온 혈액(정맥혈)이 들어오는 곳으로, 대정맥과 연결되어 있습니다.
- **좌심방**은 폐에서 산소를 받은 혈액(동맥혈)이 들어오는 곳으로, 폐정맥과 연결되어 있습니다.
- **심실**은 심장에서 혈액을 내보내는 곳으로, 심방보다 크고 벽이 두꺼우며 탄력이 있습니다.
- **우심실**은 폐로 혈액을 내보내는 곳으로 폐동맥과 연결되어 있으며, 좌심실은 온몸으로 혈액을 내보내는 곳으로 대동맥과 연결되어 있습니다. **좌심실**은 강한 압력으로 혈액을 대동맥으로 내보내므로 벽이 가장 두껍습니다.
- **판막**은 심장에서 혈액이 거꾸로 흐르는 것을 막아 주는 구조로, 삼첨판, 이첨판, 반월판이 있습니다. 삼첨판은 우심방과 우심실 사이, 이첨판은 좌심방과 좌심실 사이, 반월판은 우심실과 폐동맥 사이, 좌심실과 대동맥 사이에 있습니다.
- **동맥** : 심장에서 밀어낸 혈액이 흐르는 혈관입니다. 심장이 수축할 때 밀려나오는 혈액의 강한 압력에 견딜 수 있도록 혈관 벽이 두껍고, 탄력성이 크며 판막이 없습니다.
- **정맥** : 심장으로 들어오는 혈액이 흐르는 혈관입니다. 혈관 벽이

얇고, 탄력성도 약하며 곳곳에 판막이 있어 혈액이 거꾸로 흐르는 것을 막아 줍니다.
- **모세혈관**은 동맥과 정맥을 연결해 주는 혈관으로 한 층의 세포로 된 매우 얇은 벽으로 이루어져 있어 혈액과 조직액 사이에 물질 교환이 잘 일어납니다.
- 좌심실에서 대동맥으로 밀려나간 혈액은 동맥을 거쳐 온몸의 모세혈관으로 들어갑니다. 모세혈관에서 혈액은 조직 세포에 산소와 영양분을 공급하고, 이산화탄소와 노폐물을 받은 다음 정맥을 거쳐 우심방으로 돌아갑니다. 이러한 혈액의 순환을 **체순환**(대순환)이라고 합니다.
- 우심방으로 돌아간 정맥혈은 우심실을 거쳐 폐동맥을 통하여 폐로 들어갑니다. 폐에서 혈액은 이산화탄소를 버리고 산소를 받아들여 동맥혈로 된 후, 폐정맥을 거쳐 좌심방으로 돌아갑니다. 이러한 혈액의 순환을 **폐순환**(소순환)이라고 합니다.

3. 고등학교 생물 I - 3. 순환
- 이 단원의 목표는 혈액과 림프의 구성 성분과 기능을 알고, 혈액 순환과 관련된 심장과 혈관의 구조에 대하여 이해하는 것입니다.

내용 정리
- 심장의 구조는 2심방 2심실로 **동맥혈**과 **정맥혈**이 분리되어 있습니다.

- 좌심실이 가장 두껍습니다.
- 판막이 있어 혈액의 역류를 방지합니다.
- 좌심방·좌심실 → 이첨판, 우심방·우심실 → 삼첨판, 심실·동맥 → 반월판
- **심장 박동**은 심방과 심실이 교대로 수축·이완 반복되어 나타납니다.
- **동방결절**이 심장 안에 있어서 심장은 자동적으로 뜁니다.
- 동방결절의 흥분 → 심방수축 → 방실결절 → 심실수축
- 심장 박동의 조절중추는 연수입니다.
- **연수** → 자율신경(교감신경) → 박동이 빨라짐
  　　　 → 자율신경(부교감신경) → 박동이 느려짐
- **동맥**은 굵고 탄력성이 강한 두꺼운 근육층으로 이루어져 있어 높은 혈압을 견뎌낼 수 있습니다.
- 심실 수축 시 최고 혈압, 심실 이완 시 최저혈압을 나타냅니다.
- **맥압** : 심실 수축 시의 최고혈압과 심실 이완 시의 최저혈압의 차
- **맥박** : 심실의 수축과 이완에 따른 혈관 벽의 파동
- **정맥**은 심장이 혈액으로 들어갈 때 지나는 혈관으로 판막이 있고, 근육의 움직임이 혈액의 흐름을 돕습니다.
- **모세혈관**은 동맥과 정맥을 이어주는 혈관으로 한 층의 세포로 이루어져 있고, 매우 가늡니다. 조직세포로부터 산소와 이산화탄소, 영양소와 노폐물을 교환하고 총 단면적이 가장 넓어, 혈류속도는 가장 느립니다.

- **폐순환**(소순환)은 체외와의 기체교환이 이루어지는 것으로, 경로는 다음과 같습니다.
- **경로** : 우심실 → 폐동맥 → 폐의 모세혈관 → 폐정맥 → 좌심방
- **체순환**(대순환)은 조직세포와 물질교환이 이루어지는 것으로, 경로는 다음과 같습니다.
- **경로** : 좌심실 → 대동맥 → 온몸의 모세혈관 → 대정맥 → 우심방

과학자들이 들려주는 과학 이야기 94

반트호프가 들려주는 삼투압 이야기

책에서 배우는 과학 개념

삼투압과 관련되는 개념 및 용어들

교육과정과의 연계

구분	과목명	학년	단원	연계되는 개념 및 원리
초등학교	과학	3학년 2학기	4. 여러 가지 가루 녹이기	용액의 성질 용해, 용액
		4학년 1학기	2. 용해와 용액	
		5학년 1학기	2. 용해와 용액 6. 용액의 진하기	
고등학교	생물II	3학년	1. 세포의 특성	삼투압, 확산, 세포막, 세포벽, 팽압
	화학II	3학년	1. 물질의 상태와 용액	삼투, 삼투압, 반트호프의 법칙

책 소개

우리는 삼투압과 삼투 현상이라는 말을 많이 들어왔습니다. 그 예로 김장철에 배추를 소금에 절이거나 식물이 뿌리를 통해 물을 빨아들이는 것 등이 있습니다. 하지만 많은 사람들이 삼투압에 관해 정확한 설명을 하려면 어려움을 겪습니다. 《반트호프가 들려주는 삼투압 이야기》는 노벨 화학상 수상자인 반트호프가 삼투 현상과 이때 발생하는 압력에 관하여 쉽고, 재미있게 설명하고 있습니다. 이 책을 통해 삼투 현상과 삼투압에 대한 자세한 공부를 할 수 있을 것입니다.

이 책의 장점

1. 초등학생들에게는 과학적 사고력 확장과 창의력 개발에 도움을 주고, 중학생들에게는 시험의 완벽한 대비가 되며, 고등학생들에게 12년간 과학 교과의 총정리로서 새롭게 개념을 다질 수 있습니다.
2. 우리 생활 주변의 일들을 탐구실험 활동을 통해 쉽고, 재미있게 배우는 기회가 될 것입니다.
3. 초등학생들에게는 삼투압 현상의 기초가 되는 물질 단원을 학습하는 데 많은 도움을 줄 것이며, 고등학생들에게 삼투압 현상에 대한 자세한 설명을 제공하여 좀 더 수월한 학습이 되도록 할 것입니다.

각 차시별 소개되는 과학적 개념

1. 첫 번째 수업 _ 페퍼의 실험과 반투과성막
   - 반투과성막은 물 분자를 투과시키지만 그 속에 녹아있는 물질은 투과시키지 못하는 막을 말합니다. 선택적 투과는 선택적으로 용질까지도 투과시킬 수 있습니다. 전투과성막은 용매와 용질까지도 함께 투과시킬 수 있습니다.

2. 두 번째 수업 _ 확산과 삼투
   - 서로 달랐던 농도가 고농도에서 저농도로 퍼지면서 같아지는 현상을 확산이라고 합니다.
   - 농도가 다른 두 용액 사이에 반투과성막이 가로막고 있을 경우, 농도 차이를 줄여 평형을 이루기 위해 나타나는 현상을 삼투 현상이라고 합니다. 이때 생기는 압력을 삼투압이라고 합니다.

3. 세 번째 수업 _ 적혈구와 삼투 현상
   - 의학적으로 혈액보다 농도가 낮은 상태를 저장성, 그때의 액체를 저장액이라고 합니다. 반대로 고장성, 고장액은 혈액보다 농도가 높은 현상입니다. 적혈구가 저장성인 증류수를 만나면 터지게 되고, 용혈현상이 나타납니다. 반대로 고장성인 바닷물을 만나면 쪼그라듭니다.

4. 네 번째 수업 _ 식물과 삼투 현상
   - 담수는 저장성의 상태이므로 식물과 만나면 식물 속으로 스며듭니다. 하지만 동물세포와 달리 부풀어 올라 터지지 않는데, 이는 세포벽이 있기 때문입니다. 이때 압력을 '팽압'이라고 하고, 이 팽압을 견디는 세포벽의 힘을 '벽압'이라고 합니다.

- 고장성 염분과 식물이 만나면 쪼그라들고 결국엔 세포막이 세포벽과 분리되는 '원형질 분리'가 일어납니다.

5. 다섯 번째 수업 _ 김치와 삼투 현상
- 배추의 숨을 죽이는 데 소금을 이용한 삼투 현상이 활용됩니다.

6. 여섯 번째 수업 _ 콩팥과 삼투 현상
- 콩팥이 노폐물을 정상적으로 걸러주지 못하는 경우, 인공 혈액을 그 옆으로 흘려보내 농도 차이를 만들어 노폐물을 걸러주는 콩팥 투석을 합니다.

7. 일곱 번째 수업 _ 역삼투압
- 고농도 용액의 물을 저농도 용액 쪽으로 **빼내기** 위해 가하는 삼투압 이상의 압력을 역삼투압이라고 합니다.

8. 마지막 수업 _ 바닷물로 담수 만들기
- 역삼투압의 원리를 이용하여 바닷물에서 담수를 만들 수 있습니다.

이 책이 도움을 주는 관련 교과서 단원

반트호프의 삼투압 이야기와 관련되는 교과서에 등장하는 용어와 개념들입니다.

1. 초등학교 3학년 2학기 - 4. 여러 가지 가루 녹이기

- 이 단원의 목표는 여러 가지 물질의 가루를 물에 녹여 봄으로써 물에 녹는 물질을 찾고, 물질이 물에 녹을 때 나타나는 현상을 관찰하는 것과 젓는 횟수, 알갱이의 크기, 물의 온도를 변화시켜 물질이 녹는 데 걸리는 시간을 비교하는 것입니다.

내용 정리
- 가루를 빨리 잘 녹이기 위해서는 물의 양이 많을수록, 온도가 높을수록, 가루의 크기가 작을수록, 빨리 저을수록 잘 녹습니다.

2. 초등학교 4학년 1학기 - 2. 용해와 용액

- 이 단원의 목표는 주위에 있는 여러 가지 액체의 흐름, 증발 현상 등을 관찰하고, 간단한 실험을 통하여 액체의 성질을 비교하는 것과 여러 가지 액체를 물에 섞어 봄으로써 물과 섞이는 액체와 섞이지 않는 액체를 구분하는 것입니다.

내용 정리
- 액체는 맛, 색깔, 냄새, 점성 등이 모두 다릅니다.
- 물에 녹는 액체도 있고, 물과 섞이지 않는 액체도 있습니다.

3. 초등학교 5학년 1학기 - 2. 용해와 용액

- 이 단원의 목표는 다양한 물질을 물과 아세톤 등에 녹여 보고, 녹는 물질과 녹이는 물질을 서로 연결 지어 보는 것입니다. 또한 물의 온도에 따라 물질의 녹는 양과 용해 전과 용해 후의 무게를 비교하는 것입니다.

내용 정리
- 용해 전후의 물질의 무게는 변화가 없습니다.
- 물질은 용해되어도 용액 속으로 그대로 들어 있습니다.

4. 고등학교 - 1. 세포의 특성

- 이 단원의 목표는 세포의 구조와 기능, 확산, 삼투, 능동 수송 등 세포막을 통한 물질 출입 현상을 알아보고, 효소의 구성과 종류 및 특이성을 이해하는 학습을 합니다.

내용 정리
- **세포막**은 원형질의 둘레를 싸고 있는 얇은 막으로서 물질의 선택적 투과성을 가지고 있어서 세포에 필요한 물질만 선택적으로 투과시킵니다.
- **삼투압**이란 반투막을 경계로 농도가 낮은 쪽에서 높은 쪽으로 등장액이 될 때까지 용매가 이동하려는 압력을 말합니다.

- 식물세포의 삼투압은 팽압(T)이 커질수록 흡수력(S)은 감소합니다.
- 삼투압과 팽압이 같을 때, 흡수력(S)=0 즉, 부피가 최대가 됩니다.
- **선택 투과성**은 세포막이 물질을 선별하여 투과시키는 특성을 말하며 농도 기울기에 역행하여 능동적으로 흡수 또는 배출합니다.

5. 고등학교 – 1. 물질의 상태와 용액

- 이 단원의 목표는 용질 및 용매 입자간의 인력으로 용해 현상을 설명하고, 이것을 크로마토그래피의 원리와 관련짓는 것입니다. 또한, 고체와 기체의 용해도에 영향을 미치는 요인을 알아보고, 용해도 곡선을 해석하는 것입니다.

내용 정리

- **반투막**이란 물과 같은 용매 분자를 통과시키고 설탕과 같은 용질 분자를 통과시키지 못하는 막을 말합니다.
- **삼투**란 반투막을 사이에 두고 농도가 낮은 용액 속의 용매 분자가 농도가 높은 쪽으로 이동하는 현상을 말합니다.
- 삼투 현상에 의해 높아진 용액의 높이를 처음과 같은 높이로 만드는 압력을 **삼투압**이라고 합니다.
- 비전해질인 묽은 용액의 삼투압(π)은 용매와 용질의 종류에 관계없이 용액의 몰농도(C)와 절대 온도(T)에 정비례합니다.

$x = CRT$ (x:삼투압, C:몰농도, R:기체 상수, T:절대온도)

$C = \dfrac{n}{V}$ 이므로 $xV = nRT$: 반트호프식

- **삼투압과 분자량**

$$xV = nRT = \dfrac{wRT}{M} \qquad \therefore M = \dfrac{wRT}{xV}$$

과학자들이 들려주는 과학 이야기 95

가모브가 들려주는 원소의 기원 이야기

책에서 배우는 과학 개념

원소와 관련되는 개념 및 용어들

교육과정과의 연계

구분	과목명	학년	단원	연계되는 개념 및 원리
중학교	과학	3학년	3. 물질의 구성	원소, 원소기호
고등학교	화학II	3학년	2. 물질의 구조	원소, 주기율, 주기율표

책 소개

우리 주위에서 흔히 볼 수 있는 모든 물질은 원소로 이루어져 있습니다. 하지만 모든 원소가 동일한 양으로 존재하지는 않습니다. 그 차이는 우주 탄생의 비밀로부터 시작됩니다. 《가모브가 들려주는 원소의 기원 이야기》는 빅뱅이론을 창시한 가모브가 우주의 탄생에서부터 다양한 원소의 생성 원인에 이르기까지 흥미롭게 설명하고 있습니다. 이 책을 읽으면서 우리는 미처 알지 못했던 놀라운 사실들을 접하게 될 것입니다.

이 책의 장점

1. 우리 생활 속에서 볼 수 있는 물질들이 어떻게 구성되었고, 그 기원이 무엇인지에 대해 알아봄으로써 중·고등학생들에게 과학적 호기심과 탐구심을 키우며 과학 학습과 관련하여 체계적이고, 깊이 있는 이해를 길러줄 수 있을 것입니다.
2. 물질과 원소에 관해서 암기하는 교육에서 벗어나 이야기를 통해서 자연스럽게 과학적 지식을 습득할 수 있는 기회를 갖게 될 것입니다.
3. 중·고등학교의 과학과 화학Ⅱ 과목에 있는 물질 관련 단원을 자연스럽게 연계하여 학습할 수 있습니다. 중학생들에게는 심화 학습의 기회를 제공하며 고등학생들에게 교과에 대한 이해를 높일 수 있는 재미있고, 쉬운 참고 서적이 될 것입니다.

각 차시별 소개되는 과학적 개념

1. 첫 번째 수업 _ 원소

원소란 물질을 구성하는 기본 요소로 더 이상 작은 물질로 분해되지 않는 것을 말합니다. 원자는 원소를 구성하는 입자입니다. 원자는 원자핵과 전자로 이루어져 있으며, 원자핵 안에는 양성자와 중성자가 들어 있습니다.

2. 두 번째 수업 _ 원소에 숨겨진 비밀

- 세상 만물을 구성하는 원소는 90여 가지가 있습니다. 그런데 각각의 원소가 발견되는 양은 그 종류에 따라 크게 차이가 있습니다.
- 우주를 이루고 있는 물질의 대부분은 수소(H)와 헬륨(He)이며 핵융합과정을 통해 무거운 원소들이 만들어집니다. 우주가 시작되던 시점에 대폭발이 있었고, 원초적 물질이 팽창하고 냉각되는 과정을 통해서 단계적으로 원소가 만들어졌습니다.

3. 세 번째 수업 _ 빅뱅, 우주의 탄생

- 정상우주론은 우주의 평균밀도가 언제나 일정하며, 우주의 모습은 평균적으로 변하지 않는 상태(정상상태)에 있다고 주장합니다.
- 빅뱅우주론은 상상을 초월하는 대폭발로 우주가 시작되었으며, 식어가는 과정에서 핵융합 반응이 일어나고, 원소들이 생겨나기 시작했다고 주장합니다.
- 전파은하와 퀘이사의 발견, 우주배경복사로 빅뱅이론은 강력한 증거를 얻게 되었습니다.

4. 네 번째 수업 _ 가벼운 원소의 탄생

- 빅뱅 후 양성자와 중성자가 뭉쳐 보다 무거운 원자핵이 만들어지는 핵융합이 시작되었습니다. 핵융합을 통해 수소 원자핵이 만들어지고, 이것을 통해 헬륨 원자핵이 만들어졌습니다. 급격히 온도가 낮아져 핵융합 반응은 멈추게 됩니다. 온도가 4,000℃로 떨어지게 되면 전자와 원자핵이 서로 결합하여 원자를 형성하게 됩니다. 우주의 전자가 다 결합한 후 안개가 걷힌 상태가 되면서 빛은 우주 공간으로 퍼져나가 우주배경복사가 됩니다.

5. 다섯 번째 수업 _ 무거운 원소의 탄생

- 별의 탄생은, 대폭발 후 만들어진 수소(H)와 헬륨(He)이 어느 정도 모이게 되면 중력의 영향이 커져 모이는 속도가 빨라지고, 서로 간의 충돌로 인해 중심부의 온도가 올라가게 되면서 시작됩니다. 높은 내부 온도로 인한 핵융합 반응으로 헬륨이 만들어지고, 헬륨으로부터 점차 무거운 원소들이 만들어집니다.

6. 여섯 번째 수업 _ 별의 폭발로 생성되는 원소들

- 별은 안에서 바깥쪽으로 팽창하려는 힘과 바깥에서 안으로 수축하려는 힘이 평형을 이루고 있어 둥근 공 모양을 하고 있습니다.
- 초신성이 폭발할 때, 온도가 엄청나게 올라가면서 철(Fe)과 우라늄(U) 사이의 무거운 원소들이 만들어집니다.

7. 일곱 번째 수업 _ 인공으로 합성되는 원소들

- 천연에는 존재하지 않으나 핵반응 또는 핵분열을 일으켜 새로운 원소를 만들 수 있습니다. 이를 인공합성원소라고 합니다.

8. 마지막 수업 _ 원소의 기원

- 수소와 헬륨은 빅뱅으로, 그보다 무거운 원소들은 핵융합으로, 그리고 철보다 무거운 원소들은 초신성 폭발 과정에서 생성됩니다. 초우라늄 원소들은 가속기 속에서 인공적으로 합성됩니다.

이 책이 도움을 주는 관련 교과서 단원

가모브의 원소의 기원 이야기와 관련되는 교과서에 등장하는 용어와 개념들입니다.

1. 중학교 3학년 – 3. 물질의 구성

- 이 단원의 목표는 다양한 종류의 원소를 원소기호로 표현하고, 원소기호를 이용하여 간단한 분자를 화학식으로 나타내는 것입니다. 또한 원자 모형을 이용하여 간단한 화합물을 나타내고, 화합물에서 원자의 공간 배열을 정성적으로 이해하는 것입니다.

> **내용 정리**
> - 산소, 수은, 수소, 은 등과 같이 어떠한 화학 변화로도 두 가지 이상의 다른 물질로 나눌 수 없는 물질을 구성하는 기본이 되는 성분을 **원소**라고 합니다.
> - 오늘날 우리가 알고 있는 원소의 종류는 약 100여 종에 이르는데, 이들 원소는 자연계에 홀로 존재하거나 두 개 이상이 화합하여 수많은 물질을 만들기도 합니다.

• 원소기호

원소이름	원소기호	원소이름	원소기호	원소이름	원소기호	원소이름	원소기호
구리	Cu	수소	H	은	Ag	칼슘	Ca
나트륨	Na	수은	Hg	인	P	코발트	Co
납	Pb	아르곤	Ar	주석	Sn	크롬	Cr
마그네슘	Mg	아연	Zn	질소	N	탄소	C
망간	Mn	알루미늄	Al	철	Fe	플루오르	F
바륨	Ba	염소	Cl	카드뮴	Cd	헬륨	He
산소	O	요오드	I	칼륨	K	황	S

2. 고등학교 화학 Ⅱ - 2. 물질의 구조

• 이 단원의 목표는 원자의 구성 입자를 확인하고, 각 입자의 발견 과정과 물리적 성질을 간단히 설명하는 것과 여러 가지 원소의 성질에 대한 자료 해석을 통하여 원소의 주기적 성질을 이해하는 것입니다.

내용 정리

• **주기율**(periodic law)이란 원소들을 원자 번호 순으로 나열할 때 화학적 성질이 비슷한 원소들이 주기적으로 나타나는 현상을 말합니다.

• **주기율표**(periodic table)란 원소들을 원자 번호 순으로 나열하면서 성질이 비슷한 원소들이 같은 세로줄에 오도록 만든 원소의 분

류표입니다.

- **주기율표와 원소의 일반적 성질**은 주기율표에서 왼쪽 아래로 갈수록 ① 금속성이 증가합니다. ② 원자의 반지름이 커집니다. ③ 이온화 에너지가 작아집니다. ④ 전자 친화도가 작아집니다. ⑤ 전자를 잃고 양이온이 되기 쉽습니다. ⑥ 산화되기 쉽습니다(환원력이 커집니다) ⑦ (금속의) 산화물은 염기성이 되기 쉽습니다.

과학자들이 들려주는 과학 이야기 96

길버트가 들려주는
지구자기 이야기

책에서 배우는 과학 개념

지구자기와 관련되는 개념 및 용어들

교육과정과의 연계

구분	과목명	학년	단원	연계되는 개념 및 원리
초등학교	과학	3학년 1학기	2. 자석놀이	자석, N극, S극, 나침반
		6학년 1학기	7. 전자석	자기장, 전류의 방향, 전자석
중학교	지구과학II	3학년	6. 전류의 작용	자기력선, 지구자기(지자기)
고등학교	물리 I	2학년	2. 전기와 자기	오른손의 법칙
	물리 II	3학년	2. 전기장과 자기장	자기장, 자기력선

책 소개

우리는 자성을 띤 지구 안에서 살고 있지만 일상생활 속에서 지구가 자석의 성질을 가지고 있다는 것을 잘 느끼지는 못합니다. 하지만 나침반의 움직임을 보면 지구의 자성에 대해 어느 정도 알 수 있습니다. 《길버트가 들려주는 지구자기 이야기》는 자석의 아버지인 길버트가 지구라는 커다란 자석의 자기장을 통해 지구의 역사와 생활과학에 대하여 알기 쉽게 설명하고 있습니다. 이 시리즈는 과학자가 질문을 던지고, 대답하는 형식으로 이루어져 어려운 이론을 쉽고, 재미있게 이해할 수 있도록 구성하였습니다.

이 책의 장점

1. 초등학생들에게는 과학 교과에 등장하는 자석 단원을 심화 학습할 수 있고, 중·고등학생들에게 교과와 관련된 내용을 심도 있게 배우게 되므로, 좀 더 실감나고 구체적인 공부를 할 수 있는 기회가 됩니다.
2. 생활과 관련하여 발견할 수 있는 과학적 지식들을 암기하는 것이 아니라, 이야기를 통해 자연스럽게 이해하며 습득할 수 있습니다.
3. 초등학교 교육과정에서 등장하는 단순한 자석의 개념에서부터 중·고등학교에 등장하는 자기장, 지각 변동에 관한 내용까지 연계하여 학습할 수 있습니다.

각 차시별 소개되는 과학적 개념

1. 첫 번째 수업 _ 나침반
- 나침반 안에 들어 있는 작은 자석은 늘 일정한 방향을 가리킵니다. 그래서 사람들은 일정한 방향을 가리켜주는 나침반을 만들게 되었습니다.

2. 두 번째 수업 _ 자석의 성질
- 자화란 어떤 자성 물질이 자성을 얻어서 자신의 자기장을 만들어내는 상태를 말합니다.
- 자성체란 외부에서 영향을 미치는 자기장에 의해서 자화될 수 있는 물질을 말합니다.
- 자기장이란 자석이 가진 자기력 주변에 있는 다른 자성체에 영향을 미치는 범위를 말합니다.
- 영구자석은 스스로 자기장을 오랫동안 계속 유지할 수 있는 자성체를 말합니다.
- 막대자석에 의해 자화된 쇳가루들은 서로 달라붙어서 길쭉한 띠 모양으로 배열되는 데 이 띠들을 연결한 선을 '자기력선'이라고 합니다.
- N극과 S극 두 개의 극을 갖고 있는 것을 '쌍극자'라고 합니다.

3. 세 번째 수업 _ 지구의 자기장 성질
- 나침반의 N극을 끌어당기는 지구 자석의 S극이 있는 지표면을 '자기북극(자북)'이라고 하고, 그 반대편을 '자기남극(자남)'이라고 합니다. 지구의 자전축이 있는 진짜 북극과 진짜 남극을 우리

는 '북극(진북)' '남극(진남)' 이라고 합니다.
- '편각' 이란 어느 지점에서 측정한 진북과 자북의 사이에 이루어지는 각을 말합니다.
- 자기력선 방향이 지표면과 이루는 각을 '복각' 이라고 합니다.
- 자북과 자남의 중간 부근에서 복각이 0°가 되는 곳을 '자기 적도' 라고 합니다.
- 수평 방향의 세기를 '수평자기력', 연직 방향의 세기를 '연직자기력' 이라고 합니다. 이를 합하여 '전자기록' 이라고 합니다.
- 편각, 복각, 수평자기력, 연직자기력을 '지구자기의 요소' 라고 부릅니다.

4. 네 번째 수업 _ 지구 자기장의 생성
- '다이나모 설'은 지구 안에 거대한 발전기가 있고, 그곳에서 발생한 전류가 지구의 자기장을 만든다는 이론입니다.

5. 다섯 번째 수업 _ 대륙 이동
- 약 3억 년 전에는 지구의 대륙이 하나로 뭉쳐져 있어 '초대륙(판게아)'를 형성하였지만 대륙이 이동하여 지금의 모습을 갖추게 되었다고 합니다. '고지구자기' 를 통해 이를 증명합니다.

6. 여섯 번째 수업 _ 고지구자기
- 과거의 지구자기장을 '고지구자기' 라고 합니다. 판게아를 형성하고 있었을 당시와 현재 지구자기장이 만들어내는 자기력선의 모양은 같습니다. 현재의 자기력선 분포를 통해서 3억 년 전 자기력선 분포도를 알아내고, 비교하여 대륙이 이동했다는 사실을 알아

봅니다.

7. 일곱 번째 수업 _ 고지구자기 기록
   - 지구자기장도 화석처럼 암석에 보존됩니다. 용암 속에 포함된 자성광물은 높은 온도(퀴리온도보다 높음)에서는 활동하지 못하다 낮은 온도에서 자성을 띄게 되고, 그 후 온도가 더 낮아지면 굳어서 암석이 됩니다. 이처럼 암석에 보존되어 있는 과거의 자기장을 '자기 화석' 또는 '고지구자기'라고 부릅니다.
   - 영년변화란 몇백 년 또는 몇천 년에 걸쳐서 자극의 위치가 자전축 주위에서 불규칙적으로 조금씩 변하는 현상을 말합니다.

8. 여덟 번째 수업 _ 고지구자기로 알아낸 우리나라의 이동
   - 경남 하동, 산청 지역 회장암 고지구자기를 측정한 결과 우리나라가 이동했음을 알 수 있습니다. 또한 우리나라의 고지구자기 복각과 오스트레일리아의 고지구자기의 복각이 같다는 사실과 회장암의 분포를 조사하여 우리나라와 오스트레일리아가 같은 위치에 있었음을 추측할 수 있습니다.

9. 마지막 수업 _ 지자기역전
   - 자북이 자남으로, 자남이 자북으로 서로 뒤바뀌게 되는 현상을 '지자기역전'이라고 합니다.

이 책이 도움을 주는 관련 교과서 단원

길버트의 지구자기 이야기와 관련되는 교과서에 등장하는 용어와 개념들입니다.

1. 초등학교 3학년 1학기 - 2. 자석놀이

- 이 단원의 목표는 자석끼리 서로 끌어당기거나 미는 힘이 작용함을 확인하고, 자석 주위에 철가루가 늘어선 모양을 관찰하는 것입니다. 또한 자석이 일정한 방향을 가리키는 성질을 이용한 나침반으로 방위를 알아보는 것입니다.

내용 정리

- 두 개의 자석을 다른 극끼리 가까이하면 자석이 서로 달라붙습니다. 이는 자석사이에 서로 잡아당기는 힘이 작용하기 때문입니다.
- 두 개의 자석을 같은 극끼리 가까이하면 서로 밀어냅니다. 이는 자석 사이에 서로 미는 힘이 작용하기 때문입니다.
- 자석의 극은 두 가지이며 서로 다릅니다.
- 자석의 두 극은 N극과 S극입니다.
- 나침반의 N극이 자석의 S극을 가리키고, 나침반의 S극이 자석의 N극을 가리키는 까닭은 서로 반대 극끼리는 잡아당기는 성질이 있기 때문입니다.

2. 초등학교 6학년 1학기 - 7. 전자석

- 이 단원의 목표는 나침반을 이용하여 전류가 흐르는 도선과 자석 주위에 자기장이 생기는 것을 확인하고, 전류의 방향을 바꾸면서 자기장의 방향을 조사하는 것입니다. 또한 전자석을 만들어 그 성질을 알아보고, 실생활에서 전자석이 이용되는 예를 찾는 것입니다.

내용 정리

- 에나멜선에 전류가 흐를 때 에나멜선 주위에 자기장이 생기는데, 이는 나침반의 바늘을 보면 알 수 있습니다.
- 나침반 바늘의 움직임을 결정하는 것은 전류방향(남북 방향 또는 북남 방향)과 에나멜선 위치(나침반 위 또는 나침반 아래)입니다.
- 전류의 방향이 바뀌면 자기장의 방향도 바뀝니다.
- **전자석**은 전류가 흐르면 막대자석과 같은 성질을 가지고 있지만, 전류가 흐르지 않으면 자석의 성질을 잃어버립니다.

3. 중학교 3학년 - 6. 전류의 작용

- 이 단원의 목표는 전류가 흐르는 도선주위에 생기는 자기장의 특성을 확인하고, 자기장 속에서 전류가 흐르는 도선이 받는 힘에 대하여 이해하는 것입니다.

내용 정리

- 지구 위에서 나침반의 자침은 남북을 가리킵니다. 이것은 지구가 한 개의 큰 자석으로서, 자석의 성질을 지니고 있기 때문입니다. 이와 같이, 지구가 가지는 자기를 '지구자기' 또는 '지자기'라고 합니다.
- 자기장 속에 나침반을 놓고, 자침의 N극이 가리키는 방향을 따라 연속적으로 이어 놓은 선을 자기력선이라고 합니다. 즉, 자기력선은 자기장의 모양을 나타내는 선입니다.
- 자기력선의 방향은 자기장 내에 있는 자침의 N극이 가리키는 방향으로 정합니다. 따라서 자기력선의 방향은 자석의 N극에서 나와 S극으로 들어갑니다.

4. 고등학교 - 2. 전기와 자기

- 이 단원의 목표는 실험을 통하여 직선 도선과 솔레노이드에 전류가 흐를 때 만들어지는 자기장을 관찰하고, 전류의 자기 작용을 이해하는 것과 자기장 속에서 전류가 흐르는 도선이 받는 힘의 크기와 방향에 영향을 주는 요인을 찾는 것입니다.

내용 정리

- 직선 도선에 전류가 흐르면 그 주위에는 도선을 중심으로 동심원 모양의 자기장이 생깁니다.
- 직선전류에 의한 자기장의 방향은 전류의 방향으로 오른나사를 진행시킬 때의 방향과 같습니다. 이를 **오른나사 법칙**(앙페르의 법칙)이라고 합니다. 엄지손가락은 전류의 방향을 나타내며, 나머지 네 손가락은 자기장의 방향을 나타냅니다.

5. 고등학교 - 2. 전기장과 자기장

- 이 단원의 목표는 평행한 두 도선 사이에 작용하는 힘과 자기장 속에서 운동 전하가 받는 힘을 이해하고, 실생활과 현대 과학기술 문명 속에서 전자기력을 응용한 예를 찾아 설명하는 것입니다.

내용 정리

- 자기력이 미치는 공간을 자기장이라고 합니다.
- 자기장의 방향은 자침의 N극이 가리키는 방향입니다.

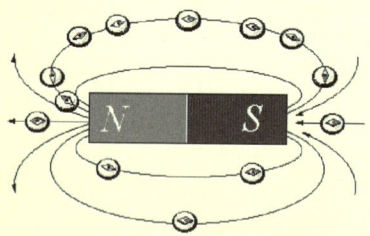

- 자기력선은 자기장에서 자침의 N극이 가리키는 방향을 연속적으

로 연결하여 생긴 가상적인 선입니다.

- 자기력선은 자석외부 N극에서 나와 S극으로 들어갑니다.
- 자기력선은 도중에 끊어지거나 교차하지 않습니다.
- 접선 방향이 그 점에서의 자기장의 방향입니다.
- 자기력선의 밀도가 클수록 자기장이 강합니다.

과학자들이 들려주는 과학 이야기 97

라이엘이 들려주는
지질조사 이야기

책에서 배우는 과학 개념

지질과 관련되는 개념 및 용어들

교육과정과의 연계

구분	과목명	학년	단원	연계되는 개념 및 원리
초등학교	과학	4학년 2학기	4. 화석을 찾아서	화석, 지층, 퇴적
	지구과학 II	5학년 2학기	4. 화산과 암석	화산, 화강암, 현무암
중학교	과학	1학년	3. 지각의 물질	암석, 광물, 화산암, 퇴적암, 변성암, 편마구조
		2학년	6. 지구의 역사와 지각변동	표준화석, 시상화석
고등학교	지구과학 I	2학년	1. 하나뿐인 지구	사층리, 연흔, 건열, 점이층리
	지구과학 II	3학년	6. 지질조사와 우리나라의 지질	지질시대, 클리노미터

책 소개

공룡은 정말 지구상에 생존했던 생물일까요? 우리는 증거가 있기 때문에 이러한 의문에 '네' 라고 대답할 수 있습니다. 그렇다면 그 증거는 과연 무엇일까요? 바로 커다란 암석 속에서 많이 발견되는 공룡 발자국과 뼈 화석을 통해서 알 수 있습니다. 《라이엘이 들려주는 지질조사 이야기》는 영국의 지질학자인 라이엘이 암석과 화석이 어떻게 만들어지는지 흥미롭게 풀어내고 있습니다. 또한 지질조사의 중요성과 함께 지질과 물질의 변화, 지질시대에 관한 내용들을 상세하게 설명하고 있습니다.

이 책의 장점

1. 이 책은 초·중·고등학생들의 교과과정에 있는 지각, 암석, 화석에 관한 내용을 자세하고 구체적으로 설명해 줌으로써, 교과 학습에 실질적인 도움이 될 수 있도록 구성하였습니다.
2. 지질, 지각 변동, 암석과 관련하여 단순 암기하는 교과 학습과 달리, 다양한 이야기를 통해서 재미있게 학습할 수 있는 기회를 마련합니다.
3. 초등학교 화석 단원을 시작으로 하여 고등학교 지구과학의 지각변동 단원까지 초·중·고 지질 학습이 통합적으로 연계될 수 있도록 하였습니다.

각 차시별 소개되는 과학적 개념

1. 첫 번째 수업 _ 지질조사

- 지질조사란 지각을 이루고 있는 암석의 종류와 분포, 구조, 변화된 역사를 아우르는 지질에 대해 조사하는 것입니다. 이때 지도, 클리노미터, 지질조사용 망치, 야장, 확대경 등이 필요합니다.

2. 두 번째 수업 _ 암석 구분

- 암석은 광물의 집합체로 퇴적암, 화성암, 변성암으로 나눕니다.
- 암석은 변성작용을 통해 줄무늬가 생기게 되는데, 이를 '편리' 라고 합니다.

3. 세 번째 수업 _ 암석의 모습

- 단층은 지각 운동으로 인하여 지층이 끊어져 서로 다른 위치로 이동하는 현상을 말합니다. 이동하지 않는 경우는 '절리' 라고 합니다. 이때 끊어진 상반과 하반의 움직임에 따라 정단층, 역단층으로 구분합니다.
- 지층이 구불구불 물결모양으로 주름진 것을 '습곡' 이라고 합니다. 기울어진 각도에 따라 정습곡, 경사습곡, 횡와습곡으로 나눕니다.
- 암석에는 암맥, 맥, 연흔, 점이층리, 사층리 등 여러 가지 모습들이 나타납니다.

4. 네 번째 수업 _ 화석

- 퇴적물 속에 묻힌 생물은 오랜 세월이 지나면 원래의 유기질 성분은 사라지고, 암석이나 광물질로 변하게 됩니다. 이런 작용을 화

석화 작용이라고 합니다.
- 표준화석은 어느 특정시대를 대표하는 생물이 화석으로 된 것을 말합니다.
- 시상화석은 고사리 화석과 같이 현재의 상황과 비교하여 옛날의 환경을 알아낼 수 있는 화석을 말합니다.

5. 다섯 번째 수업 _ 지질시대와 지질의 변화
- 지질시대는 선캄브리아대, 고생대, 중생대, 신생대로 나누어집니다.

6. 마지막 수업 _ 지질과 관련된 물질 변화
- 삼엽충은 고생대 바다에서 번성했던 생물로 고생대 초기에 퇴적된 지층에서 가장 많이 발견됩니다. 또한 공룡 발자국 화석을 통해 우리나라에 공룡이 살았다는 것을 알 수 있습니다.

이 책이 도움을 주는 관련 교과서 단원

라이엘의 지질조사 이야기와 관련되는 교과서에 등장하는 용어와 개념들입니다.

1. 초등학교 4학년 2학기 - 4. 화석을 찾아서
- 이 단원의 목표는 지층의 생김새와 지층을 이루고 있는 물질과 암석을 관찰하고, 그 특징을 비교하는 것입니다. 또한 지층 모형 만들기 활동을 통하여 지층이 만들어지는 순서를 알아보고, 지층의

생성 과정을 이해하는 것입니다.

> **내용 정리**
> - **화석**이란 옛날에 살았던 생물이 죽어서 퇴적암에 들어 있거나 그 흔적이 남아 있는 것을 말합니다.
> - 생물이 지층 사이에서 굳게 되면 그 생물의 모습이 지층에 남게 됩니다.
> - 물속에 살던 생물이 죽어 그 위에 퇴적물이 쌓이고 높은 열과 압력을 받아 단단해진 후, 지층이 깎이면 화석이 드러나게 됩니다.
> - 화석을 통해 과거 살았던 사람과 생물의 생활 모습, 그 지역의 자연환경과 기후, 땅의 모습과 특징을 알 수 있습니다.

2. 초등학교 5학년 2학기 – 4. 화산과 암석

- 이 단원의 목표는 화산 분출 모형실험을 통하여 화산이 분출하는 현상을 관찰하고, 화산과 화산이 아닌 산을 사진이나 그림을 통하여 비교하는 것입니다. 또한 화산 활동을 통하여 나오는 여러 가지 물질과 화산 활동과 관련된 대표적인 암석을 관찰하여 그 특징을 알아보는 것입니다.

내용 정리

- **마그마**가 땅속 깊은 곳에서 식은 경우 대부분 **화강암**이 되고, 마그마가 지표면을 따라 흐르다가 식은 것은 대부분 **현무암**이 됩니다.
- **현무암**은 지표면으로 나온 용암이 빠르게 식어서 굳어진 암석으로, 현무암에 있는 구멍은 가스가 빠져나간 자국입니다.
- **화강암**은 땅속 깊은 곳에서 마그마가 서서히 식어서 굳어진 암석입니다.

3. 중학교 1학년 - 3. 지각의 물질

- 이 단원의 목표는 지각을 구성하는 8대 원소와 조암 광물을 알아보고, 관찰 및 실험을 통하여 여러 가지 광물과 암석(화성암, 퇴적암, 변성암)을 구분하고, 구분된 암석을 각각 특징에 따라 분류하는 것입니다.

내용 정리

- **지각**은 암석으로 구성되어 있으며, 암석은 광물로 되어 있습니다.
- 암석을 이루는 알갱이를 **광물**이라 하며, 광물은 지각을 구성하는 물질의 기본단위입니다.
- 고온의 마그마가 지하 깊은 곳에서 천천히 식거나 지표로 흘러나온 용암이 급격히 식어서 굳어진 암석을 **화성암**이라고 합니다.
- **화산암**은 마그마가 지표에 분출하거나 지표 근처에서 급격히 식어

서 굳어진 암석을 말합니다.
- **심성암**은 마그마가 지하 깊은 곳에서 서서히 식어서 굳어진 암석을 말합니다.
- **화강암**은 지하 깊은 곳에서 마그마가 굳어진 심성암의 한 종류로, 우리나라에서 가장 흔한 암석입니다.
- 진흙, 모래, 자갈 등의 퇴적물이 여러 가지 풍화 작용에 의해 침식, 운반되어 바다나 강, 호수의 밑바닥에 쌓인 후 굳어져서 만들어진 암석을 **퇴적암**이라고 합니다.
- 퇴적층이 쌓인 층과 층 사이를 층리라고 하며, 이는 퇴적물들의 종류가 다르기 때문에 나타납니다.
- 지하 깊은 곳에 묻혀 있던 화성암이나 퇴적암이 높은 온도와 압력을 받으면서 광물들의 성질이나 조직이 변하여 만들어진 암석을 **변성암**이라고 합니다.
- 암석의 구성 광물이 압력과 직각 방향으로 배열되어 평행한 줄무늬가 생기게 되는데, 이와 같은 줄무늬를 **편리** 또는 **편마 구조**라고 합니다.

4. 중학교 2학년 – 6. 지구의 역사와 지각변동

- 이 단원의 목표는 지층에 나타난 퇴적물의 모양과 화석을 조사하여 지층이 퇴적될 때의 환경과 화석이 만들어지는 과정을 알아보고, 표준화석과 시상화석을 통해 당시의 환경을 추리하는 것입니다.

내용 정리

- 공급된 퇴적물의 색이나 알갱이의 크기가 다르므로 상하로 평행한 층이 서로 구별되는데, 이 경계선을 **층리**라고 합니다.
- **표준화석**은 일정한 기간의 지층에서만 발견되는 화석으로, 지층이 쌓인 시대를 알려주는 화석입니다.
- **시상화석**은 생물이 살던 당시의 기후, 수륙 분포, 지형, 바다의 깊이 등의 자연환경을 알려주는 화석입니다.
- 약 40억 년 전부터 5억 7천만 년 전까지의 지질시대를 **선캄브리아대**라고 합니다. 지질시대 중 가장 긴 시대이며, 전체 지질시대의 80% 이상을 차지합니다.
- 약 2억 3천만 년 전부터 6천5백만 년 전까지의 지질시대를 **중생대**라고 합니다.
- 약 6천5백만 년 전부터 1만 년 전까지의 지질시대를 **신생대**라고 합니다.

5. 고등학교 – 1. 하나뿐인 지구

- 이 단원의 목표는 지구의 기원과 원시 지구의 환경을 이해하는 것입니다. 이를 위해 지층과 화석을 이용하여 지질시대를 구분하고, 각 지질시대에 따른 환경과 생물계의 변천 과정에 대해 학습하는 것입니다.

내용 정리

- **시상화석**은 당시의 환경을 알려주는 화석입니다.
- **표준화석**은 시대를 알려주는 화석을 말합니다.
- **사층리**란 수심이 얕은 곳이나 사구 등에서 입자들이 서로 엇갈리게 쌓여서 미세한 층리가 전체 층리와 어긋난 구조로 사암에 잘 나타납니다. 이는 과거 물의 흐름이나 바람의 방향, 지층의 상하 판단에 이용됩니다.
- **연흔**이란 수심이 얕은 곳에서 퇴적물의 표면에 생긴 물결 자국이 퇴적층 속에 보존되어 있는 것으로, 퇴적 환경과 지층의 상하 판단에 이용됩니다.
- **건열**이란 퇴적물의 표면이 건조한 기후의 대기 중에 노출되어 수축이 일어나 갈라진 V자형 쐐기 모양의 틈이 퇴적층에 보존되어 있는 것으로, 셰일에 잘 나타나며 퇴적 환경과 지층의 상하 판단에 이용됩니다.
- **점이층리**란 대륙붕이나 대륙 사면에 쌓여 있던 퇴적물이 지진에 의한 진동, 산사태 그 밖의 유사한 해저 사태를 일으켜 심해저에 흘러 들어가 생기는 것입니다. 이것을 저탁류라 하는데, 모래와 점토가 뒤섞여 있어 밀도가 크므로 빠른 속도로 해저곡을 따라 심해저로 운반됩니다. 이와 같은 퇴적층을 **터어비다이트**라 하며, 대체로 점이 층리의 구조를 갖습니다.

6. 고등학교 - 5. 지질조사와 우리나라의 지질

- 이 단원의 목표는 지질시대를 구분하는 기준을 이해하고, 각 지질시대의 길이를 비교하는 것과 클리노미터를 사용하여 지층의 주향과 경사를 측정하고, 기호를 사용하여 지질도에 표기하는 것입니다.

내용 정리

- **선캄브리아 시대**의 생물들은 개체수가 적고, 거의 연한 몸체로 되어 있었기 때문에 화석으로 남기 어려웠으며, 또한 많은 지각 변동으로 인해 파괴되어 화석이 매우 드물게 발견됩니다.
- **시상대** : 스트로마토라이트(약 35억 년 전), 박테리아 화석(약 32억 년 전)
- **원생대** : 콜레니아 화석, 에디아카라 동물군 등
- **고생대**는 캄브리아대에 비해 다양하고 많은 생물 화석이 산출되며, 단단한 껍질을 가진 동물 화석이 나타나기 시작합니다. 전기에는 삼엽충, 필석 같은 무척추동물이, 후기에는 어류, 양서류 등의 척추동물이 번성하였습니다.
- **중생대**는 고생대에 비해 많은 고등 생물이 나타났으며, 동물로는 두족류의 일종인 암모나이트, 벨렘나이트 등이 전 세계 바다에 풍부하게 서식하였고, 파충류가 번성하여 파충류 시대라고도 합니다. 식물계는 은행류, 송백류, 소철류 등의 겉씨식물이 번성하였

고, 말기에는 포유류의 선조가 출현하였습니다.
- **신생대**의 생물은 현생종에 가까우며 식물로는 속씨식물이 번성하였고, 동물로는 포유류가 크게 번성하여 포유류의 시대라고도 합니다. 제 4기에는 인류의 조상이 출현하였습니다.
- **클리노미터**란 경사 측정 기구입니다.
- 클리노미터의 긴 변을 지층면에 놓고 수준기로 수평을 유지합니다. 그때 자침이 보이는 방위가 주향입니다. N 30°E 등과 같이 북에서 동으로 몇 도 기울었는지를 나타냅니다. 다음으로 클리노미터를 세워 긴 변을 주향에 직각으로 놓습니다. 그때 추가 보이는 각도가 지층의 경사각입니다. 주향과 직교하는 방향은 2방향이나 자석으로 경사 방향을 측정하여 50°W 등으로 경사각에 방위를 첨가하여 나타냅니다.

과학자들이 들려주는 과학 이야기 98

멀더가 들려주는
단백질 이야기

책에서 배우는 과학 개념

단백질과 관련되는 개념 및 용어들

교육과정과의 연계

구분	과목명	학년	단원	연계되는 개념 및 원리
초등학교	과학	6학년 1학기	3. 우리 몸의 생김새	단백질 소화
중학교	과학	1학년	8. 소화와 순환	단백질의 성질, 아미노산
고등학교	생물 I	2학년	2. 영양소와 소화	단순단백질, 복합단백질 펩티드결합

책 소개

옛날, 어려웠던 시절에는 흰 쌀밥에 고깃국을 먹는 것이 가장 큰 소원이었다고 합니다. 그 당시에는 고기, 달걀 같은 음식이 매우 귀했기 때문에 단백질 섭취가 어려웠습니다. 하지만 요즘은 단백질 식품이 늘어남에 따라 오히려 단백질로 인한 영양 불균형을 걱정해야 하는 일도 생기고 있습니다. 《멀더가 들려주는 단백질 이야기》는 단백질을 발견한 화학자인 멀더가 단백질과 아미노산이 무엇인지, 단백질과 아미노산의 관계와 구조에 대하여 흥미롭게 풀어내고 있습니다. 이 시리즈는 과학자가 질문을 던지고, 대답하는 형식으로 이루어져 어려운 이론을 쉽고, 재미있게 이해할 수 있도록 구성하였습니다.

이 책의 장점

1. 우리가 음식물로 섭취하고 있는 단백질을 영양학적·화학적 관점에서 설명하여 과학적 사고력과 함께 생활에서 유용한 정보로 활용할 수 있도록 구성하였습니다.
2. 단백질의 쓰임과 소화 과정을 초·중·고등학교 과학 단원과 관련하여 쉽게 이해하고, 습득할 수 있도록 구성하였습니다.
3. 초등학교 교과과정에 있는 '우리 몸의 생김새' 단원에서 배우는 '소화'로부터 출발하여 고등학교 교과과정에 이르기까지의 내용을 연계하여 학습할 수 있도록 구성하였습니다. 초등학생들에게는 심화 학습의 기회를 제공하고 중·고등학생들에게 교과서를 보충

하는 유용한 참고 서적의 역할을 하게 될 것입니다.

각 차시별 소개되는 과학적 개념

1. 첫 번째 수업 _ 단백질
- 단백질은 동물의 몸을 구성하고 성장시키는 물질로, 몸 안의 유전 정보를 갖고 있으며, 대사를 수행하는 생명체의 기본단위이기도 합니다.

2. 두 번째 수업 _ 우리 몸에 필요한 단백질
- 질소평형은 질소의 섭취량과 질소의 배설량이 같은 상태를 말합니다. 양의 질소평형은 질소의 섭취가 배설보다 많은 경우로 조직을 성장시킵니다. 음의 질소평형은 섭취량보다 배설량이 많은 것으로 신체가 소모되고, 체중이 감소됩니다.

3. 세 번째 수업 _ 과잉과 결핍
- 단백질을 과잉 섭취할 경우 에너지 대사가 많이 일어나게 되어 신체가 피곤해지고 저항력이 약해지게 됩니다. 단백질 분해물은 불면증과 이명증을 불러일으키기도 합니다.
- 단백질 섭취가 부족하면 단백질 부족증이 발생합니다. 또 선천성 단백질 대사 장애가 발생하기도 하여 성장을 저해하기도 합니다.

4. 네 번째 수업 _ 단백질의 종류
- 단백질은 단순단백질, 핵단백질, 당단백질, 지단백질, 철단백질, 아연단백질로 나뉘며 각 단백질은 신체에서 중요한 기능을 하고

있습니다.
- 완전단백질이란 성장, 신체의 생리적 기능을 돕는 단백질로 좋은 단백질을 말합니다.
- 부분적 불완전단백질이란 동물의 성장을 돕지는 못하나 생명을 유지시키는 단백질입니다.
- 불완전단백질이란 동물 성장을 방해하는 단백질을 말합니다.

5. 다섯 번째 수업 _ 단백질의 역할

- 단백질은 몸속에 들어가면 아미노산으로 흡수되어 혈액에 의해 각 조직으로 운반됩니다.
- 단백질은 조직세포의 합성과 보수를 하고, 효소, 호르몬 및 항체를 만들며, 혈장단백질을 만듭니다. 또 우리 몸의 대사과정을 조절합니다.

6. 여섯 번째 수업 _ 단백질의 모양

- 단백질은 탄소(C), 수소(H), 산소(O), 질소(N), 황(S)을 원소로 갖고 있습니다.
- 단백질의 아미노산의 결합에 따라 종류와 하는 일이 다릅니다.
- 펩티드 결합이란 하나의 아미노산의 아미노기와 다음 아미노산의 카르복실기가 물 분자를 잃고, 결합된 것을 말합니다. 단백질은 1~4차 구조로 나누어집니다.

7. 일곱 번째 수업 _ 기능성 아미노산

- 단백질의 기능을 향상시키기 위하여 여러 가지 유전자 기술 등을

이용해서 새로운 기능을 가진 단백질을 만들기도 하는데, 이를 프로테인디자인이라고 합니다.

8. 여덟 번째 수업 _ 아미노산의 종류
- 체내에서 합성할 수 없는 아미노산을 필수아미노산이라고 합니다. 비필수아미노산은 우리 몸에서 합성되므로 따로 섭취할 필요가 없는 아미노산입니다.

9. 아홉 번째 수업 _ 단백질 음식의 소화, 흡수, 대사
- 단백질은 위에서 펩신에 의해서 분해가 시작됩니다. 장내에서 아미노산으로 분해되어 흡수되어 문맥을 지나 간장으로 가게 됩니다. 간에 저장된 아미노산은 기존 세포에 있던 조직과 계속적으로 교체됩니다. 흡수된 아미노산은 단백질 합성과 보수의 일을 하기도 하며, 연소되어 열량을 주고, 탄수화물과 지방으로 바뀌어 몸에 저장되기도 합니다.

10. 마지막 수업 _ 단백질 합성
- 아미노산은 펩티드 결합에 의해 큰 단백질을 만듭니다. 이것을 단백질 합성이라고 하는데, DNA가 단백질 합성에 관여합니다.

이 책이 도움을 주는 관련 교과서 단원

멀더의 단백질 이야기와 관련되는 교과서에 등장하는 용어와 개념들입니다.

1. 초등학교 6학년 1학기 - 3. 우리 몸의 생김새
   - 이 단원의 목표는 우리 몸속 구조를 그림이나 모형을 통하여 관찰하고, 각 기관의 명칭과 기능을 조사하는 것입니다.

   내용 정리
   - 우리 몸속 기관 중 **위**는 단백질을 분해하는 데 중요한 역할을 합니다.

2. 중학교 1학년 - 8. 소화와 순환
   - 이 단원의 목표는 우리 몸에 필요한 영양소의 종류와 작용을 조사하고, 영양소 검출 실험을 통하여 음식물 속에 들어 있는 3대 영양소를 확인하여 소화 기관과 관련지어 소화, 흡수됨을 이해하는 것입니다.

   내용 정리
   - **단백질**은 여러 가지 아미노산 분자가 결합되어 이루어집니다.
   - 단백질의 구성 원소는 탄소(C), 수소(H), 산소(O), 질소(N) 이외에 황(S), 인(P) 등을 포함합니다.
   - 단백질은 주로 몸의 세포를 이루는 원형질의 주성분이 되며, 에너지원(4kcal/g)으로 쓰이기도 합니다. 이 밖에 효소, 호르몬, 헤모글로빈, 세포막의 성분이 되기도 합니다.
   - 단백질은 물에 녹으며, 열을 받으면 굳어서 변성됩니다.
   - 단백질의 펩시노겐이 위에서 염산과 반응하여 펩신이 되어 펩톤으

로 분해됩니다.

3. 고등학교 - 2. 영양소와 소화

• 이 단원의 목표는 사람이 먹는 음식물 속에 포함된 주요 영양소의 종류와 기능을 아는 것과 음식물이 소화 기관을 통하여 소화·흡수되는 과정을 이해하는 것입니다.

내용 정리

- 단백질은 체물질, 효소·항체·호르몬 등의 성분으로, 에너지원(4kcal/g)으로 쓰입니다.
- 단백질의 구성 원소는 탄소(C), 수소(H), 산소(O), 질소(N), 인(P), 황(S)입니다.
- 단백질은 20여 종의 아미노산이 펩티드결합으로 형성됩니다.
- 단순단백질은 아미노산으로만 이루어진 것으로 알부민, 글로블린, 히스톤 등이 있습니다. 복합단백질은 아미노산과 기타물질이 합쳐진 것으로 헤모글로빈, 프로트롬빈 등이 있습니다.

과학자들이 들려주는 과학 이야기 99

탈레스가 들려주는 평면도형 이야기

책에서 배우는 수학 개념

평면도형과 관련되는 개념 및 용어들

교육과정과의 연계

구분	과목명	학년	단원	연계되는 개념 및 원리
초등학교	수학	4학년 나	5. 사각형과 도형 만들기	사다리꼴, 평행사변형, 직사각형, 정사각형
		5학년 가	6. 평면도형의 둘레와 넓이	직사각형, 정사각형, 평행사변형, 삼각형 넓이 구하는 공식
		5학년 나	3. 도형의 합동	삼각형 작도 조건
중학교	수학	7학년 나	2. 기본도형과 작도	합동, 삼각형의 결정 조건
			3. 도형의 성질	원, 부채꼴의 넓이, 호의 길이
			4. 도형의 측정	내각, 외각

구분	과목명	학년	단원	연계되는 개념 및 원리
중학교	수학	3학년 나	2. 피타고라스의 정리	피타고라스의 정리
			3. 원	원주각

책 소개

우리는 기하학이라는 단원을 매우 어렵게 생각하고 있습니다. 때문에 다각형의 정의, 각, 넓이를 공식을 통해서 단순하게 암기하고 있습니다. 하지만 《탈레스가 들려주는 평면도형 이야기》는 기하학의 토대를 마련한 그리스의 수학자 탈레스가 도형의 기본 요소부터 다각형의 넓이를 구하는 방식까지 평면도형에 관한 모든 것을 흥미롭게 풀어내고 있습니다. 이제부터 우리는 이 책을 통해서 주변에서 보는 원, 삼각형이 만들어진 원리, 발전 과정 등을 쉽고, 자세하게 알아볼 수 있습니다.

이 책의 장점

1. 그동안 암기해 왔던 기하 관련 공식들이 어떻게 도출되고, 발전하게 되었는지 설명을 통해서 기하에 관한 기초 학습이 충실히 이루어질 수 있도록 하였습니다.
2. 초·중학교에 등장하는 모든 기하 단원을 아우름으로써 학습이 자연스럽게 연계될 수 있도록 하였습니다.
3. 초등학생들에게는 기하에 대한 심화 학습의 기회를 제공하고, 중학생들에게는 이해 가능한 내용들로 예습·복습이 가능하도록 구

성하였습니다.

각 차시별 소개되는 수학적 개념

1. 첫 번째 수업 _ 탈레스

- 탈레스는 수학에 관한 사실들을 논리적으로 증명하고, 체계를 세움으로써 기하학의 시초를 마련하였습니다.

2. 두 번째 수업 _ 다각형의 넓이

- (직사각형의 넓이)=(가로)×(세로)

- (직각삼각형의 넓이)=(사각형의 넓이)$\times \frac{1}{2}$

  =(밑변의 길이)×(높이)$\times \frac{1}{2}$

- (평행사변형의 넓이)=(직사각형의 넓이)

  =(가로의 길이)×(세로의 길이)

  =(밑변의 길이)×(높이)

- (평행사변형의 넓이)=(삼각형의 넓이)×2

  =(밑변의 길이)×(높이)$\times \frac{1}{2} \times 2$

  =(밑변의 길이)×(높이)

- (사다리꼴의 넓이)={(윗변의 길이)+(밑변의 길이)}$\times \frac{1}{2} \times$높이

- (마름모의 넓이)=(직사각형의 넓이)$\times \frac{1}{2}$

  =(가로의 길이)×(세로의 길이)$\times \frac{1}{2}$

=(한 대각선의 길이)×(한 대각선의 길이)× $\frac{1}{2}$

3. 세 번째 수업 _ 평면도형의 기본 요소(점, 직선, 평면)

- 점은 위치만 있고 부분이 없는 것으로, 기하학의 가장 기본단위입니다. 직선은 폭은 없고 길이만 있는 것으로, 두 방향으로 한없이 뻗어나가는 것입니다. 같은 직선 위에 있지 않는 세 점은 하나의 평면을 결정하며, 이는 2차원 공간에서 끝없이 확장됩니다.

4. 네 번째 수업 _ 각

- 한 점을 중심으로 한 반직선이 다른 반직선까지 회전한 크기를 각이라고 합니다.
- 두 변이 일직선을 이룰 때의 각을 '평각'이라고 하며, 평각의 $\frac{1}{2}$을 직각이라고 합니다.
- 0°보다 크고 90°보다 작으면 예각, 90°보다 크고 180°보다 작으면 둔각이라고 합니다.
- 두 직선이 만나는 교점의 둘레에 4개의 각이 생길 때 서로 마주보는 각을 '맞꼭지각'이라고 하며, 그 크기는 같습니다.
- 두 직선이 평행하면 엇각과 동위각은 같습니다.

5. 다섯 번째 수업 _ 다각형

- 단순 폐곡선(처음과 끝이 연결되며 서로 만나지 않음) 중에 선분으로만 이루어진 것을 다각형 곡선이라고 하고, 이를 다각형이라고 합니다.
- 다각형은 변, 꼭지점으로 이루어져 있습니다.

- 다각형의 연속하지 않은 꼭지점을 연결한 임의의 선분을 대각선이라고 합니다.

6. 여섯 번째 수업 _ 삼각형과 사각형

- 삼각형 결정 조건 세 가지는 세 변이 주어졌을 때, 두 변과 그 사이의 한 각이 주어졌을 때, 한 변과 그 양 끝의 두 각이 주어졌을 때입니다.
- 사다리꼴은 마주 보는 한 쌍의 변이, 평행사변형은 마주 보는 두 쌍의 변이 평행합니다. 직사각형은 네 각의 크기가 모두 같은 사각형이고, 마름모는 네 변의 길이가 모두 같은 사각형입니다. 정사각형은 직사각형과 마름모의 성질이 합쳐진 것입니다.

7. 일곱 번째 수업 _ 다각형의 내각과 외각

- 도형의 안쪽에 위치한 각을 '내각'이라고 합니다. 이때 삼각형의 내각의 합이 $180°$임을 이용해 다각형 내각의 합을 구할 수 있습니다.
- 도형의 한 변에 직선을 그었을 때, 내각의 바깥 부분에 만들어지는 각을 '외각'이라고 합니다. 다각형 외각의 합은 모두 $360°$입니다.

8. 여덟 번째 수업 _ 아르키메데스와 원주율

- 원은 크기가 달라도 지름의 길이와 원 둘레 길이(원주)의 비가 항상 같아서 원주를 지름의 길이로 나눈 값은 항상 같습니다. 이를 '원주율', π(파이)라고 합니다.
- 원의 넓이는 (반지름의 길이)×(반지름의 길이)×(원주율)입니다.

9. 아홉 번째 수업 _ 원의 세계
- 원이란 평면 위의 한 점으로부터 거리가 일정한 모든 점들의 집합을 말합니다. 이때 그 한 점을 원의 중심이라고 하고, 일정하게 떨어진 거리를 원의 반지름이라고 합니다.
- 한 원에서 호의 길이는 그 호에 대한 중심각의 크기에 비례합니다.
- 부채꼴의 넓이=원의 넓이× $\dfrac{\text{부채꼴의 중심각}}{\text{원의 중심각}}$

10. 마지막 수업 _ 탈레스의 반원
- 길이가 같은 호에 대한 원주각의 크기는 서로 같습니다.

이 책이 도움을 주는 관련 교과서 단원

탈레스의 평면도형 이야기와 관련되는 교과서에 등장하는 용어와 개념들입니다.

1. 초등학교 4학년 나 – 5. 사각형과 도형 만들기
- 이 단원의 목표는 수직과 평행의 관계를 이해하고, 평형선의 성질을 아는 것과 사다리꼴, 평행사변형, 마름모, 직사각형 등의 개념을 이해하고, 사각형의 성질을 아는 것입니다. 그리고 간단한 다각형과 정다각형을 이해하는 학습을 합니다.

내용 정리

- 한 쌍의 마주 보는 변이 평행인 사각형을 **사다리꼴**이라고 합니다.
- 두 쌍의 마주 보는 변이 평행인 사각형을 **평행사변형**이라고 합니다.
- 네 변의 길이가 모두 같은 사각형을 **마름모**라고 합니다.
- 네 각의 크기가 모두 같은 사각형을 **직사각형**이라고 합니다.
- 네 각의 크기가 모두 같고 네 변의 길이가 모두 같은 사각형을 **정사각형**이라고 합니다.
- 선분으로만 둘러싸인 도형을 **다각형**이라고 합니다.
- **대각선**이란 이웃하지 않는 두 꼭지점을 이은 선분을 말합니다.

2. 초등학교 5학년 가 - 6. 평면도형의 둘레와 넓이

- 이 단원의 목표는 직사각형, 정사각형, 평행사변형, 삼각형의 넓이를 구하는 것입니다.

내용 정리

- 도형의 넓이를 나타낼 때에는 한 변이 1cm인 정사각형의 넓이를 단위넓이로 사용합니다. 이 정사각형의 넓이를 일 제곱센티미터라 하고, 1cm²라고 씁니다.
- (직사각형의 넓이)=(가로)×(세로)
- (정사각형의 넓이)=(한 변의 길이)×(한 변의 길이)
- (평행사변형의 넓이)

=(직사각형의 넓이)=(가로)×(세로)=(밑변)×(높이)
- (삼각형의 넓이)=(평행사변형의 넓이)÷2=(밑변)×(높이)÷2

3. 초등학교 5학년 나 - 3. 도형의 합동
- 이 단원의 목표는 도형의 합동의 의미를 이해하고, 합동인 도형을 식별할 수 있는 것과 자와 컴퍼스를 이용하여 조건에 맞는 삼각형을 그릴 수 있는 것입니다.

내용 정리

- 모양과 크기가 같아서 완전히 포개지는 두 도형을 서로 **합동**이라고 합니다.
- 합동인 삼각형을 그리려면, 세 변의 길이가 정해져 있거나, 두 변과 그 사이각의 크기가 정해져 있거나, 한 변과 양 끝각의 크기가 정해져야 합니다.

4. 중학교 1학년 나 - 2. 기본도형과 작도
- 이 단원의 목표는 합동인 도형의 간단한 성질을 알아보고, 삼각형의 합동조건을 알아보는 것입니다.

내용 정리

- **삼각형의 결정조건** : ① 세 변의 길이가 주어질 때 ② 두 변의 길이와 그 끼인각의 크기가 주어질 때 ③ 한 변의 길이와 그 양 끝각의 크기가 주어질 때

5. 중학교 1학년 나 - 3. 도형의 성질

• 이 단원의 목표는 다각형의 성질과 원의 중심, 중심각, 부채꼴, 호, 현의 뜻을 아는 것입니다. 그리고 원의 중심각과 호의 관계, 원과 직선의 위치 관계에 대해서도 학습합니다.

내용 정리

- 3개 이상의 선분으로 둘러싸인 도형을 **다각형**이라고 합니다. 예를 들어 3개, 4개, 5개, ……의 선분으로 둘러싸인 다각형을 각각 삼각형, 사각형, 오각형, ……이라고 합니다. 일반적으로 n개의 선분으로 둘러싸인 다각형을 n각형이라고 합니다.

- 다각형에서 이웃하지 않는 두 꼭지점을 잇는 선분을 **대각선**이라고 합니다. n각형의 한 꼭지점에서 그을 수 있는 대각선의 개수는 n−3이므로 각 꼭지점에서 그을 수 있는 모든 대각선의 개수는 n(n−3)입니다. 그런데 한 대각선은 두 꼭지점에 걸쳐 있으므로 대각선의 개수는 두 번씩 센 것이 되므로 n각형의 대각선의 개수는 $\frac{1}{2}n(n-3)$입니다.

- 한 원에서 호의 길이와 **부채꼴의 넓이**는 중심각의 크기에 비례합니다. 따라서 반지름의 길이가 r, 중심각의 크기가 $a°$인 부채꼴에서 호의 길이 l은 중심각의 크기 $a°$에 비례하므로 $l = 2\pi r \times \frac{a}{360}$ 입니다.

- **부채꼴의 넓이** S는 중심각의 크기에 비례하므로 $S = \pi r^2 \times \frac{a}{360}$ 입니다.

6. 중학교 1학년 나 - 4. 도형의 측정

- 이 단원의 목표는 삼각형의 세 내각의 크기의 합과 외각에 대해 알아보는 것입니다.

내용 정리

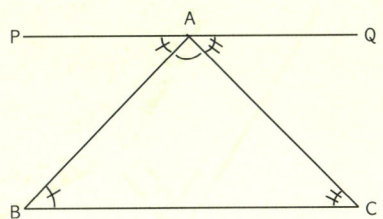

위의 그림과 같이 삼각형 ABC의 꼭지점 A를 지나 밑변 BC에 평행한 직선 PQ를 그으면 ∠B=∠PAB, ∠C=∠QAC입니다. 따라서 ∠A+∠B+∠C=∠A+∠PAB+∠QAC=∠PAQ=180° 입니다. 이 식에서 삼각형의 세 내각의 크기의 합이 180° 임을 알 수 있습니다.

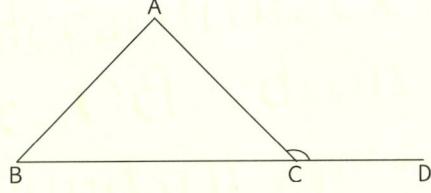

- 위의 그림과 같이 삼각형 ABC의 변 BC를 꼭지점 C쪽으로 연장하여 그 위에 점 D를 잡을 때, ∠ACD를 꼭지점 C의 외각이라고 합니다.
- 다각형의 외각의 크기의 합은 꼭지점의 수에 관계없이 360° 입니다.

7. 중학교 3학년 나 - 2. 피타고라스의 정리

• 이 단원의 목표는 피타고라스의 정리를 알고, 이를 증명하는 것입니다.

내용 정리

• 다음 그림과 같이 직각삼각형의 직각을 낀 두 변의 길이를 각각 a,b라 하고, 빗변의 길이를 c라 하면 $a^2+b^2=c^2$입니다.

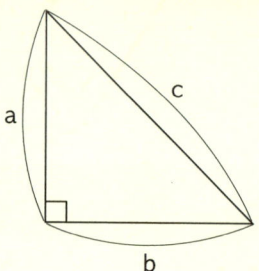

8. 중학교 3학년 나 - 3. 원

• 이 단원의 목표는 원의 호와 중심각, 원주각에 대해 알아보는 것입니다.

내용 정리

• 다음 그림과 같이 원 O의 호 AB가 있을 때, OA, OB가 이루는 중심각에 대하여 호 AB를 제외한 원 위의 한 점 P를 잡았을 때, PA, PB가 이루는 각 ∠APB를 호 AB에 대한 **원주각**이라고 합니다.

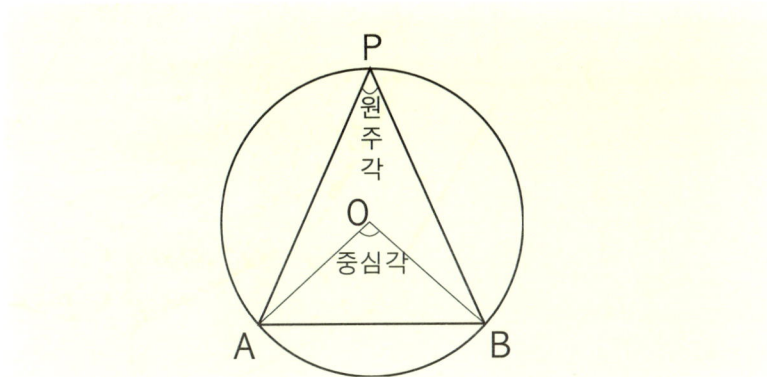

과학자들이 들려주는 과학 이야기 100

러셀이 들려주는 패러독스 이야기

책에서 배우는 과학 개념

패러독스, 논리, 증명과 관련되는 개념 및 용어들

교육과정과의 연계

구분	과목명	학년	단원	연계되는 개념 및 원리
중학교	수학	1학년 가	1. 집합	전체집합, 부분집합, 여집합
고등학교	수학	1학년 가	1. 집합과 명제	명제, 직접증명, 간접증명, 귀류법
중학교	과학	3학년 1학기	3. 물질의 구성	데모크리토스의 원자론
고등학교	물리Ⅱ	3학년 1학기	3. 원자와 원자핵	원자, 원자핵

책 소개

《러셀이 들려주는 패러독스 이야기》는 영국의 수학자이자 철학자인 러셀이 현대 수학과 과학의 옳고, 그름을 판단하는 기준의 역할을 하고 있는 패러독스에 관하여 설명하고 있습니다. 패러독스는 처음에 언어를 사용하는 문제로 국한하여 지식인의 흥밋거리 정도로 여겨졌습니다. 하지만 후에 논쟁과 설득의 수단으로 활용되면서 중요한 수학적 증명법을 낳기도 했습니다. 이 책은 가장 유명한 이야기인 제논의 '아킬레우스와 거북이의 경주'를 통하여 패러독스에 대해 쉽게 이해할 수 있도록 도와줍니다. 이 책을 통해서 패러독스의 진정한 의미와 과학과 수학에 사용되는 패러독스에 대해 알아보는 기회가 될 것입니다.

이 책의 장점

1. 패러독스라는 어려운 개념을 실생활에 활용하고 있는 여러 가지 상황에 대입함으로써 직관적으로 깨달을 수 있도록 하였습니다.
2. 수학, 과학에 사용된 패러독스를 살펴봄으로써 평소 암기를 통해 알고 있던 지식이나 이론들을 논리적 증명 과정을 통해 습득할 수 있도록 하였습니다. 특히, 이 과정에서 논리적·비판적 사고력을 길러줄 수 있도록 구성하였습니다.
3. 중·고등학교 수학의 '집합' '명제' 단원과 과학의 '물질' '원자'에 대한 단원을 통합 학습할 수 있도록 하였습니다.

각 차시별 소개되는 수학적 · 과학적 개념

1. 첫 번째 수업 _ 패러독스의 본뜻
   - 패러독스는 상식에 거스르는 견해 또는 주장을 뜻합니다.
   - 패러독스의 유형에는 상식에 위배되는 견해인 '역설'이 있고, 결론이 모순되는 견해인 '역리'가 있습니다. 역리에는 언어상의 의미로부터 발생하는 '의미론적 역리'와 순수 논리상의 규칙에 위배되는 한계에서 발생하는 '논리적 역리(인식론적 역리)'로 나뉠 수 있습니다.

2. 두 번째 수업 _ 제논의 패러독스
   - 제논의 패러독스에는 아킬레스와 거북이의 경주 패러독스, 분할의 패러독스, 공중을 나는 화살의 패러독스, 경주로 패러독스로 4가지가 있는데, 이는 모두 '무한'이라는 개념을 공통으로 사용하고 있습니다. 또한 어떤 주장의 직접증명이 어려운 경우 간접증명을 제공하는 구조를 가지고 있는데, 이를 '귀류법'이라고 합니다.

3. 세 번째 수업 _ 귀류법
   - A라는 이론이 틀렸다고 주장하기 위하여 거꾸로 A이론의 기본 전제가 옳다고 가정하고, 극단적 형태의 주장으로 A이론의 결과가 옳지 않음을 간접적으로 증명하는 것이 귀류법입니다. 이는 피타고라스의 수 이론과 데모크리토스의 원자론을 반박하는 데 사용되었습니다.

4. 네 번째 수업 _ 동 · 서양의 여러 패러독스 유형
   - 동양에는 '모순'이라는 패러독스가 있는데, 이는 엄격히 '모순'

이라기보다는 두 진술이 양립 불가능한 관계에 있음을 나타내주는 말입니다. 서양에는 자신의 정체가 거짓이라 말하는 명제를 인정하는 데서 생기는 패러독스가 있는데, 이를 '거짓말쟁이 패러독스'라고 합니다.

5. 다섯 번째 수업 _ 수학의 패러독스, '집합' 이야기

- '이발사의 패러독스'와 유사한 '러셀의 패러독스'는 결론이 서로 배반된 두 가지 결과에 동시에 이르게 되는 모순을 범하는 패러독스로서, 집합 이론에 위배됩니다.
- 자기 자신까지 원소로 삼는 집합을 1종 집합이라고 하고, 자기 자신은 원소로 삼지 않는 집합을 2종 집합이라고 합니다. 1종 집합들 전체와 2종 집합들 전체는 여집합 관계에 있습니다. 2종 집합들 전체로 된 집합을 R이라고 할 때 R은 1종도, 2종도 아니라는 모순된 결론에 다다르게 됩니다.

6. 여섯 번째 수업 _ '상대성 이론' 이야기

- 현대 과학에서 발생하는 패러독스 역시 '자기 언급적 상황'에서 발생합니다. 상대성 이론에서는 고전 물리 체계를 뒤엎고, 빛이 절대속도를 가진다는 원리로부터 출발하여 관측 대상에 대한 관측자의 상대속도까지 반영된 시간·공간·질량의 상대적 변화까지 관측되는 결과를 보이게 됩니다.

7. 마지막 수업 _ '양자역학' 이야기

- 관찰자가 직접 확인해야만 상태의 결정이 이루어지는 특성을 비결정성이라고 합니다. 양자역학의 세계에서도 여러 가지 패러독

스적 결과가 나옵니다. 이는 패러독스가 갖고 있는 '자기 자신의 참여'라는 요소가 들어있기 때문입니다.

이 책이 도움을 주는 관련 교과서 단원

러셀의 패러독스 이야기와 관련되는 교과서에 등장하는 용어와 개념들입니다.

1. 중학교 1학년 가 – 1. 집합

- 이 단원의 목표는 집합의 뜻을 알고, 두 집합 사이의 포함 관계를 이해하며, 집합의 연산에 대해 학습하는 것입니다.

내용 정리

- 어떤 주어진 집합에 대하여 그의 부분집합만을 생각할 때, 처음 주어진 집합을 **전체집합**이라 하고, 이것을 보통 U로 나타냅니다.
- 전체집합 U의 부분집합을 A라 할 때, U에 속하고 A에 속하지 않는 모든 원소의 집합을 U에 대한 A의 여집합이라고 하며, 이것을 기호로 A^c와 같이 나타냅니다.

2. 고등학교 1학년 가 – 1. 집합과 명제

- 이 단원의 목표는 집합과 연산법칙을 이해하며, 명제의 뜻을 알고, 참 거짓을 판별하는 것입니다.

내용 정리

- **명제**란 참, 거짓이 분명한 주장, 문장 또는 식을 말합니다.
- **명제의 합성**은 다음과 같이 됩니다.
- **논리곱** : p 그리고 q ↔ p와 q가 모두 참 ↔ $P \cap Q$
- **논리합** : p 또는 q ↔ p또는 q가 참 ↔ $P \cup Q$
- **조건**이란 전체집합 U의 원소에 따라 참, 거짓이 결정되는 식을 말합니다.
- **진리집합**이란 조건을 참이 되게 하는 U의 부분집합을 말합니다.
- **전체집합** U에 따라 조건에 대한 진리집합 P가 결정됩니다.
- **직접증명법**이란 추론에 의해 가정에서 출발하여 결론이 참임을 보이는 증명법을 말합니다.
- **간접증명법**에는 대우법과 귀류법이 있습니다.
- **대우법** : 「~q이면 ~p」가 참임을 보여 「p이면 q」가 참임을 보이는 증명법.
- **귀류법** : 「p이고 ~q」임을 가정하면 모순이 발생함을 지적하여 「p이면 q」가 참임을 보이는 증명법.

3. 중학교 3학년 – 3. 물질의 구성

- 이 단원의 목표는 라부아지에, 돌턴, 아보가드로 등에 의해 화학 변화의 양적 관계를 설명하는 여러 가지 법칙이 밝혀지는 과정에서 물질의 입자 개념이 형성되었음을 인식하는 것입니다.

내용 정리

- **데모크리토스의 5행설**은 다음과 같습니다.
- 동양에서는 자연 현상을 5행(토, 목, 화, 금, 수)의 원리로 설명하고 있습니다(5원소).
- **서양의 4원소**에는 없는 생물체인 나무(목)를 포함시킨 것으로 보아 자연과의 관계를 훨씬 더 친숙한 관계로 생각하였습니다.
- **오행설**은 자연과 인간의 구성과 변화를 설명하는 기본 원칙이 되었으며, 일상생활의 모든 분야에 걸쳐 이용되었습니다(인체의 구조, 계절의 변화, 인간의 감정 등).

'과학자들이 들려주는 과학 이야기' 100권 목록 및 교과 연계

수학 (16)	5	가우스가 들려주는 수열이론 이야기	6	파스칼이 들려주는 확률론 이야기

	초4-나 3. 소수의 덧셈과 뺄셈
	중9-가 1. 실수와 그 계산(제곱근)
	고(수Ⅰ) - 4. 수열
			초6-나 3. 소수의 나눗셈
			        6. 경우의 수(확률, 경우의 수)
			        7. 연비(배분)
			중8-나 1. 확률(경우의 수, 상대도수, 확률계산)
			고(수Ⅰ) - 6. 순열과 조합
			             7. 확률
			고(선택) 확률과 통계	

	11	유클리드가 들려주는 기하학 이야기	12	리만이 들려주는 4차원 기하학 이야기

	초4-가 4. 삼각형
	초4-나 4. 수직과 평행
	        5. 사각형과 도형 만들기
	초5-가 4. 직육면체
	초5-나 3. 도형의 합동
	초6-가 2. 입체도형(도형의 펼침 면)
	        4. 원과 원기둥(겉넓이, 부피)
	중7-나 2. 기본도형과 작도(기본도형, 작도, 합동)
	        3. 도형의 성질(평면도형, 입체도형, 다면체, 회전체)
	        4. 도형의 측정(입체도형의 측정, 구, 뿔, 겉넓이, 기둥)
	중9-나 3. 원의 성질(원, 원주각, 원과 비례)
	고(수Ⅱ) 2. 공간도형과 공간좌표(직선·평면 위치 관계)
			초4-가 4. 삼각형
			초4-나 5. 사각형과 도형 만들기
			초5-가 4. 직육면체
			초6-가 2. 각기둥과 각뿔
			        4. 쌓기나무
			중7-나 2. 기본 도형과 작도(기본 도형, 작도, 합동)
			        3. 도형의 성질(평면도형, 입체도형, 다면체, 회전체)
			        4. 도형의 측정(입체도형의 측정, 구, 뿔, 겉넓이, 기둥)
			중9-나 3. 원의 성질(원, 원주각, 원과 비례)
			고(수Ⅱ) 2. 공간 도형과 공간 좌표(직선·평면 위치 관계)	

	14	페르마가 들려주는 정수론 이야기	18	디오판토스가 들려주는 방정식 이야기
	초5-가 1. 배수와 약수(음의 양수, 배수) 중7-가 2. 정수와 유리수 고10-가 2. 실수와 복소수(실수 연산, 대소 관계)		중7-가 3. 문자와 식(일차방정식과 그 활용) 중8-가 3. 연립 방정식 중9-가 3. 이차 방정식 고10-가 4. 방정식과 부등식(이차방정식, 여러 가지 방정식) 고10-나 1. 도형의 방정식(직선, 원, 도형의 이동) 고(수Ⅱ) 1. 방정식과 부등식	
	22	데카르트가 들려주는 함수 이야기	29	칸토르가 들려주는 집합 이야기
	중7-가 4. 규칙성과 함수(함수, 그래프, 그의 활용) 중8-가 5. 일차함수 중9-가 4. 이차함수 고10-나 3. 함수(이차함수와 활용 유리함수, 무리함수)		중7-가 1. 집합과 자연수 고10-가 1. 집합과 명제	

31	코시가 들려주는 부등식 이야기	46	피타고라스가 들려주는 삼각형 이야기
중8-가 4. 부등식(일차부등식) 고10-가 4. 방정식과 부등식 고10-나 2. 부등식의 영역 고(수Ⅱ) 1. 방정식과 부등식		초4-가 4. 삼각형 초5-가 2. 무늬 만들기(도형의 닮음) 중8-나 2. 삼각형의 성질(삼각형의 성질, 합동, 내심, 외심) 　　　　 4. 도형의 닮음(삼각형의 무게중심, 넓이, 부피, 평행선, 선분의 길이) 중9-나 2. 피타고라스의 정리 　　　　 4. 삼각비(길이, 넓이, 삼각비의 값)	
50	튜링이 들려주는 암호 이야기	67	피셔가 들려주는 통계 이야기
초5-가 1. 배수와 약수 초6-나 6. 경우의 수 중7-가 1. 집합(이진법) 　　　　 2. 정수와 유리수(정수) 고(수Ⅰ) 6. 순열(경우의 수)		초5-나 7. 자료의 표현 초6-나 7. 연비 중7-가 1. 통계(도수분포표, 상대도수, 누적도수, 그래프) 중9-나 1. 통계(상관도, 상관표) 고10-가 5. 자료의 정리 (산포도와 표준편차) 고(수Ⅰ) 8. 통계 고(선택) 확률과 통계	
70	오일러가 들려주는 파이 이야기	78	오일러가 들려주는 수의 역사 이야기
초6-나 4. 원과 원기둥(원주율) 중7-나 4. 도형의 측정(원주율π) 중9-가 1. 실수와 그 계산(무리수) 중9-나 4. 삼각비(사인, 코사인) 고10-나 4. 삼각함수(삼각함수, 호도법)		초4-가 7. 분수 초4-나 1. 분수 　　　　 2. 소수 중7-가 2. 정수와 유리수(양수, 음수) 중8-가 1. 유리수와 근사값(유리수, 소수) 중9-가 1. 실수와 그 계산(실수, 무리수) 고(수Ⅰ) 2. 지수와 로그 　　　　 3. 지수함수와 로그함수	
85	스테빈이 들려주는 분수와 소수 이야기	99	탈레스가 들려주는 평면도형 이야기
초3-가 7. 분수 초4-나 1. 분수 　　　　 2. 소수 초5-가 5. 분수의 덧셈과 뺄셈 　　　　 7. 분수의 곱셈 초5-나 1. 소수의 곱셈 　　　　 2. 분수의 나눗셈 　　　　 4. 소수의 나눗셈 초6-가 1. 분수와 소수 초6-나 1. 분수의 나눗셈 　　　　 3. 소수의 나눗셈 　　　　 5. 분수와 소수의 계산 중7-가 2. 정수와 유리수(유리수) 중8-가 1. 유리수와 근사값(분수, 소수)		초4-나 5. 사각형과 도형 만들기 초5-가 6. 평면도형의 둘레와 넓이 초5-나 3. 도형의 합동 　　　　 5. 도형의 대칭 중7-나 2. 기본도형과 작도(기본도형, 작도, 합동) 　　　　 3. 도형의 성질(평면도형, 삼각형의 성질, 합동, 내심, 외심) 　　　　 4. 도형의 측정(평면도형의 측정) 중8-나 4. 도형의 닮음(삼각형의 무게주심, 넓이, 부피, 평행선, 선분의 길이) 중9-나 2. 피타고라스의 정리 　　　　 3. 원(원, 원주각, 원과 비례)	

	1	아인슈타인이 들려주는 상대성원리 이야기	3	파인만이 들려주는 불확정성 원리 이야기
		초5-1 4. 물체의 속력(움직이는 것, 움직이지 않는 것, 속력, 빠르기) 초5-2 8. 에너지(운동에너지) 중1 10. 힘(중력) 고1 2. 에너지(힘과 에너지) 고(물리Ⅰ) 1. 힘과 에너지(속도와 가속도, 운동의 법칙) 고(물리Ⅱ) 1. 운동과 에너지(속도)		초3-2 7. 섞여있는 알갱이의 분리 중3 3. 물질의 구성(원자, 전자) 고1 3. 물질(전해질과 이온) 고(물리Ⅲ) 3. 원자와 원자핵(전자, 원자핵)
	4	호킹이 들려주는 빅뱅 우주 이야기	7	뉴턴이 들려주는 만유인력 이야기
		초4-1 8. 별자리를 찾아서 초5-2 7. 태양의 가족(태양계) 중2 3. 지구와 별(우주) 중3 7. 태양계의 운동(태양계) 고1 5. 지구(태양계와 은하) 고(지학Ⅰ) 3. 신비한 우주(천체, 우주) 고(지학Ⅱ) 4. 천체와 우주(우주의 팽창)		초5-1 4. 물체의 속력(가속도) 중2 1. 여러 가지 운동(원운동, 속력, 힘) 고1 2. 에너지(힘과 에너지) 고(물리Ⅰ) 1. 힘과 에너지(속도와 가속도, 운동의 법칙) 고(물리Ⅲ) 1. 운동과 에너지(만유인력에 의한 운동)
물리 (27)	8	갈릴레이가 들려주는 낙하이론 이야기	13	맥스웰이 들려주는 전기자기 이야기
		초5-1 4. 물체의 속력(속력과 속도) 중1 - 10. 힘(물체가 떨어지게 되는 것) 고(물리Ⅰ) 1. 힘과 에너지(속도와 가속도, 운동의 법칙) 고(물리Ⅱ) 1. 운동과 에너지(중력장 내의 운동, 낙하운동, 수평 방향으로 던진 물체의 운동, 비스듬히 던진 물체의 운동)		초3-1 2. 자석놀이(자석, 자기력선) 초4-1 3. 전구에 불 켜기(전기, 직렬병렬) 초5-2 6. 전기회로 꾸미기(전기회로, 전동기, 전류) 초6-1 7. 전자석(자기장, 나침반) 중2 7. 전기(전하, 전류, 정전기) 중3 6. 전류의 작용(전기에너지, 전류, 자기장, 자석) 고1 2. 에너지(전기에너지) 고(물리Ⅰ) 2. 전기와 자기(전류와 전기저항, 전류의 자기작용) 고(물리Ⅱ) 2. 전기장과 자기장(전기장, 직류회로)
	16	호이겐스가 들려주는 파동 이야기	17	퀴리부인이 들려주는 방사능 이야기
		초3-2 6. 소리내기(소리전달) 초5-1 1. 거울과 렌즈 중1 2. 빛 12. 파동(소리의 높이와 세기, 파동의 반사와 굴절) 고1 2. 에너지(파동에너지) 고(물리Ⅰ) 3. 파동과 입자(파동의 발생과 진행, 파동의 간섭과 회절)		초3-2 2. 빛의 나아감(빛) 중1 12. 파동(파동) 중2 7. 전기(전하, 형광등) 고(물리Ⅰ) 3. 파동과 입자(파동)

19 레오나르도 다 빈치가 들려주는 양력 이야기	21 줄이 들려주는 일과 에너지 이야기
초6-2 1. 물 속에서의 무게와 압력 중2 2. 물질의 특성(밀도) 고(화학Ⅰ) 1. 주변의 물질(공기)	초4-1 1. 수평잡기(힘점, 작용점, 받침점) 초5-2 8. 에너지(여러 가지 에너지의 종류 알기) 초6-2 6. 편리한 도구(지레의 원리, 도르래의 원리) 중3 2. 일과 에너지(일, 도구, 위치에너지, 운동 에너지, 역학적 에너지, 도르래) 고1 2. 에너지(에너지 전환) 고(물리Ⅰ) −1. 힘과 에너지(일과 에너지, 일률, 에너지)
26 치올코프스키가 들려주는 우주비행 이야기	21 오펜하이머가 들려주는 원자폭탄 이야기
초3-2 3. 지구와 달(지구와 달의 모양) 초5-2 7. 태양의 가족 (태양의 관찰과 특징) 중2 3. 지구와 별(지구, 태양, 은하) 중3 7. 태양계의 운동 (달의 운동) 고1 − 5. 지구(지구의 변동) 고(물리Ⅱ) − 1. 운동과 에너지(인공위성에 의한 운동)	초3-1 1 우리 주위의 물질 중3 3. 물질의 구성(원소) 5. 물질 변화의 규칙성(질량) 고(물리Ⅱ) 3. 원자와 원자핵(핵분열, 핵융합, 원 자핵구성)
28 레일리가 들려주는 빛의 물리 이야기	38 페르미가 들려주는 핵분열, 핵융합 이야기
초3-2 2. 빛의 나아감(그림자) 초5-1 1. 거울과 렌즈(빛의 반사, 굴절, 분산, 오 목렌즈와 볼록렌즈의 원리) 중1 2. 빛(빛의 반사, 굴절, 분산) 고(물리Ⅰ) 3. 파동과 입자(빛의 간섭, 빛의 회 절, 빛의 파동성)	중3 3. 물질의 구성(원소) 5. 물질 변화의 규칙성(질량) 고(물리Ⅱ) 3. 원자와 원자핵(핵분열, 핵융합)
42 에딩턴이 들려주는 중력 이야기	43 뢰머가 들려주는 광속 이야기
초5-1 4. 물체의 속력(가속도) 중1 10. 힘(중력, 힘) 중3 2. 일과 에너지(중력에 의한 위치에너지) 고(물리Ⅰ) 1. 힘과 에너지(운동의 법칙, 일과 에 너지, 중력에 의한 위치에너지)	초3-2. 2. 빛의 나아감(빛의 나아가는 모양) 초5-1. 4. 물체의 속력(속력) 중3 7. 태양계의 운동(달, 행성의 운동) 고(물리Ⅰ) 1. 힘과 에너지(속도, 속력) 고(지학Ⅰ) 3. 신비한 우주(태양계의 위성들, 이오) 고(지학Ⅱ) 4. 천체와 우주(별까지의 거리)

44	볼쯔만이 들려주는 열역학 이야기	57	라플라스가 들려주는 천체물리학 이야기
초3-1 4. 온도재기(오도와 열) 초4-2 5. 열에 의한 물체의 부피 변화 　　　 8. 열의 이동과 우리 생활(열) 초6-2 5. 연소와 소화 중1 7. 상태변화와 에너지(열의 이동, 상태 변화) 고(물리Ⅱ) 1. 운동과 에너지(열역학의 법칙) 고(화학Ⅱ) 3. 화학반응(화학반응과 에너지)		초4-1 8. 별자리를 찾아서(별의 특징, 별의 움직임) 초5-1 4. 물체의 속력(속력, 빠르기) 초5-2 7. 태양의 가족(태양계) 　　　 8. 에너지(운동에너지) 중1 10. 힘(중력) 중2 1. 여러 가지 운동(원운동, 속력, 힘) 　　 3. 지구와 별(우주, 별의 밝기) 중3 7. 태양계의 운동(태양계) 고(물리Ⅰ) 1. 힘과 에너지(속도와 가속도, 운동의 법칙) 고(물리Ⅱ) 1. 운동과 에너지(속도, 만유인력) 고(지학Ⅰ) 3. 신비한 우주(천체, 우주) 고(지학Ⅱ) 4. 천체와 우주(우주의 팽창)	
63	라그랑주가 들려주는 운동법칙 이야기	64	마이컬슨이 들려주는 프리즘 이야기
초5-1 4. 물체의 속력(물체의 속력과 안전) 초6-2 6. 편리한 도구(빗면) 중2 1. 여러 가지 운동 (속력이 변하는 운동, 변하지 않는 운동, 과녕, 속력, 등속운동) 고1 2. 에너지(힘과 에너지) 고(물리Ⅰ) 1. 힘과 에너지(운동의 제 1법칙, 운동 제 1법칙, 제 2, 3법칙, 갈릴레이 사고 실험)		초3-2 2. 빛의 나아감(빛의 나아가는 모양) 초5-1 1. 거울과 렌즈 중1 2. 빛 (빛의 반사, 빛의 굴절, 빛의 분해, 빛의 합성) 　　 12. 파동(파동의 종류) 고1 5. 지구(대기와 해양) 고(물리Ⅰ) - 3. 파동과 입자(파동, 빛의 이중성)	
68	가가린이 들려주는 무중력 이야기	64	길버트가 들려주는 자석 이야기
초5-1 4. 물체의 속력(여러가지 속력, 가속도) 중2 1. 여러 가지 운동(속력, 힘, 운동) 고(물리Ⅰ) 1. 운동의 법칙(중력) 고(물리Ⅱ) 1. 운동과 에너지(중력장)		초3-1 자석놀이(자석의 성질) 초6-1 7. 전자석(나침반) 중3 6. 전류의 작용(자석) 고(물리Ⅰ) 2. 전기와 자기(자석과 자기장) 고(물리Ⅱ) 3. 전기장과 자기장(자기장 내의 운동변화)	
73	클라우지우스가 들려주는 엔트로피 이야기	75	패러데이가 들려주는 전자석과 전동기 이야기
초3-1 1. 온도재기(온도계 사용, 온도의 개념) 초4-2 열의 이동과 우리생활(열의 이동) 초5-2 8. 에너지 (에너지의 종류, 에너지 진환) 중1 7. 상태변화와 에너지(열에너지) 중3 2. 일과 에너지(역학적 에너지 전환) 고(물리Ⅰ) 1. 힘과 에너지(역학적 에너지 보존) 고(물리Ⅱ) 1. 운동과 에너지(열역학의 법칙) 고(화학Ⅱ) 3. 화학반응		초3-1 2. 자석놀이(자석, 자기력선) 초4-1 3. 전구에 불 켜기(전기, 직렬병렬) 초5-2 6. 전기회로 꾸미기(전기회로, 전동기, 전류) 초6-1 7. 전자석(자기장, 나침반) 중2 7. 전기(전하, 전류, 정전기) 중3 6. 전류의 작용(전기에너지, 전류, 자기장, 자석) 고1 2. 에너지(전기에너지) 고(물리Ⅰ) 2. 전기와 자기(전류와 전기저항, 전류의 자기작용) 고(물리Ⅱ) 2 전기장과 자기장(전기장, 직류회로)	

	76	막스플랑크가 들려주는 양자론 이야기	79	슈뢰딩거가 들려주는 양자물리학 이야기
	중3　3. 물질의 구성(원자, 전자) 고(물리Ⅰ)　3. 파동과 입자(파동의 전파) 고(물리Ⅱ)　3. 원자와 원자핵(전자, 원자핵)		중3　3. 물질의 구성(원자, 전자) 고(물리Ⅰ) - 3. 파동과 입자(파동의 전파) 고(물리Ⅱ) - 3. 원자와 원자핵(전자, 원자핵)	
	90	슈바르츠실트가 들려주는 블랙홀 이야기		
	초4-1　8. 별자리를 찾아서(별의 특징, 별자리) 중2　3. 지구와 별(별의 특징) 고(물리Ⅰ)　3. 파동과 입자(빛) 고(물리Ⅱ)　1. 운동과 에너지(중력장) 고(지학Ⅰ)　3. 신비한 우주(별, 천체, 태양) 고(지학Ⅱ)　4. 천체와 우주(별의 특성, 우주)			
생물 (22)	2	멘델이 들려주는 유전 이야기	9	왓슨이 들려주는 DNA 이야기
	초5-1　5. 꽃(꽃의 종류, 수분) 중3　8. 유전과 진화(멘델의 법칙, 사람의 유전) 고(생물Ⅰ)　8. 유전 고(생물Ⅱ)　3. 생명의 연속성(염색체와 유전자, DNA)		초4-1　1. 동물의 생김새(동물의 종류, 특징) 　　　　2. 동물의 암수(암수구분, 새끼와 어미 모습) 중3　8. 유전과 진화(유전의 기본원리, 사람의 유전) 고(생물Ⅰ)　8. 유전(유전자와 염색체, 염색체이상) 고(생물Ⅱ)　3. 생명의 연속성(DNA의 구조와 기능)	
	15	톰슨이 들려주는 줄기세포 이야기	30	훅이 들려주는 세포 이야기
	중1　6. 생물의 구성(세포) 중3　1. 생식과 발생(세포분열, 생물의 생식과 발생) 고(생물Ⅰ)　7. 생식(정자와 난자의 형성, 수정과 발생) 고(생물Ⅱ)　1. 세포의 특성(세포 구조와 기능) 　　　　　3. 생명의 연속성(세포분열) 　　　　　5. 생물학과 인간의 미래(생명공학, 생명윤리)		중1　6. 생물의 구성(세포) 고(생물Ⅱ)　1. 세포의 특성(세포의 기본 구조)	
	32	란트슈타이너가 들려주는 혈액형 이야기	35	월머트가 들려주는 복제 이야기
	중1　8. 소화와 순환 (순환, 혈액의 조성과 기능, 혈액의 순환, 심장의 생김새) 고(생물Ⅰ)　3. 순환(혈액형)		중1　6. 생물의 구성(생물체의 구성, 세포) 중3　1. 생식과 발생(세포분열, 생식과 발생) 고(생물Ⅰ)　7. 생식(생식, 수정) 　　　　　8. 유전(유전자) 고(생물Ⅱ)　3. 생명의 연속성(염색체, 유전자) 　　　　　5. 생물학과 인간의 미래(생명과학, 생명윤리)	
	36	다윈이 들려주는 진화론 이야기	40	엥겔만이 들려주는 광합성 이야기
	중3　8. 유전과 진화(생물의 진화) 고(생물Ⅱ)　3. 생명의 연속성(생물의 진화)		초5-1 7. 식물의 잎이 하는 일(양분을 얻는 방법) 중2　4. 식물의 구조와 기능(잎의 구조-광합성, 물과 양분이 이동하는 통로) 고(생물Ⅱ)　2. 물질대사(광합성)	

47	콘라트가 들려주는 야생 거위 이야기	49	플레밍이 들려주는 페니실린 이야기
초4-2 1. 동물의 생김새(동물의 종류, 특징, 생활) 초5-2 1. 환경과 생물(생물, 사람, 환경과의 관계) 초6-1 5. 주변의 생물(생물의 다양성) 초6-2 3. 쾌적한 환경(생물적 요소, 비생물적 요소) 고(생물Ⅰ) 9. 생명과학과 인간의 생활(생태계) 고(생물Ⅱ) 4. 생물의 다양성과 환경(환경, 군집)		초5-1 9. 작은 생물(작은 생물 관찰하기) 고(생물Ⅱ) 4. 생물의 다양성과 환경(바이러스, 균계)	

61	스탈링이 들려주는 호르몬 이야기	62	린네가 들려주는 분류 이야기
중1 8. 소화와 순환(혈액이 하는 일, 혈액의 순환) 중2 5. 자극과 반응(사람의 호르몬의 종류, 작용) 고1 생명(자극과 반응) 고(생물Ⅰ) 4. 자극과 반응(호르몬, 항상성)		초4-2 1. 동물의 생김새(동물의 종류) 초5-1 5. 꽃(여러 가지 꽃 관찰, 특징) 9. 작은 생물(물속 생물, 땅속 생물) 초6-1 5. 주변의 생물(동물 분류, 식물 분류) 고(생물Ⅱ) 4. 생물의 다양성과 환경(분류 목적, 종의 개념)	

72	모건이 들려주는 초파리 이야기	74	파블로프가 들려주는 소화 이야기
초3-1 7. 초파리의 한 살이 (초파리의 특징) 중3 1. 생식과 발생(생식, 수정, 발생) 8. 유전과 진화(유전, 형질) 고(생물Ⅰ) 8. 유전(유전자, 염색체) 고(생물Ⅱ) 3. 생명의 연속성(유전자, 형질발현)		초6-1 3. 우리 몸의 생김새(순환기관, 심장, 혈액순환 과정) 중1 8. 소화와 순환(영양소와 소화, 소화와 흡수, 영양소의 종류와 작용) 고(생물Ⅰ) 2. 영양소와 소화	

77	파스퇴르가 들려주는 저온살균 이야기	74	퀴네가 들려주는 효소 이야기
초5-1 9. 작은 생물(작은 생물 관찰) 초5-2 1. 환경과 생물(온도, 빛, 물이 생물에 미치는 영향) 고1 생명(물질대사) 고(생물Ⅰ) 4. 호흡(세포호흡) 고(생물Ⅱ) 2. 물질대사(세포호흡, 발효)		초5-2 8. 에너지(에너지 종류, 활성화 에너지) 중1 7. 상태변화와 에너지(상태변화, 에너지) 8. 소화와 순환(소화) 고(생물Ⅱ) 1. 세포의 특성(효소의 특성, 종류)	

84	제너가 들려주는 면역 이야기	86	에이크만이 들려주는 영양소 이야기
초6-1 3. 우리 몸의 생김새(혈액순환) 중1 8. 소화와 순환(혈액의 순환, 혈액이 하는 일) 고(생물Ⅰ) 3. 순환(림프, 질병)		중1 8. 소화와 순환(영양소와 소화) 고(생물Ⅰ) 2. 영양소와 소화	

87	홉킨스가 들려주는 비타민 이야기	93	하비가 들려주는 혈액순환 이야기
초6-1 3. 우리 몸의 생김새(몸속기관의 특징) 중1 8. 소화와 순환(사람의 영양, 영양소) 고(생물Ⅰ) 2. 영양소와 소화(영양소 종류)		초6-1 3. 우리 몸의 생김새(순환기관, 혈액순환 과정) 중1 8. 소화와 순환 (순환, 혈액의 조성과 기능, 혈액의 순환, 심장의 생김새) 고(생물Ⅰ) 3. 순환(혈액의 순환)	

	94	반트호프가 들려주는 삼투압 이야기	98	멀더가 들려주는 단백질 이야기
		초3-2 4. 여러가지 가루녹이기(가루,소금,설탕녹이기) 초4-1 2. 용해와 용액 초5-1 2. 용해와 용액(용해 전후의 무게) 6. 용액의 진하기 초6-2 1. 물속에서의 물체의 무게와 압력(물의 압력이 작용하는 방향) 고(생물II) 1. 세포의 특성(삼투압) 고(화학II) 1. 물질의 상태와 용액(삼투현상)		초6-1 3. 우리 몸의 생김새(몸속 기관 특징, 기능) 중1 8. 소화와 순환(음식물의 소화, 영양소 흡수) 중3 3. 물질의 구성(물질 나타내는 방법, 분자 구조) 고(생물I) 2. 영양소와 소화(영양소 종류, 기능)
	10	돌턴이 들려주는 원자 이야기	20	아르키메데스가 들려주는 부력 이야기

		중1 5. 분자의 운동
		     7. 상태변화와 에너지
		중3 3. 물질의 구성
		고(화학II) 1. 물질의 상태와 용액(원자질량, 몰, 확산)
		         2. 물질의 구조(원자구조, 주기율)
				초6-1 1. 기체의 성질(공기의 무게와 압력, 부피와의 관계)
				초6-2 2. 물속에서의 무게와 압력(물속에서 물체의 무게가 가벼워지는 정도와 요인)
				중1 10. 힘(중력)
				중2 2. 물질의 특성(밀도, 부피와 질량)
				    13. 혼합물의 분리(밀도)
				고(화학II) 1. 물질의 상태와 용액(고체, 액체, 기체)

화학 (13)	33	보어가 들려주는 원자모형 이야기	39	루이스가 들려주는 산염기 이야기
		중3 3. 물질의 구성(물질의 이루는 입자) 고(화학II) 2. 물질의 구조(원자모형, 전자배치)		초5-2 2. 용액의 성질(지시약, 리트머스 분류) 5. 용액의 반응(산성, 중성, 염기성) 고1 3. 물질(산과 염기의 반응) 고(화학I) 1. 주변의 물질(산, 염기의 중화반응) 고(화학II) 3. 화학반응(산과 염기의 반응)
	41	폴링이 들려주는 화학결합 이야기	52	보일이 들려주는 기체 이야기

		중1 5. 분자의 운동(분자의 운동)
		     7. 상태변화와 에너지(상태변화, 분자 운동)
		고(화학I) 1. 주변의 물질(물의 성질)
		고(화학II) 2. 물질의 구조(화학결합, 극성)
				초3-1 3. 소중한 공기
				초6-1 1. 기체의 성질
				     6. 여러 가지 기체
				중1 5. 분자의 운동(분자의 움직임, 기체압력, 부피, 온도)
				중3 3. 물질의 구성(원자, 분자)
				고(화학I) 1. 주변의 물질(공기, 기체의 성질)

	55	멘델레예프가 들려주는 주기율표 이야기	60	아레니우스가 들려주는 반응속도 이야기

		중1 4. 물질의 세 가지 상태(상태에 따른 구성입자의 배열)
		    5. 분자의 운동
		    7. 상태변화와 에너지(상태변화 과정과 분자 운동)
		중3 3. 물질의 구성(분자, 원자, 원소)
		고(화학I) 1. 주변의 물질(주기율표)
		고(화학II) 2. 물질의 구조(원자 구조, 주기율)
				초4-2 5. 열에 의한 물체의 부피변화
				중1 5. 분자의 운동(온도에 따른 기체변화)
				    7. 상태변화와 에너지(열에너지)
				중3 5. 물질 변화의 규칙성(화학반응)
				고1 3. 물질(반응속도)
				고(화학II) 3. 화학반응(물질변화와 에너지, 반응속도와 화학평형)

	71	볼타가 들려주는 화학전지 이야기	81	라부와지에가 들려주는 물질변화 규칙 이야기
		초4-1 3. 전구에 불 켜기(전기 통하는 물체, 전지연결) 초5-2 6. 전기회로 꾸미기(전기회로) 초6-1 7. 전자석(전류) 중2 7. 전기(전류, 전하) 중3 6. 전류의 작용(전류) 고(화학II) 3. 화학반응(화학전지, 볼타전지)		초3-1 1. 우리 주위의 물질(물질의 성질) 초6-1 6. 여러 가지 기체(성질과 이용) 초6-2 5. 연소와 소화(연소와 소화) 중1 4. 물질의 세 가지 성질(여러 종류의 상태변화) 중3 3. 물질의 구성(물질의 성분과 표현) 5. 물질 변화의 규칙성(화학변화, 질량비) 고(화학II) 1. 물질의 상태와 용액(기체, 액체, 고체)
	82	켈빈이 들려주는 온도 이야기	88	게이뤼삭이 들려주는 물 이야기
		초4-2 5. 열에 의한 물체의 부피변화 8. 열의 이동과 우리생활 초5-1 3. 기온과 바람 중1 4. 물질의 세 가지 상태(상태변화) 7. 상태변화와 에너지(상태변화와 열과 온도) 고(화학II) 3. 화학반응(열)		초4-1 2. 용해와 용액(액체성질, 용해) 7. 강과 바다 (강과 바다의 특징) 초4-2 7. 모습을 바꾸는 물(온도에 따른 상태변화) 초5-1 8. 물의 여행(물의 순환, 증발, 습도) 중1 4. 물질의 세가지 상태(기화,액화,융해,응고, 승화) 11. 해수의 성분과 운동(해수의 운동, 지형변화) 중3 4. 물의 순환과 날씨 변화 (물의 순환, 수증기, 구름, 비) 고(화학I) 1. 주변의 물질(물의 성질)
	95	가모브가 들려주는 원소의 기원 이야기		
		중3 3. 물질의 구성(원소, 물질의 입자) 고(화학II) 2. 물질의 구조(원자 구조와 주기율)		
지구과학(21)	23	스콧이 들려주는 남극 이야기	24	토리첼리가 들려주는 대기압 이야기
		초3-1 5. 날씨와 우리생활(기온, 날씨, 생활) 초4-2 1. 동물의 생김새(동물의 특징, 생활 방식) 4. 화석을 찾아서(화석의 이용가치, 화석발견) 초5-2 1. 환경과 생물 (온도, 빛, 환경, 생물 사이 관계) 중2 6. 지구의 역사와 지각변동(화석, 지층에 남긴 기록) 고(지학I) 1. 하나뿐인 지구 (지구환경)		중1 1. 지구의 구조(대기권의 구조, 특징) 고(지학II) 1. 대기의 운동과 순환(대기의 안정도, 대기 운동, 순환)
	25	콜럼버스가 들려주는 바다 이야기	34	베게너가 들려주는 대륙이동 이야기
		초3-1 2. 자석놀이 (자석, 자기력선) 6. 물에 사는 생물(환경, 생물) 초4-1 7. 강과 바다(바다의 특징, 바다 밑 모양) 초5-1 9. 작은 생물(물속 생물) 초6-1 7. 전자석(자기장, 나침반) 중1 11. 해수의 성분과 운동 중3 6. 전류의 작용(자기장, 자석) 고(지학I) 3. 해양의 변화(해수, 해류, 해저)		중2 6. 지구의 역사와 지각 변동 고(지학I) 2. 살아 있는 지구(지각변동, 판 운동, 해양의 변화) 고(지학II) 1. 지구의 물질과 지각변동(지각 변동, 판구 조론)

37	코리올리가 들려주는 대기현상 이야기	45	코페르니쿠스가 들려주는 지동설 이야기

초3-1 3. 소중한 공기(공기의 이용, 특징)
      5. 날씨와 우리 생활(기온변화, 날씨)
초5-1 3. 기온과 바람(기온변화, 바람 부는 이유)
      8. 물의 여행(이슬, 안개, 구름, 비)
초6-2 2. 일기예보(날씨)
      4. 계절의 변화 (낮밤 기온 변화)
중1   1. 지구의 구조(대기권의 구조)
중3   4. 물의 순환과 날씨 변화(대기, 바람, 일기)
고1   5. 지구(대기와 해양)
고(지학Ⅰ) 2. 살아있는 지구 (대기 중의 물)
고(지학Ⅱ) 2. 대기의 운동과 순환 (대기 안정도, 대기 운동, 대기 순환)

초4-1 8. 별자리를 찾아서
초5-2 7. 태양의 가족(태양에서 행성까지의 거리 비교)
중2   3. 지구와 별 (지구의 모양과 크기)
중3   7. 태양계의 운동(일주 운동, 일식, 월식, 행성의 운동)
고1   5. 지구(지구의 변동)
고(지학Ⅰ) 1. 지구의 탐구(천동설, 지동설)
고(지학Ⅱ) 4. 천체와 우주(행성의 운동)

48	윌슨이 들려주는 판구조론 이야기	51	에라토스테네스가 들려주는 지구 이야기

초4-2 3. 지층을 찾아서
초5-2 4. 화산과 암석(화산활동)
초6-1 2. 지진(지층의 휘어짐과 어긋남)
중1   1. 지구의 구조 (지구의 내부)
      3. 지각의 물질(지표의 변화)
중2   6. 지구의 역사와 지각변동(움직이는 대륙)
고(지학Ⅰ) 1. 살아 있는 지구(지각변동, 지진대)
고(지학Ⅱ) 1. 지구물질과 지각변동(대륙이동설, 판구조론)

초3-2 3. 지구와 달(지구 모양)
초4-2 4. 화석을 찾아서 (화석발견, 이용가치)
초5-2 1. 환경과 생물(환경과 생물 관계)
      7. 태양의 가족(지구)
초6-1 2. 지진(지진발생)
중1   1. 지구의 구조(지구 내부, 자외선)
중2   6. 지구역사와 지각변동(화석, 판구조론)
중3   7. 태양계의 운동(지구의 운동)
고1   5. 지구(지구와 변동)
고(지학Ⅰ) 2. 살아있는 지구(지각변동)
고(지학Ⅱ) 1. 지구의 물질과 지각변동(지구내부, 지각)

53	암스트롱이 들려주는 달 이야기	54	칼 세이건이 들려주는 태양계 이야기

초3-2 3. 지구와 달(달의 표면 관찰)
초5-2 7. 태양의 가족
중3   7. 태양계의 운동(달의 운동)
고1   5. 지구(지구의 변동)
고(지학Ⅰ) 3. 신비한 우주(달의 모습)

초3-2 3. 지구와 달
초5-2 7. 태양의 가족
중2   3. 지구와 별(지구, 태양, 행성, 은하)
      7. 태양계의 운동
중3   7. 태양계의 운동
고1   5. 지구(태양계와 은하)
고(지학Ⅰ) 3. 신비한 우주(천체관측, 태양계탐사)
고(지학Ⅱ) 4. 천체와 우주(행성의 운동, 별의 특성, 우주팽창)

56	찬드라 세카르가 들려주는 별 이야기	58	허셜이 들려주는 은하 이야기
초4-1 8. 별자리를 찾아서(별의 특징, 별의 움직임) 중2 3. 지구와 별(별의 밝기) 중3 7. 태양계의 운동(계절 별자리) 고1 5. 지구(태양계와 은하) 고(지학Ⅰ) 3. 신비한 우주(별의 거리, 밝기) 고(지학Ⅱ) 4. 천체와 우주(별의 특성)		초4-1 8. 별자리를 찾아서(별의 특징, 움직임) 초5-2 7. 태양의 가족(행성의 특징, 태양) 중2 3. 지구와 별(우리은하, 태양, 행성) 중3 7. 태양계의 운동(행성운동) 고(지학Ⅰ) 3. 신비한 우주(천체, 우주) 고(지학Ⅱ) 4. 천체와 우주(행성, 별, 우주)	

59	허블이 들려주는 우주팽창 이야기	65	메톤이 들려주는 달력 이야기
초5-2 7. 태양의 가족(태양계) 중2 3. 지구와 별(우리은하, 태양, 행성) 중3 7. 태양계의 운동(태양계) 고(지학Ⅰ) 3. 신비한 우주(천체, 우주) 고(지학Ⅱ) 4. 천체와 우주(행성, 별, 우주)		초3-2 3. 지구와 달 초6-2 4. 계절의 변화(계절변화의 원인) 중3 7. 태양계의 운동(지구의 운동) 고(지학Ⅱ) 4. 천체와 우주(지구의 공전, 자전)	

66	로슈가 들려주는 조석 이야기	80	빈이 들려주는 기후 이야기

초3-2 3. 지구와 달 (달의 모양, 위치변화)
초4-1 7. 강과 바다 (바다의 특징)
초5-2 7. 태양의 가족(행성의 특징)
중1 11. 해수의 성분과 운동(해수의 운동, 밀물, 썰물)
중3 7. 태양계의 운동(지구의 운동, 태양의 운동, 일식, 월식)
고1 5. 지구(대기와 해양)
고(지학Ⅱ) 3. 해류와 해수의 순환(해파와 조석)
		초3-1 5. 날씨와 우리생활
		초5-1 3. 기온과 바람
		      8. 물의 여행
		초6-2 2. 일기예보
		      4. 계절의 변화
		중3 4. 물의 순환과 일기변화(기단, 기압, 순환하는 물, 구름 비)
		고(지학Ⅰ) 2. 살아있는 지구(일기의 변화, 대기, 비, 구름, 기단전선, 태풍)
		고(지학Ⅱ) 1. 대기의 운동과 순환(대기의 안정도, 대기운동, 순환)	

89	가모브가 들려주는 우주론 이야기	91	핼리가 들려주는 이웃천체 이야기
초3-2 7. 태양의 가족(태양계) 중2 3. 지구와 별(우주) 중3 7. 태양계의 운동(태양계) 고1 5. 지구(태양계와 은하) 고(지학Ⅰ) 3. 신비한 우주(천체관측, 우주)		초3-2 3. 지구와 달(지구모양, 달의 모양) 초5-2 1. 환경과 생물(생물과 환경 관계) 7. 태양의 가족 (행성 특징, 비교) 중2 3. 지구와 별(지구, 태양, 행성, 별) 중3 7. 태양계의 운동(지구운동, 달 운동, 행성운동, 공전궤도) 고1 5. 지구(태양계와 은하) 고(지학Ⅰ) 3. 신비한 우주(천체의 관측, 태양계) 고(지학Ⅱ) 4. 천체와 우주(행성, 별, 우주)	

	92	리히터가 들려주는 지진 이야기	96	길버트가 들려주는 지구자기 이야기
		초6-1 2. 지진 중1 1. 지구의 구조(지구내부의 구조) 중2 6. 지구의 역사와 지각변동 고(지학II) 1. 지구의 물질과 지각변동(지각과 지구 내부)		초3-1 2. 자석놀이(자석성질, 자기력선) 초4-1 3. 전구에 불 켜기(전기, 전하) 초5-2 6. 전기회로 꾸미기(전기, 전류) 초6-1 7. 전자석(전류, 자기장) 중2 6. 지구의 역사와 지각변동(대륙의 이동) 중3 6. 전류의 작용(자기장, 전기, 전류) 고(물리I) 2. 전기와 자기(자기장, 자기력) 고(물리II) 2. 전기장과 자기장
	97	라이엘이 들려주는 지질조사 이야기		
		초4-2 4. 화석을 찾아서(화석 모양, 이용가치) 초5-2 4. 화산과 암석(화산활동, 암석관찰) 중1 3. 지각의 물질 (지각구성 물질, 암석 특징, 생성과 지표 변화) 중2 6. 지구의 역사와 지각변동(지각변동, 지질시대) 고(지학I) 1. 하나뿐인 지구(지구환경, 지질시대) 　　　　 2. 살아있는 지구(지각변동) 고(지학II) – 1. 지구의 물질과 지각변동(지각과 지각변동, 광물, 암석) 　　　　　 5. 지질조사와 우리나라의 지질(지질시대, 지질도)		
과학 철학 (1)	100	러셀이 들려주는 패러독스 이야기		
		중7-가(수학) 1. 집합 고10-가(수학) 1. 집합과 명제 중3(과학) 3. 물질의 구성(원자, 전자) 고(물리II) 3. 원자와 원자핵(전자, 원자핵)		

분야	도서명	교과 연계
물리	콜라우지우스가 들려주는 엔트로피 이야기	초3-1, 초4-28, 초5-28, 중1, 중3 2, 과(물리I), 1, 과(화학II),3
	패러데이가 들려주는 전자석과 전동기 이야기	초3-1, 초4-13, 초5-2 6, 초6-17, 중2 7, 중3 6, 과 5, 과(물리I), 2, 과(물리II) 1
	막스플랑크가 들려주는 양자론 이야기	초3 3, 과(물리I) 3, 과(물리II) 2
	슈뢰딩거가 들려주는 양자물리학 이야기	초3 3, 과(물리I) 3
	슈타인포어가 들려주는 불꽃놀이 이야기	초4-18, 중2 3, 과(물리I) 3, 과(물리II) 4
	스콧이 들려주는 남극 이야기	초4-1, 초5-2 1.4, 초5-2 1, 중2 6, 과(물리II) 1
	토리첼리가 들려주는 대기압 이야기	중1, 과(지구과학I) 1
	쿨롱버스가 들려주는 바다 이야기	초1, 초4-1 7, 초5-1 9, 초6-17, 중1 11, 중 3 6, 과(지구과학I) 3
	베게너가 들려주는 대륙이동 이야기	초2 6, 과(지구과학I) 2, 과(지구과학II) 1
	코리올리가 들려주는 대기현상 이야기	초3-1·5, 초5-13·8, 초6-2 2, 중1 5, 중3 4, 과 5, 과(지구과학I) 2, 과(지구과학II) 1
	코페르니쿠스가 들려주는 지동설 이야기	초3-2, 과(지구과학I) 2
	윌슨이 들려주는 판구조론 이야기	초4-2 3, 초5-2 4, 초6-1·3, 중2 6, 과(지구과학I) 1, 과(지구과학II) 1
	에라토스테네스가 들려주는 지구 이야기	초3-2, 초4-2 4, 중3 5-21·7, 초6-1·2, 중2 7, 과 5, 과(지구과학II) 2,
지구과학	아스트롱이 들려주는 달 이야기	초3-2, 초5-2 7, 중3 7, 과 5, 과(지구과학I) 3
	갈 세이건이 들려주는 태양계 이야기	초3-2, 초4-18, 중2 3, 중3 7, 과(지구과학) 3, 과(지구과학I) 4
	찬드라가 세카르가 들려주는 별 이야기	초3-2, 초5-2 7, 중2 3, 중3 7, 과 5, 과(지구과학I) 3, 과(지구과학II) 4
	허셜이 들려주는 은하 이야기	초4-1 8, 초5-2 7, 중2 3, 중3 7, 과(지구과학I) 3, 과(지구과학II) 4
	허블이 들려주는 우주 이야기	초5-2 7, 중2 3, 중3 7, 과(지구과학I) 3, 과(지구과학II) 4
	에톤이 들려주는 말력 이야기	초3-2, 초6-2 4, 중3 7, 과(지구과학I) 3, 과(지구과학II) 4
	모스가 들려주는 조석 이야기	초3-2, 초4-1 7, 초5-2 7, 중3 11, 중3 7, 과 5, 과(지구과학I) 3
	빛이 들려주는 기후 이야기	초3-2, 초5-1·3·8, 초6-2 2·4, 중3 4, 과(지구과학I) 2, 과(지구과학II) 1
	가모브가 들려주는 우주론 이야기	초3-2, 초2 3, 중3 7, 과(지구과학I) 3
	할리가 들려주는 이웃천체 이야기	초3-2, 초5-2 1·7, 중2 3, 중3 7, 과 5, 과(지구과학I) 3, 과(지구과학II) 4
	리히터가 들려주는 지진 이야기	초6-1·2, 중1, 중2 6, 과(지구과학II) 1

《과학자들이 들려주는 과학 이야기》 교과 연계표

분야	도서명	교과 연계
물리	아인슈타인이 들려주는 상대성원리 이야기	초5-14, 초5-28, 중1 10, 고1 2, 과물리(I) 1, 과물리(II) 1
	파인만이 들려주는 불확정성 원리 이야기	초3-2 7, 중3 3, 고1 3, 과물리(II) 3
	호킹이 들려주는 빅뱅 우주 이야기	초4-1 8, 초5-2 7, 중2 3, 중3 7, 고1 5, 과(지구과학)1 3, 과물리(II) 4
	뉴턴이 들려주는 만유인력 이야기	초5-1 4, 중2 1, 고1 2, 과물리(I) 1, 과물리(II) 1
	갈릴레이가 들려주는 낙하이론 이야기	초5-1 4, 중1 10, 고1 2, 과물리(I) 1, 과물리(II) 1
	맥스웰이 들려주는 전기자기 이야기	초3-1 2, 초4-1 3, 초5-2 6, 초6-1 7, 중2 7, 중3 6, 고1 2, 과물리(I) 2, 과물리(II) 2
	훠이겐스가 들려주는 파동 이야기	초3-2 6, 초5-1 1, 중1 2·12, 고1 2, 과물리(I) 3
	퀴리부인이 들려주는 방사능 이야기	초3-2 2, 중1 12, 중2 7, 과물리(I) 3
	레오나르도 다 빈치가 들려주는 인력 이야기	초6-2 1, 중2 2, 과(화학) 1
	줄이 들려주는 일과 에너지 이야기	초6-1 1, 초5-2 8, 초6-2 6, 중3 2, 고1 2, 과물리(I) 1
	치울코프스키가 들려주는 우주비행 이야기	초3-2 3, 초5-2 7, 중2 3, 중3 7, 고1 5, 과물리(II) 1
	오펜하이머가 들려주는 원자폭탄 이야기	초3-1 1, 중3 3·5, 과물리(II) 3
	레일리가 들려주는 빛의 물리 이야기	초3-2 2, 초5-1 1, 중1 2, 과물리(I) 3
	페르미가 들려주는 핵분열, 핵융합 이야기	중3 3·5, 과물리(II) 3
	에릭슨이 들려주는 중력 이야기	초5-1 4, 중1 10, 중3 2, 과물리(I) 1
	외르가 들려주는 광속 이야기	초3-2 2, 초5-1 4, 중3 7, 과물리(I) 1, 과(지구과학)1 3, 과물리(II) 4
	톰쇼인이 들려주는 열역학 이야기	초3-2 2, 초5-1 4, 초6-2 5, 중3 1, 중2 5, 과물리(I) 1, 과물리(II) 3
	라플라스가 들려주는 천체물리학 이야기	초3-1 4, 초5-1 4, 초5-2 7·8, 중1 10, 중2 1·3, 중3 7, 과물리(I) 1, 과물리(II) 1, 고(지구과학)1 3, 과(지구과학)1 4
	러그란쥬가 들려주는 운동 법칙 이야기	초5-1 4, 초6-2 6, 중2 1, 고1 2, 과물리(I) 1
	페이겐슨이 들려주는 프리즘 이야기	초3-2 2, 초5-1 1, 중1 2·12, 고1 5, 과물리(I) 3
	가가린이 들려주는 무중력 이야기	초5-1 4, 중2 1, 과물리(I) 1
	길버트가 들려주는 자석 이야기	초3-1 2, 초1-1 7, 중3 6, 과물리(I) 2, 과물리(II) 3

분야	도서명	교과 연계
	란트슈타이너가 들려주는 혈액형 이야기	중1 8, 고(생물1) 3
	알마기 들려주는 복제 이야기	중1 6, 중3 1, 고(생물1) 7·8, 고(생물II) 3·5
	다윈이 들려주는 진화론 이야기	중3 8, 고(생물II) 3
	엥겔만이 들려주는 광합성 이야기	초5-1 7, 중2 4, 고(생물II) 2
	코라나가 들려주는 유전자 이야기	초4-2 1, 초5-2 1, 초6-1 5, 초6-2 3, 고(생물1) 9, 고(생물II) 4
	플레밍이 들려주는 페니실린 이야기	초5-1 9, 고(생물II) 4
생물	스탈링이 들려주는 호르몬 이야기	중1 8, 중2 5, 고1 4, 고(생물II)
	린네가 들려주는 분류 이야기	초4-2 1, 초5-1 5·9, 초6-1 5, 고(생물II) 4
	모건이 들려주는 초파리 이야기	초3-1 7, 중3 1·8, 고(생물1) 8, 고(생물II) 3
	파블로프가 들려주는 소화 이야기	초6-1 3, 중1 8, 고(생물II) 2
	파스퇴르가 들려주는 저온살균 이야기	초5-1 9, 초5-2 1, 고1 4, 고(생물1) 4, 고(생물II) 2
	케네가 들려주는 호흡 이야기	초5-2 8, 중1 7·8, 고(생물II) 1
	제너가 들려주는 면역 이야기	초6-1 3, 중1 8, 고(생물II) 3
	에이크먼이 들려주는 영양소 이야기	초3-2 4, 초5-1 2·6, 초6-2 1, 고(생물II) 1, 고(화학II) 1
	맥린이 들려주는 단백질 이야기	초6-1 3, 중1, 중3 3, 고(생물II) 2
	돌턴이 들려주는 원자 이야기	초6-1 7, 중3 3, 고(화학I) 1·2
	아르키메데스가 들려주는 부력 이야기	초6-1 1, 중6-2 1, 중2 2·13, 고(화학II) 1
	보어가 들려주는 원자모형 이야기	중3 3, 고(화학II) 2
화학	로이스가 들려주는 산염기 이야기	초5-2 5, 고1 3, 고(화학I) 1, 고(화학II) 3
	붐이 들려주는 화학결합 이야기	초5-1 7, 고(화학I) 2
	보일이 들려주는 기체 이야기	초3-1 3, 초6-1 1·6, 중1 5, 중3 3, 고(화학I) 1
	멘델레예프가 들려주는 주기율표 이야기	초1·4·5·7, 중3 3, 고(화학I) 2
	아레니우스가 들려주는 반응속도 이야기	초4-2 5, 중1·5·7, 중3 3, 고1 3, 고(화학I) 3

분야	도서명	교과 연계
지구과학	김바토가 들려주는 지구자기 이야기	초3-1 2, 초4-1 3, 초5-2 6, 초6-1 7, 중2 6, 중3 6, 고물리I 2, 고물리II 2
과학	라이엘이 들려주는 지질조사 이야기	초4-2 4, 초5-2 4, 중1 3, 중2 6, 고지구과학I 1·2, 고지구과학II 1·5
과학철학	러셀이 들려주는 패러독스 이야기	중1-가(수학) 1, 고10-가(수학) 1, 중3(과학) 3, 고(물리II) 3
수학	가우스가 들려주는 수열의 합 이야기	초4-나 3, 중9-가 1, 고(수학) 4
	파스칼이 들려주는 확률과 통계 이야기	초6-나 3·6·7, 중8-나 1, 고(수학I) 6·7, 고(선택)확률과 통계
	유클리드가 들려주는 기하학 이야기	초4-가 4, 초4-나 4·5, 중3-가 4, 고(수학I) 2·4, 초6-나 2·3·4, 중9-나 3, 고(수학II) 2
	리만이 들려주는 4차원 기하학 이야기	초4-가 4, 초4-나 5, 초6-가 1·4, 중6-가 2·4, 중7-나 2·3·4, 고(물리II) 2
	페르마가 들려주는 정수 이야기	초5-가 1, 초6-나 2, 고10-가 2
	피타고라스가 들려주는 삼각형 이야기	초5-나 4, 초6-나 3, 중8-나 2·4, 중9-나 2
	디오판토스가 들려주는 방정식 이야기	초4-가 4, 초6-나 4·5, 중5-가 4, 초6-나 2·4, 중7-나 2·3·4, 중9-나 3
	데카르트가 들려주는 함수 이야기	초7-나 4, 중9-가 5, 고10-나 3
	칸토르가 들려주는 집합 이야기	중7-가 1, 고10-가 1
	코시가 들려주는 부등식 이야기	초8-가 1·4, 고10-가 1·2, 고(수학II) 1
	피타고리스가 들려주는 삼각함수 이야기	초6-나 1·2, 중8-나 2·4, 중9-나 2·4
	튜링이 들려주는 암호 이야기	초5-가 1·2, 초6-나 6, 중7-가 1·2, 고9-나 1·6
	피셔가 들려주는 통계 이야기	초5-나 7, 초6-나 6, 중9-나 1, 고(수학II) 1
	오일러가 들려주는 파이 이야기	초6-나 4, 초7-나 1, 중9-나 4, 고10-나 4
	오일러가 들려주는 수의 역사 이야기	초4-나 1·2, 중7-가 1·2, 중8-가 1, 중9-가 1, 고(수학I) 2·3
	스테빈이 들려주는 분수와 소수 이야기	초3-가 7, 초4-나 1·2, 초5-나 1·2·4, 초6-가 1·3·5, 중9-가 2·3
	탈레스가 들려주는 평면도형 이야기	초4-나 5, 초5-가 3·5, 초7-나 2·3·4, 중8-나 4, 중9-나 2·3
생물	맨델이 들려주는 유전 이야기	초5-나 5, 초3 8, 고(생물II) 3
	왓슨이 들려주는 DNA 이야기	초4-1·2, 초3 8, 고(생물I) 1·3·5
	돌슨이 들려주는 줄기세포 이야기	중1 6, 중3 1, 고(생물II) 1·3·5
	훅이 들려주는 세포 이야기	중1 6, 고(생물II) 1

분야	도서명	교과 연계
물리	불타가 들려주는 화학전지 이야기	초4-1 3, 초5-2 6, 초6-1 7, 중2 7, 중3 6, 과(화학II) 3
	라부아지에가 들려주는 물질변화의 규칙이야기	초3-1, 초6-1 6, 초6-2 5, 중1 4, 중3 3·5, 과(화학II) 1
화학	켈빈이 들려주는 온도 이야기	초4-2 5·8, 초5-1 3, 중1 4·7, 과(화학II) 3
	게이뤼삭이 들려주는 몰 이야기	초4-1 2·7, 초4-2 7, 초5-1 8, 중1 4·11, 중3 4, 과(화학II) 1
	가모브가 들려주는 원소의 기원 이야기	중3 3, 과(화학II) 2